JN205339

避難学

「逃げる」ための人間科学

矢守克也——著

東京大学出版会

Human Science for "Fleeing"
An Endeavor to Embed Disaster Response in Everyday Life
Katsuya Yamori
University of Tokyo Press, 2024
ISBN978-4-13-050212-2

避難学——「逃げる」ための人間科学・目次

【初出一覧】

・序論——「逃げる」ための人間科学
（書きおろし）

・第1章　避難学のパラダイムチェンジ——八つの提言
矢守克也（2020）「避難学を構想するための7つの提言」『災害情報』18, pp. 181-186. および、矢守克也（印刷中）「『避難学』を確立するための7つの提言」（シリーズ『災害と情報』朝倉書店所収）に大幅に加筆

・第2章　言語行為論から見た災害情報
矢守克也（2016）「言語行為論から見た災害情報：記述文・遂行文・宣言文」『災害情報』14, pp. 1-10. に加筆

・第3章　能動的・受動的・中動的に逃げる
矢守克也（2019）「能動的・受動的・中動的に逃げる」『災害と共生』3(1), pp. 1-10. に加筆

・第4章　熱心な訓練参加者は本番でも逃げるのか
矢守克也・浦上滉平（2019）「津波避難訓練への参加率と実際の災害時の行動の関連性：高知県四万十町興津地区を事例に」『地区防災計画学会誌』15, pp. 26-33. に加筆

・第5章　ハードルを下げた／上げた避難訓練
矢守克也・中野元太・杉山高志・岡田夏美（2023）「ハードルを下げた／上げた避難訓練」『地区防災計画学会誌』27, pp. 34-43. に大幅に加筆

・第6章　津波避難訓練支援アプリ「逃げトレ」
杉山高志・矢守克也（2019）「津波避難訓練支援アプリ『逃げトレ』の開発と社会実装：コミットメントとコンティンジェンシーの相乗作用」『実験社会心理学研究』58, pp. 135-146. に大幅に加筆

・第７章　「自助・共助・公助」をご破算にする

矢守克也（2019）「自助・共助・公助の再定義」『地域コミュニティの防災力向上に関する研究：インクルーシブな地域防災へ（研究調査報告書）』（公財）ひょうご震災記念21世紀研究機構研究戦略センター研究調査部，pp. 176-185.　および　矢守克也・岡田夏美（2023）「メタレベルの視点に立った防災・減災に関する質問紙調査研究の分析」『実験社会心理学研究』63（1），pp. 14-31. に大幅に加筆

・第８章　「地区防災計画」をめぐる誤解とホント

矢守克也（2022）「地区防災計画：７つの誤解と７つのホント――『超・地区』『脱・防災』『反・計画』」『地区防災計画学会第８回大会梗概集』pp. 80-81　および　矢守克也（2023）「『超・地区』、『脱・防災』、『反・計画」再び』」『地区防災計画学会第９回大会シンポジウム「地区防災計画学会創設９年を振り返って」基礎資料』，pp. 55-59. に大幅に加筆

・第９章　南海トラフ地震の「臨時情報」

矢守克也・杉山高志（2021）「『クロスロード』を用いた〈二者択一〉の克服：新型コロナ感染症と南海トラフ地震の臨時情報対応をめぐって」『地区防災計画学会誌』21, pp. 64-74. に大幅に加筆

・補論１　アフター・コロナ／ビフォー・X

矢守克也（2020）「アフター・コロナ／ビフォー・X」『地区防災計画学会誌』19，pp. 91-96. に大幅に加筆

・補論２　ボーダーレス時代の防災学――コロナ禍と気候変動災害

矢守克也（2020）「『境界なき災害』：人文系自然災害科学から見たコロナ禍」『自然災害科学』39, pp. 89-100.　および　Yamori, K. & Goltz, J. (2021). Disasters without borders: The coronavirus pandemic, global climate change and the ascendancy of gradual onset disasters. *International Journal of Environmental Research and Public Health*, 18（6）. に大幅に加筆

序　論——「逃げる」ための人間科学

第1節　防災・減災に関する人間科学

筆者は、2009年、本書の姉妹編にあたる『防災人間科学』（東京大学出版会）を刊行した。それから、およそ15年が経過した。本書は、その続篇にあたる。防災・減災一般について論じた前著と大きく異なるのは、本書では、「避難学」の構築を旗印に、考察の焦点を「避難」、つまり、「逃げる」ことだけに絞り込んだ点である。その理由は、単純明快である。

この15年の間に、空前の津波犠牲者を数えた東日本大震災（2011年）、熊本地震（2018年）、能登半島地震（2024年）などが発生し、また、「平成最悪の水害」と称された西日本豪雨（2018年）、東日本台風災害（2019年）をはじめ、豪雨災害も相次いだ。これらの災害で最大の課題になったことこそ、本書の主題である避難、すなわち「逃げる」ことである。東日本大震災をめぐる「津波てんでんこ」「情報待ち」「率先避難者」、能登半島地震で課題となった「二次避難／広域避難」、西日本豪雨をめぐる「正常性バイアス」による避難の遅れ、「特別警報」「防災気象情報のレベル化」といったホットワードを通覧しただけでも、近年、避難の問題こそが、防災・減災の焦点としてクローズアップされてきたことは容易にわかる。実際、これらの災害を受けて、新たな避難訓練手法が提案され、新たな防災情報が創設され、また、新たな避難対策や制度が運用されることになった。こうした避難に関する具体的な手法、情報、制度について取り上げた調査報告、検証レポートも多数公表されている。

しかし、それにしても、避難に関するアカデミズムからの寄与と貢献、特に、人間科学系の学問からの寄与と貢献は、——多数の研究報告等が世に出ているので、大方の理解は正反対かもしれないが——きわめて寂しく、かつ、きびしい状況にある。表層のにぎやかさの背後に潜む「避難学」の深刻な停滞の理由は、結局のところ、避難に関する「理論」の欠落・不足ということに尽きる。

前著『防災人間科学』の冒頭部分で、筆者は、「防災に関する非自然科学系の研究（あるいは、研究者）が、防災に関する自然科学系の研究（あるいは、研究者）と、真に比肩しうる存在感を獲得するための道筋をつけたい」（矢守，2009, pp. 4-5）と記し、そのためには、防災・減災に関する人間科学が自前の理論をもつことが不可欠だと指摘した。しかし、15年が経過しても、――むろん、これは筆者自身の力量不足にもよるのだが――現状は、残念ながらほとんど変わっていない。

「理論」の欠落・不足。本書にとってきわめて重要なことなので、第1章との重複を恐れず、その危機感について、筆者の基本的認識をまずここで記しておきたい。たしかに、避難に関する研究は、災害による犠牲者の軽減という、きわめて実践的で、かつ喫緊の社会的課題を取り扱っている。しかし、ここ15年間、さらに少し視野を広げて半世紀程度の歴史を振り返ると、避難学は、社会的要請の強さをむしろイクスキューズにして表面にあらわれた課題に目を奪われ、都度都度の対応に追われ、出来事の深部に潜む根源的問題を剔出（てきしゅつ）する作業や研究全体の将来像を骨太に描くための営みを怠ってきたように見える。その帰結が、頻発する多種多様な災害事例を前に、一時の感情や評価に流されることも多い一般社会の動向と一緒になって右往左往する姿である。

しかも、この結果として、「避難学」は理論科学たり得ていないだけでなく、一見、現実的な問題解決にはそれなりに貢献しているように見えて、実は、実践科学としても十分に成立していないのではないか。この点が非常に重要である。このポイントを、自己反省を兼ねて言いかえるとこうなる。世間に「御用学問（学者）」という言葉がある。この場合、「御用」とはお上の御用という意味だが、「社会ですぐに役立つ」（正確には、役立っているように見えるだけなのだが）を隠れ蓑にしてきた「避難学」は、別の意味での「御用学問」、すなわち、実践の御用学問に成り下がっているのではないか。そのために、皮肉なことに、肝心な実践に対してすら真に意義ある知見を提供し得ていないのではないか。賢人曰く、「すぐに役立つものは、すぐに役に立たなくなる」。

以上が筆者の現状認識であり、自己反省でもある。この状況に何としても風穴をあけたい。この危機感が本書の執筆を動機づけたドライブである。

以下、本書を構成する3部9章、および、二つの補論の内容について、全体を概観して読者の便宜に供したい。各章はそれぞれ単独で読めるように書いているが、内容上は相互に密接に関連している。内容が直接関連する部分では、その都度、参照してほしい箇所を具体的に明示している。しかし、各章間の全体的な関連性、また、複数の章にまたがって言及されている論点群の相互関係を、以下の概要紹介から「全体見取図」として予め把握しておいていただけると、個別の章に関する理解もいっそう進むと思う。

第２節　第１部：コンセプト（概念）編の概要

第１部は、コンセプト（概念）編である。「避難学」を人間科学の立場から構築するために不可欠な理論面の整備を直接的に意図した三つの章から成り、重要な概念を複数提起する。

第１章は、ストレートに、避難学のパラダイムチェンジを提案している。提案には、複数の重要概念――「FACP モデル」「避難スイッチ」「社会的スローダウン」「次善（セカンドベスト）」、（空振りならぬ）「素振り」など――が含まれている。九つの章の中でもっともボリュームが大きく、本書のハイライトでもある。パラダイムチェンジの方向性は、あえて、学術的用語を避けて一般にも理解しやすい八つのキャッチフレーズとして表現したが、避難に関する研究、ひいては、防災・減災に関する人間科学一般の根幹に関わる提案を行ったつもりである。つまり、個々の現象や課題に対する提案や論評を行っているのではなく、避難に関する研究を進めるときに、研究者――さらに、メディア関係者、行政関係者、そして多くの一般市民――が自明の前提として「当然視」しているいくつかの基本的な態度や価値観（つまり、パラダイム）の全体に対する反省を促すことを目的にしている。

提言１で提案する「FACP モデル」では、「避難学」はどのような災害事例を取り上げて研究すべきか、この「そもそも論」を扱っている。具体的には、従来のように、（人的）被害の大きな事例（だけ）ではなく、実際には被害が生じなかったものの、そのポテンシャル（被害発生の潜在性）が十分大きかったと認定し得る事例――「起こらなかった災害」――こそ積極的に取り上げるべきとの提案である。

提言２では、情報だけに依存しない避難のあり方を提言している。これは、ともすれば「情報ファースト」になりがちな避難実務や、避難情報の失敗を情報で取り返そうとする従来のトレンドに対するアンチテーゼである。「避難スイッチ」など実践的な提案も行ったが、そうした提案のベースには、避難について論じるときに必ず引き合いに出される「主体性」の問題がある。言いかえれば「能動対受動」の枠組みを「中動（性）」という新たな概念を導入して刷新するねらいがあり、この点は第３章でさらに詳しく掘り下げる。

提言３はタイム・パースペクティブに関する提言である。具体的には、すでに起こってしまった事例（特に、避難の失敗）を検証するという「バックワード」（レトロスペクティブ）の視点と、今から起こるかもしれない災害に対する避難について実践的に対応したり構想したりするという「フォーワード」（プロスペクティブ）の視点とのズレに注意を促している。

提言４は、「最新事例症候群」とでも称すべき態度への警鐘である。災害が起きるたびに、今、発生したばかりの最新事例に集中砲火的に研究関心を寄せ、次に別の事例が生じれば、またたく間に興味を失い次の最新事例へと関心を移していく……。最新事例に対する過度なコミットメントが「想定内／想定外」に関わる問題の底流をなし、被害軽減を妨げ、「避難学」の理論化をも阻んでいるとの懸念である。

提言５では、「理想論」の落とし穴について論じている。つまり、避難にとっては、「最善手」（ベスト）、特に、自然科学の視点や行政施策の観点から見た最善手が、常に被害軽減に貢献するわけではないことに注意を喚起し、「次善（セカンドベスト）」の原則を新たに導入する必要があることを指摘している。なお、第５章では、この原則を生かした具体的な避難手法や施策を多数提案することになる。

提言６は、避難に常にまとわりつく難問である「空振り／見逃し」は、「事実」の問題ではなくて「評価」の問題だと考えるべきとの主張である。すなわち、前著『防災人間科学』（矢守，2009）で「正常性バイアス」を素材に例示したのと同様に、私たちは、「空振り／見逃し」という「事実」があって、しかる後にそれについて議論しているつもりでいるが、実際には逆で、研究者（やメディア）が「空振り／見逃し」という言葉を使って、あれこれ「評価」することが「空振り／見逃し」という現象をつくり出している。

提言7は、避難研究で頻繁に持ち出される「心理的理解（説明）」を見直そうという提案である。「心理学化する社会」（斎藤，2009）の中で、私たちは、現在、異常なまでに心理的理解――何らかの心のメカニズムを通した説明――を好む傾向をもっている。典型例が「××バイアス」「××効果」といったワードによる説明である。しかし、「心理的理解」の多くはトートロジー（同義反復）であり、真の問題解決にはつながらない場合が多い。私たちは「心理的理解」を超えてその先に進まなければならない。

最後の提言8では、いわゆる「客観的な」研究を保証するエビデンスとされる数値データに対する疑問を提起している。ただし、「量的なデータでは複雑な現実をとらえきれない、もっと質的なアプローチを重視すべし」という主張ではない。数値データも、大いに重要である。しかし、従来の避難研究に見られる数値のいくつかは、単に、これまでの慣行に則って無反省に利用されているだけで、出来事の深層をとらえる意義ある数値になっていないことが多いとの指摘である。いわば、数値を排除するのではなく数値を生かすための提案であり、この提案に沿った筆者なりの作業は本書では第4章で実施し、また別著（矢守，2018；2022）でも具体的な事例を提供しているので参照されたい。

次の第2章では、避難に関する研究、特に災害情報に関する研究の基盤を形成し得る理論的フレームワークの一つとして、言語行為論に注目している。災害情報をめぐる近年の具体的課題の多くが、言語行為論が注目してきた「記述文」と「遂行文」の区別によって統一的に把握できるとの見通しがあったためである。さらに、それだけでなく、課題の解決へ向けた方向性もまた、同じく言語行為論の中核概念の一つである「宣言文」という考え方に隠されているとの直感があった。「記述文」と「遂行文」の区別は、言語行為論の基本である。「記述文」――たとえば、「これは鉛筆です」――では、世界が基準であり、言語は基準とすべき世界に合わせてそれを記述する役割を果たす。他方で、「遂行文」――たとえば、「窓を閉めてください」――では、言語が基準であり、基準とすべき言語に合わせて世界の方が変化する。災害情報のうち、台風情報や津波情報など、気象庁が発表する情報の多くは、少なくとも形式的には「記述文」であり、自治体が発令する避難指示等は、少なくとも形式的には「遂行文」である。災害情報の究極的な目標が被害軽減であるならば、「遂行文」の実効性を高めることが重要であるが、実際には、先に「情報での失敗を情報で取り返そうとする」と表現したように、「記述文」の精度向上の試みばかりが目立ち、低調な避難率、情報待ちの態度など、災害情報に関わる諸問題はいっこうに解決に至っていない。

これに対して、第2章では、「宣言文」――たとえば、「これで会議を終わります」――と呼ばれる、「記述文」と「遂行文」の中間的な性質をもつ文が課題解決への糸口になると指摘している。実際、避難する地域住民らが、専門家の助言を得つつも自ら避難基準を事前に設定し、それに見合う事態が生じたときに、「××地区避難情報」といった情報（「宣言文」）を自ら発しつつ、実際に避難する試みは高い効果をもつことがわかってきた。第1章で提起している「避難スイッチ」も、まさにこの宣言文のアプローチに立脚している。あわせて、「今回の大雨は東海豪雨に匹敵する大雨だ」のような記述文が絶大な遂行能力をもつ場合もあることを、記述文と遂行文の融合という観点から分析し、本当に避難を促す情報とは何かについて根源的な見直し作業を展開している。

第3章では、避難行動の分析に「中動態論」を導入することを試みている。國分功一郎氏の『中動態の世界――意志と責任の考古学』（医学書院，2017）は、2017年以降、論壇で大きな話題となり、哲学・思想の領域だけでなく、福祉、看護、精神医療など多くの実践的な領域に、今もなお大きな影響を与えている。「能動対受動」という発想の枠組みそのものに根底的な反省を迫る「中動態論」に注目したのは、避難に関する課題の多くが、「受け身の姿勢で情報待ちになっている点が課題だ」「主体的に避難する意識を醸成する必要がある」など、避難する人びとの「意識」における能動性と受動性――「わたし逃がす人、あなた逃げる人」というマインド――をベースに論評され、改善が試みられてきたからある。この発想は、避難に関する意志・選択・責任を、特定の個人や組織に完全かつ排他的に帰属しようとする〈防災帰責実践〉（第7章）――「自己責任」論もその一環――とも連動している。

それに対して、この章では、いくつかの具体的事例を通して、そうした姿勢が避難にまつわる諸課題の解消を阻んでいること、言いかえれば、「能動対受動」という枠組みでの思考と実践が限界に達していることを指摘している。そのうえで、旧来の発想を根本的に刷新し、「中動性」という新たな視角を避難研究に導入することを提案した。本章では、南海トラフ地震の「臨時情報」（第9章）への対応としての「社会的スローダウン」（第1章第3節）、「次善（セカンドベスト）」の避難場所（第1章第6節）、避難訓練への参加率と実際の災害時の避難行動との間に見られる「ねじれ」（第4章）、「屋内避難訓練（玄関先まで訓練）」（第5章第2節）、「自助・共助・公助」のご破算（第7章）など、ほかの章で扱うコンセプトや事例を多数取り上げている。言いかえれば、「中動態論」は、避難に関わる複数の、表面的にはそれぞれ無関係に見えるかもしれない課題群の底流にある根源的問題を克服するだけの理論的なポテンシャルを有している。

第３節　第２部：ドリル（訓練）編の概要

第2部は、ドリル（訓練）編である。避難について考えるとき、特に、それを実践的な場面で考えるときに不可欠な要素となる避難訓練が第2部の統一テーマである。第1部の各章と比べれば、探究の舞台はより実践的かつ実務的な場面に移行する。ただし、各章とも、単にフィールドワークや実務的な作業の結果をレポートしたものではない。むしろ、各章とも、それぞれ一定の理論的枠組みをベースにして、既往の訓練手法をその根底部から再検討することを目指している。そのことは、各章をご一読いただければ、ただちに了解していただけると思う。

第4章で掲げた問いは、ある意味で単純明快である。それは、「避難訓練に積極的に参加している人は現実の災害時にもより多く避難しているのか」という問いである。いうまでもなく、避難訓練は、もっとも基本的な避難対策の一つとされてきた。しかし、避難訓練への参加率と実際の災害時の行動との関連性に関する検証は、これまで十分に行われてきたとはいえない。本章では、高知県四万十町興津地区で、11回にわたる避難訓練への参加データ（パネルデータ）と実際に発生した災害（2014年の伊予灘地震）における避難行動との関係性を分析し、両者の関係が少なからず「矛盾・逆接」している事実を確認した。すなわち、訓練への熱心な参加が必ずしも本番での避難に結びついていないケース、逆に、訓練にまったく参加していないが本番では積極的に避難したケースなどが見出されている。そのうえで、より実効性ある訓練方式を開発して両者の関係を「整合・順接」させる努力を払うと同時に、「矛盾・逆接」の関係そのものが実践上の意義をもっている場合もあることを指摘している。

第５章では、第４章で示した知見を踏まえ、実際の災害時の避難行動に資するように避難訓練のベターメントをはかるために、筆者自身が手がけてきた試みのいくつかについて紹介している。その根底には、「次善（セカンドベスト）」（第１章第６節）の発想がある。すなわち、避難場所、避難手法などについて第１章第６節で掲げた目標「理想だけを追い求めるのはやめよう」を達成するための実践群である。従来の発想では自明視されているものの、高齢者などにはハードルが高すぎる「最善（ベスト）」の避難場所や方法には拘泥せず、ハードルを下げて現実的に実行可能な「次善」を探し、その有効性と現実性を実地に試すための訓練群で、具体的には、「屋内避難訓練（玄関先まで訓練）」「屋内避難訓練（２階まで訓練）」「オーダーメイド避難訓練」などを提案している。また、「おためし避難訓練」「世帯別避難訓練」など、上記の三つとは異なる形でハードルを下げた訓練についても紹介している。他方、避難訓練のリアリティ（現実的妥当性）を高めるためには、現実に予想されるきびしい条件を盛り込むべく、逆にハードルを上げた訓練も要請されている。このタイプの事例としては、「夜間避難訓練」「休憩時間訓練・登校時訓練」などを提案している。

第６章では、東日本大震災の経験を強く意識して、津波からの避難訓練について従来とは完全に一線を画した手法として筆者自身が開発し、すでに社会実装を果たしたスマートフォンのアプリを取り上げている。アプリの名称は「逃げトレ」である。最初に、「逃げトレ」の機能や操作法、「逃げトレ」を活用した避難訓練手法、訓練参加者による評価等について具体的に述べ、次に、「逃げトレ」が、避難行動の分析・改善の鍵を握る人間系（避難行動）と自然系（津波挙動）との相互関係を、訓練参加者一人ひとりに対して個別に可視化するための表現ツールであることを示す。この特徴は、非常に重要でありながら、これまで実現できず避難訓練の実効性を損なっていたある難題を「逃げトレ」が克服したことを意味している。それは、その行動で（想定される）津波から逃れられたのかどうかについて「判定」し、訓練参加者にフィードバックすることである。「逃げトレ」は、参加者の避難行動の軌跡と最新の津波浸水想定に基づく浸水動画とをスマートフォンの画面にオーバーラップ表示させることで、この意味での「判定」を実現している。

そのうえで、「逃げトレ」の効果性、とりわけ、従来型の避難訓練に対する優位性を、「コミットメント」と「コンティンジェンシー」を鍵概念として明らかにした。ここで、「コミットメント」とは、人間系（参加者の行動）と自然系（津波の挙動）の関係に関して、無数のシナリオが実現する可能性がある条件下で、特定のシナリオやその実現可能性を絶対視し、それへと没入する運動・作用を意味する。また、「コンティンジェンシー」とは、同じ条件下で、特定のシナリオやその実現可能性を相対化し、そこから離脱する運動・作用を意味する。以上の理論的準備を踏まえたうえで、「逃げトレ」は、ある特定のシナリオへと参加者を「コミットメント」させると同時に、そこから離脱させる「コンティンジェンシー」の働きを相乗的に作用させることで、「想定外」に対する対応力を訓練参加者に与える機能を有していることを指摘した。言いかえれば、「逃げトレ」は、単なるハザード（災害現象）の可視化ツールではなく、また、避難のためのナビゲーションツールでもなく、「想定外」という避難に関する難問に、「コミットメント」と「コンティンジェンシー」という理論的枠組みを通してチャレンジした「理論的なアプリ」でもあることを本章では明らかにする。

第４節　第３部：マネジメント（施策）編の概要

第３部は、マネジメント（施策）編である。避難に関する施策について構想するとき、必ず引き合いに出される実務的な用語、および、近年新たに導入された制度および情報を全部で三つ取り上げる。つまり、第３部を構成する各章も、第２部と同様、第１部と比較すれば、実践的かつ実務的な問題を取り上げている。ただし、これも第２部と同様、実務的な課題に関する検討に終始することなく、それらの基盤にあって、表面にあらわれた諸課題の解決を阻んでいる根源的な枠組みや先入観の剔出と克服が目指されている。

第７章のテーマは、「自助・共助・公助」というフレーズである。「自助・共助・公助」は、避難をはじめ防災・減災に関する諸活動の推進に関して考えようとするときの基本フォーマット、言いかえれば、誰もが便利に使い回すことのできるフレーズとなっている。しかし、通俗的に使い回され手垢がついた言葉だけに、要注意でもある。本章では、「自助・共助・公助」について、言葉の定義、つまり、その言葉が文字通り「何を意味しているか」よりも、むしろ、その言葉を使ってコミュニケーションすることを通して人びとは「何をなしているか」を検証するスタイルをとった。前者が、その言葉を使う当事者の自覚的な意識によってとらえられている表層部分に対応するのに対して、後者は、当事者がそうとは意識せずに、しかし「実際にはなしている」深層の行為部分に対応するからである。

近年実施された「自助・共助・公助」に関する社会調査の結果を援用した検証作業から、「自助・共助・公助」は、本来、特定の誰（どこ）かに専有的に帰属されることなく、ファジーな曖昧性や重複性を伴いつつ担われることも十分にあり得る防災・減災に関わる役割や責任を、特定の誰か（どこか）に排他的に帰属させて、その帰属のありようを社会的に明示しようとする実践――〈防災帰責実践〉――を支えるキーワードであることを明らかにした。あわせて、第３章で導入した「中動態論」との接点を指摘しつつ、避難に関してそれまで前提にされていた「自助・共助・公助」のあり方をいったんご破算にして、それらを再編成するための作業と実践が求められていることを強調している。

第８章では、「地区防災計画」という名の2014年に導入された制度について、「避難学」の観点から検討している。日本の防災法制は、長年、「防災基本計画」（国レベル）を上層、「地域防災計画」（地方自治体レベル）を下層とした２層構造をとっていた。しかし、阪神・淡路大震災、東日本大震災を経て、国や地方自治体レベルの防災・減災施策や活動だけでは十分な効果が上がらないこと、および、住民、地域コミュニティ、学校、企業などを主体とした草の根の取り組みを強化しないと大規模災害を乗り切れないことが強く認識された。これを受けて、２層構造の基層部に新たにつけ加えられたのが「地区防災計画」である。

第１に、地域コミュニティ主体のボトムアップ型の計画、第２に、地区の特性に応じた計画、第３に、継続的に地域防災力を向上させる計画、以上の３点を特徴とする「地区防災計画」は、本書の主題である避難と密接に関連している。なぜなら、これら3点は、実際に避難することになる当事者を主体とする避難計画や施策の重要性を示唆しており、この点こそ、本書で、「避難スイッチ」（第1章第3節など）、「次善（セカンドベスト）」（第1章第6節、第5章など）、「宣言文」としての避難情報（第2章第4節など）、「中動的」に逃げること（第3章）、「自助・共助・公助」概念の見直し（第7章）など、多くの章で論じていることのベースにあるからである。この意味で、「地区防災計画」は、新しい避難学の確立を目指すとき、格好の実務的拠点になるといえる。

第9章では、「地区防災計画」よりもさらに新しく、2017年に運用が開始された「臨時情報」という名の新しい災害情報を取り上げている。「臨時情報」は、正確には「南海トラフ地震臨時情報」という名称であり、かつての東海地震に関する「警戒宣言」と同様、地震発生よりも前に、地震発生予測に基づいて出される情報だという点で非常に特殊な情報だといえる。同情報の活用に関する政府のガイドラインは、大規模な地震が発生する可能性が特に高いと考えられる場合、「巨大地震警戒対応」として、津波浸水想定地域などで1週間程度の「事前避難」を求めている。具体的には、地震発生後の事後避難では安全に避難できない可能性のある要支援者や、避難が困難な地域に暮らす住民は「事前避難」を行う必要があるとされている。要するに「臨時情報」に期待されているもっとも大きな役割は、避難に対する効果なのである。

たしかに、最大約32万人とも想定される南海トラフ地震の犠牲者の軽減に対して、「臨時情報」は絶大な貢献をなし得る可能性がある。しかし他方で、この情報が目安として示している期間内に実際に（後続）地震が発生する確率（情報の的中率）が低いこと、および、それを考慮して、政府がトップダウンで社会活動の規制（たとえば、鉄道の運休など）を行う意向をもってないこともあり、情報を有効活用するための方法や仕組みを、相当周到に、事前に、そして社会全体で検討・構築しておかないと、無用な混乱を招くだけに終わる心配もある。「臨時情報」の功罪両面を踏まえて、陰の側面を抑え光の側面を引き出すためには、個々の組織・団体、コミュニティ、さらには家庭などを単位として、それぞれの事情に応じた対応を、日常生活の継続と防災対応とを「二刀流（両にらみ）」で両立させつつ、国をはじめ行政からの規制・指示を受ける形ではなく「ボトムアップ」に独自に考え、かつ実行していくことが求められている。これは、まさに、第8章でテーマとした「地区防災計画」制度が求めているところでもあり、かつ、従来の「自助・共助・公助」の見直し（第7章）とも連動する作業である（「あとがき」も参照）。

第5節　補論の概要と総括

「避難学」に大きなインパクトを及ぼすことになった近年の二つの事象について取り上げた補論を最後に2編つけた。二つの事象とは、新型コロナウイルス感染症の蔓延（コロナ禍）、および、地球規模で生じている気候変動に起因すると見られる災害現象――たとえば、「観測史上最も暑い夏」や「記録破りの豪雨」など――である。

補論1「アフター・コロナ／ビフォー・X」は、コロナ禍で発生した自然災害、しかも、気候変動との関連が濃厚な豪雨災害に対して日本社会が示したリアクションを素材として議論を組み立てている。まず、コロナ禍も気候変動も、誰の目にも明らかな具体的な影響を本書の主題である避難行動やそれに関わる実務に与えている。一例をあげれば、コロナ禍では、「三密」を避けるために、自治体が指定した避難所だけにこだわらない「分散避難」や「多様な避難先」が模索されたとか、気候変動に伴う極端気象現象（突然の豪雨、短期間の集中豪雨など）が増えたことによって、従来の防災気象情報では十分ではないとの政策的判断から、新たな情報――「顕著な大雨に関する情報」（いわゆる「線状降水帯」の発生情報）――が創設されたとかいった影響である。ただし、これらは、まったく新しく登場した現象や課題ではない。もともと、言いかえれば、「ビフォー・コロナ／ビフォー・気候変動」の時期から伏在していた問題が、「ウィズコロナ／ウィズ気候変動」の時代の到来とともに明確な姿をなして顕在化したものといえる。

以上の意味で、本当に大事なことは、「ビフォー・X」の方に隠れていたことに気づく必要がある。今はたしかに「アフター・コロナ」であり「ウィズ・気候変動」であるが、同時に、この今は、現時点ではまだ潜在的な状態にある何らかの脅威Xに対する「ビフォー・X」にすでになっているはずである。

「ビフォー・コロナ」において、コロナウイルスがすでにどこかに潜んでいたように。たしかに、「アフター・コロナをどう生きようか？」「ウィズ気候変動の時代の防災は？」などと思い悩み、立ち向かうことはとても大事なことである。しかし、真に「コロナ（気候変動）に学ぶ」とは、本来、「ビフォー・コロナ（気候変動）」において、私たちが何をし損ねたのか、何をどう見誤ったのかについて問い直すことである。その作業こそが、今どこかに、すでに存在している次の潜在的な脅威（X）に対して賢く備えることにつながるからである。

補論2「ボーダーレス時代の防災学――コロナ禍と気候変動災害」でも、本書全体を通貫する方針――表層にあらわれた課題ではなく深層部に切り込むこと――に立脚して、上に例示した実務的な課題ではなく、コロナ禍と気候変動由来の災害が、従来の避難学、ひいては従来の防災研究一般が置いてきた三つの理論的前提（三つの境界＝ボーダー）に対してチャレンジしているとの論点を提起している。三つのチャレンジとは、第1に，ハザードマップに典型的にあらわれているような、空間的な境界――「ゾーニング」（zoning）――に立脚した災害マネジメントに対するチャレンジである。第2に、よく知られた「災害マネジメントサイクル」に象徴される時間的な境界――「フェージング」（phasing）――に立脚した災害マネジメントに対するチャレンジである。最後は、専門家対非専門家という役割上の境界――「ポジショニング」（positioning）――に立脚した災害マネジメントに対するチャレンジである。これら避難学を含む防災学一般が大前提としてきた三つの境界（ボーダー）をなきものとしてしまったコロナ禍と気候変動は、私たちに、ボーダーレスな時代、つまり、境界なき時代にも通用する新しい避難学を構想することを要請している。

以上、最後の二つの補論も含めて各章の内容について概観してきた。避難をめぐって近年課題視されている多数の問題群は、それぞれ一見ばらばらで無関係な個別の問題と見えながら、一貫した理論的枠組みを携えてそれらを見つめたときには、それぞれが相互に絡みあっていること、および、基底部は少数の根源的な要因によって貫かれていることをおおよそご理解いただけたと思う。もっとも、この序論では、そのさわりに触れただけにとどまっている。この後、各章の記述にあたって詳細をフォローしていただければ、そのことをより明確にご確認いただけるものと思う。

ここまで、一方で、避難学には「理論」が必要だと繰り返し強調してきた。しかし他方で、非常に具体的な避難訓練手法やツール開発を伴った「実践」についても本書では取り上げることを予告した。避難をめぐる「理論」と「実践」の間の“幸せな共存”そして“実りある融合”を感じ、人間科学に根ざした本格的な「避難学」の誕生の萌芽を実感いただけるとすれば、著者としてこれに勝る喜びはない。

【引用文献】

國分功一郎（2017）『中動態の世界：意志と責任の考古学』医学書院
斎藤　環（2009）『心理学化する社会』河出文庫
矢守克也（2009）『防災人間科学』東京大学出版会
矢守克也（2018）『アクションリサーチ・イン・アクション：共同当事者・時間・データ』新曜社
矢守克也（2022）「書評論文：『測りすぎ：なぜパフォーマンス評価は失敗するのか？（ミラー，J／著）』」『災害と共生』6（1），pp. 45-53.

第 1 部

コンセプト(概念)編

第１章　避難学のパラダイムチェンジ――八つの提言

第１節　避難学は人間科学たり得ているか

近年、世界的にも、また日本国内でも、自然災害が頻発している。世界的には地球規模での気候変動が浸潤と乾燥の均衡やダイナミズムに悪影響と及ぼし、ハリケーン、サイクロン、台風といった熱帯性低気圧の強大化を促し、他方で、干ばつや高温も極端化させている。国内に限っても、阪神・淡路大震災以降、「活動期に入った」とされる地震・火山活動は、近年に限定しても、能登半島地震（2024年）、北海道胆振東部地震（2018年）、大阪府北部地震（2018年）、熊本地震（2016年）、御嶽山噴火（2014年）など、相変わらず活発な状態が続いている。加えて、熊本県を中心に大被害となった令和２年７月豪雨（2020年）、東日本の広範囲に被害の爪痕を残した東日本台風（2019年）、西日本を中心に豪雨災害としては「平成最悪」の被害をもたらした西日本豪雨（2018年）、九州北部豪雨（2017年）など、台風、集中豪雨による浸水、土砂災害による被害も頻発している。

こうした中、命を守るための最後の砦としての避難行動、また、それを促すための災害情報の重要性が、ますます高まっている。地震や台風・豪雨といった自然現象（外力）を正確に予測し、防御施設で完全に抑止・制御することが現時点では残念ながら困難である以上、情報を中心としたソフト面の対策、すなわち、主に人間科学的な研究に依拠した対策も同時に必要とされていることは論をまたない。

さて、こうした研究領域――防災に関する人間科学――が一つのディシプリン（学問領域）としての知名度をまがりなりに獲得してから、もう半世紀以上が経過する。たとえば、この領域の開拓者の一人として誰もが思い浮かべるだろうクアランテリの *Disasters: Theory and Research* の出版は1978年である（*Quarantelli*, 1978）。また、廣井脩氏を中心に東京大学新聞研究所（当時、現東京大学大学院情報学環・学際情報学府）による避難研究が大規模に展開されはじめたのも1970年代であり、また、国内における関連書籍の嚆矢とも位置づけられる広瀬弘忠（著）『災害に対する社会科学的アプローチ』（新曜社）が出版されたのは1981年であった。

しかし、筆者の見るところ、被害軽減に向けた人間科学的な防災研究、もう少し限定して、避難に関する人間科学的な研究の進捗は、決して思わしくない。どこかで災害が生じるたびに、相変わらず、アドホックで、つまりその事例だけに限定した、ワンショットの、つまり単発の事例調査や、それに基づく場当たり的な提案・対策が提示されていることが多い。その同じルーティーンが何度も繰り返されるだけで、問題の根底にまで深く踏み込んだ分析や考察がなされているようには思えない。

これは、一(いつ)にかかって、避難研究に、理論と概念が不足・欠落しているからである。たしかに、避難研究は、災害による犠牲者の軽減という、きわめて実践的で、かつ、喫緊の社会的課題を取り扱っている。しかし、ここ半世紀の歴史を振り返ってみると、こうした社会的要請の強さをむしろイクスキューズにして、表面にあらわれた課題に目を奪われ、その深部に潜む根源的問題を剔出する作業や、研究全体の将来像を骨太に描く営みを怠ってきたように見える。その帰結が、頻発する多種多様な災害事例を前に、一時の気分や評価に流されることも多い一般社会の動向と一緒になって右往左往する姿である。その結果として、「避難学」は、一見、現実的な問題を取り扱う実践科学であるように見えて、実は、実践科学としても十分に成立していないのではないか。このような疑いと自己反省を禁じ得ない。

真に実践的な知恵は、現場（フィールド）に十二分に根ざし当事者の感性を共有しつつも、しかし同時に、個別の事例や表層にあらわれた現象だけにとらわれないドライで、それでいて深い理論的考察を介してしか生まれない。ドイツ在住の著名な作家である多和田葉子氏の言葉を借りれば、「感性は思考なしにはありえないのに、考えないことが感じることだと思っている人がたくさんいる」（多和田, 2022, p. 38）。すべての学問的営みに通じるこの警句に、避難研究も今一度立ち返るべき時期にある。むろん、本章をはじめ後続の各章で、この方向に資するものとして筆者が提起する論点・視点、それに基づく筆者なりの実践的な取り組みは、まだまだ荒削りで、短所・欠点を多数もつと自覚している。しかし、一つのディシプリンとして、ここで提起しているタイプの議論や取り組みに、真摯かつ意欲的にチャレンジすることが、今、切実に求められていることは、たしかである。

以下、従前の避難研究が陰に陽に前提にしてきたものの、その将来を考えるときには抜本的に再考することが求められる――少し構えた言い方をするなら「パラダイムチェンジ」が必要と思われる――八つの論点・視点を提示し、順に論じていくことにする。なお、いくつかの重要論点については、後続の第2章以降で、さらに掘り下げて取り扱うので、そちらもあわせて参照いただければ幸いである。

第2節　提言1：被害事例にだけ注目するのはやめよう――「FACPモデル」の提案

1．アドホックかつワンショットでよいのか

避難研究が、アドホックでワンショットな分析、つまり、場当たり的で1回限りの分析に終始しがちな理由は、ある意味で単純である。どのような学術的な営みも考慮すべきすべての事例に目を向けることはできないので、どの現象に、またどの事例に注目するかに関する「選択」は、きわめて重要な意味をもっている。つまり、この「選択」は、本来、十分周到かつ念入りに実施される必要がある。ところが、この重要なポイントについて、従来の避難研究は大きな疑いを差し挟むことなく、また確固たる根拠もなく、犠牲者が出た事例（出なかった事例ではなく）を、あるいは、犠牲者が出た現場が同時に複数存在する災害では、より多くの犠牲者が出た事例（より少なかった事例ではなく）を、それぞれ「選択」して研究を進めてきた。犠牲者の軽減をゴールとして据える避難研究であるから、不幸にして何らかの理由から避難が不調に終わり、犠牲者が（より多く）出てしまった事例に目を向けるのは、たしかに当然のように思える。

しかし、至極当然と思える点にこそ、落とし穴が潜んでいるものである。そのように立ち止まって再考してみると、次のようなことがわかってくる。少な

くとも現時点で、どこで、どの程度、災害による犠牲者が出てしまうかを事前に予測することがほとんど不可能である以上、避難研究が「選択」する事例は、事後的にアドホックに「選択」されるほかない。しかも、災害が次から次に頻発するという時代背景のために、「選択」されたその事例に対する関心がその場限りの一時的なものになっている。ある事例を「選択」したとしても、それに対する継続的かつ深度をもった分析や考察を進める暇もなく、次に「選択」すべき事例が生じてしまうからである。こうした反復は、「避難学」の構築、つまり、避難行動によって人的被害を軽減するための知識を体系的に構築する営みにとってベストシナリオといえるだろうか。筆者自身を含め避難研究に従事する者は、まずこのように疑ってみるべきである。

2.「FACPモデル」

このような視点に立って、一つの仮説的なモデルを提示したい。表1-1がそれである。表1-1は、主に豪雨災害を念頭に、多種多様な災害事例を四つのタイプに分類し、上の意味での「選択」に資するものとして筆者が考案した

表1-1　FACPモデルの概要

	災害現象が顕在化 大規模な浸水、土砂災害などが発生	災害現象が顕在化せず 左のような事態には至らず
人的被害あり	【フェイタル＝FATAL】 「致命的な、破壊的な」 ・西日本豪雨（2018年）における倉敷市真備町、呉市など ・もちろん重要。牛山素行氏（静岡大教授）の犠牲者調査など ・ただし、ここに世間の目（研究、報道）が集中するきらいも。	【アクシデンタル＝ACCIDENTAL】 「偶発的な、不慮の」 ・都賀川事故（2008年）、玄倉川事故（1999年）など ・該当するケースは少ないはず。 ・他に、田畑、用水路の点検中の犠牲などのケースも該当
人的被害なし	【クリティカル＝CRITICAL】 「死活的な、分岐的な」 ・九州北部豪雨（2017年）における朝倉市平榎地区、西日本豪雨における京丹波町上乙見地区など ・いわゆる「成功事例」。ただし、偶然の要素が併存し、それが生死（死活）を決定づけている場合も。 ・当事者が自覚している「ヒヤリハット」	【ポテンシャル＝POTENTIAL】 「潜在的な、陰に隠れた」 ・西日本豪雨や2013年台風18号（史上初の特別警報）における京都府桂川下流域ほか ・次の災害で「フェイタル」になりかねない潜在的予備軍 ・一部の行政担当者、専門家などを除いて「ヒヤリハット」だとの意識（自覚）がない点が課題

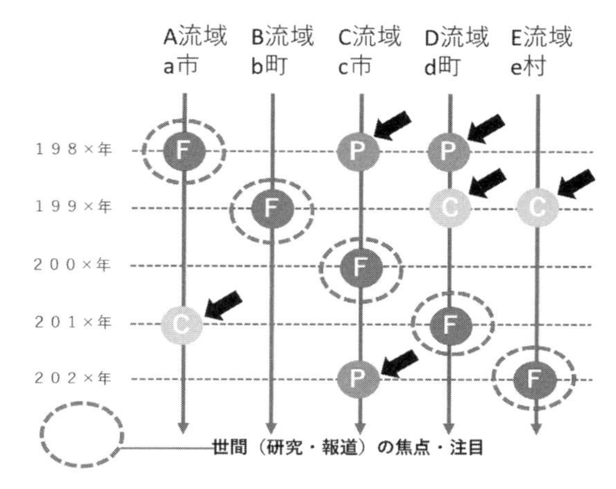

図 1-1　継時的に生じる複数の災害の FACP モデルによる位置づけ

枠組み——FACP モデル——である。また、図１－１は、一定期間内に生じる複数の災害を FACP モデルの観点から縦断的に位置づけた模式図である。まず、四つのタイプそれぞれについて説明しておこう。

タイプＦ（Fatal：「致命的・破壊的」）は、浸水や土砂崩れなどの災害現象が顕在化し、人的被害が生じた事例（地区）のことである。上述した通り、従来の避難研究は、このタイプＦに（のみ）強い関心を向け、それを研究すべき対象として「選択」する強い傾向性をもっている。また、当該の災害で、「致命的（F)」に該当する事例（地区）が複数生じたときには、より大きな人的被害が生じた事例（地区）を「選択」してきた。

タイプＣ（Critical：「死活的・分岐的」）は、「致命的（F)」と同等の災害現象が顕在化したものの、人的被害が生じなかった事例（地区）のことである。死活（生か死か）を決定づけた要因について、何らかの意図的な選択や判断の中に求めようとするのが、いわゆる「成功事例」分析であるが、偶発的な要素の介在も見逃せない（よって、安易に「教訓」（成功の秘訣）を引き出すことには慎重であるべき）。また、避難した当事者や第三者が、多くの場合、それが「ヒヤリハット」であったと自覚・意識している点も、このタイプの特徴である。

タイプＰ（Potential：「潜在的・陰に隠れた」）は、災害現象が顕在化せず、人的被害も生じなかったが、「致命的（F)」や「死活的（C)」なタイプと同等の災害現象が発生する可能性も十分にあったと考えられる事例（地区）である。ただし、災害現象の発生可能性は、専門家やごく一部の住民を除いてほとんど自覚・意識されていない。上で用いた言葉「ヒヤリハット」を使って表現すれば、多くの人びとにとっては「ヒヤリハット」にすらなっていないという点に特徴がある。

タイプA（Accidental：「偶発的・不慮の」）は、災害現象が顕在化しなかったにもかかわらず、人的被害が生じた事例（地区）である。FACPモデルでは、河川流、土石流等の外力が施設許容力を超えて生じた越水、洪水、浸水、土石流、崖崩れなどが人間の活動空間に大規模に侵入している状態を、災害現象の顕在化と定義している。多くの人的被害は、この意味での災害現象の顕在化によって生じるが、川の様子を（あえて）見に行った人が、あやまって河川空間内に転落して犠牲になることはある。そうしたケースがこのタイプに該当する。

「偶発的（A）」は、ほかのタイプに比べて該当例が少ないので、かつて、筆者自身が検討した事例の参照を求めるにとどめ（矢守・牛山, 2009）、以下では、議論を「致命的（F）」「死活的（C）」「潜在的（P）」の三つのタイプに絞る。先述した通り、従来の避難研究は、「致命的（F）」な事例にだけ、十分な論理的な根拠なく、また長期的展望もないまま、研究活動を集中させてきたきらいがある。はたして今後もそれでよいのか。むしろ、「死活的（C）」「潜在的（P）」な事例に対しても同等の関心を払うことが重要ではないだろうか。

以下、この点に焦点を絞って議論を進めるが、その前に、ここまで批判の矛先を向けてきた「致命的（F）」に注目した従前の避難研究にも、少数ながら十分なリスペクトを払うべき例外が存在することを注記しておきたい。それは、超長期にわたって、災害による犠牲者の発生場所、理由等をフォローした研究である（牛山, 2020など）。牛山による「致命的（F）」な事例に関する一群の研究は、その優れた縦断性・継続性と網羅性・悉皆(しっかい)性において、従来の避難研究のよき例外となっている。筆者が、本章で、その有効性に疑問を呈しているのは、その度ごとの「致命的（F）」な事例をアドホックに取り上げてレポートするタイプの研究であって、この研究はそうではない。むしろ、「致命的」な事例群を、長期的に一貫して執拗なまでに追跡していて、それは、避難（特に、その困難、失敗）に関する有益な知見――特に、根拠なく信じられている一般常識を覆すタイプの知見――を多数生み出してきた。

３．「死活的（C）」な事例とは

「致命的（F）」な事例と同様、いや、それ以上に重視すべきが「死活的（C）」な事例である。あらためて確認しておくと、「死活的」な事例とは、「致命的」と同等の災害現象が顕在化したものの、人的被害が生じなかった事例（地区）のことである。ここで、その死活、つまり、人びとの生死を決定づけた要因を何らかの意図的な選択や判断の中に求めようとするのが、いわゆる「成功事例」分析である。たとえば、「土砂災害の事前徴候に当事者たちが気づいたことが全員無事避難の鍵になっていた」「当該集落で従前から相互に避難を呼びかける体制が整えられていたことが奏功した」といった類いの分析である。

「死活的」な事例では、定義上、「致命的」と同等の災害現象が生じているにもかかわらず、人的被害が出ていないわけだから、素朴に考えて、避難研究にとって有用な知見、すなわち、人的被害を減らすための知恵やノウハウが、「致命的」な事例より直接的でストレートな形でもたらされると想定される。ところが、従来の避難研究は、ときに「調査公害」（「第２の災害」）だとの社会的非難を浴びるまでに「致命的」な事例（状況がきびしい被災地）に対して集中砲火的な関心を向ける一方で、「死活的」な事例には十分な関心を示してこなかった。たしかに、近年は、マスメディア等で、「成功事例」を意識的に取り上げる動きが見られるなど事情は変化しつつある。しかし、それでも、「死活的」な事例を意図的にリサーチし、そこから人的被害の軽減に向けた知恵を獲得する努力を、今よりさらに強化すべきであろう。

もっとも、その際に留意すべき注意事項もある。上述したように、「死活的」な事例において、生死の分岐路が生の方へ転じた背景に、当事者らによる意図的な選択や行為が存在したとしても、それはあくまでも「結果的に」そうであったと考えるほかない場合が存在する。言いかえれば、「死活的」な事例が「致命的」な状況には至らず「死活的」の範囲内に踏みとどまった背景に、相当程度、偶然の要素が介在している場合も多い点は見逃せない（近藤，2022）。実際、成功裏に避難した当事者が、多くの場合、それが「ヒヤリハット」であったと自覚・意識している点も、「死活的」な事例の特徴であった。当事者も、生・死が紙一重であったこと、それが、決して必然ではなかったこと（「たまたま運がよかったので」）を十分自覚しているわけである。

なお、以上の観点に立って、「死活的」な事例に分類可能だと筆者が考え、自らケースレポートを試みたものや、他の研究者によるレポートとして、以下のものがある。東日本大震災における岩手県野田村の野田村保育所の事例（矢守，2015）、西日本豪雨（2018年）における京都府京丹波町上乙見地区の事例（矢守，2018、本章第6、7節を参照）、同災害における京都府綾部市大島町での事例（京都新聞，2018）、同災害における愛媛県松山市高浜地区の事例（磯打，2018）、九州北部豪雨（2017年）における福岡県朝倉市平榎地区の事例（竹之内・加納・矢守，2018；近藤，2022）などである。これらは、「死活的」な事例に関する網羅的なリストではないが、「死活的」な事例が避難研究に対して有する意義や課題について感じるための基礎資料にはなるだろう。

4.「潜在的（P）」な事例とは

避難研究の今後にとって、「死活的（C）」な事例以上に大切な意味をもつと思われるのが「潜在的（P）」な事例である。こちらも再度、定義を確認しておく。このタイプは、災害現象は顕在化せず、人的犠牲も生じなかったが、「致命的」および「死活的」な事例と同等の災害現象の発生が十分に考えられた事例（地区）のことであった。このような事例では、専門家やごく一部の住民を除いて、災害現象が発生する可能性が十分あったこと自体がほとんど自覚・意識されていない。つまり、「ヒヤリハット」にすら**なっていない**という点に、このタイプの大きな特徴がある。

典型的な例を挙げておこう。2013年の台風18号による災害、および、2018年の西日本豪雨災害において、京都市内を流れる桂川の下流域は、――あまり知られていないが――危機的な状況にあった。水系に分布する複数のダムにおける巧みな操作と地元水防団の土嚢積みなどの草の根の努力とが噛み合って、辛うじて大難は逃れた（前者については、国土交通省近畿地方整備局河川部（2013）や矢守（2017）を、後者については、この後の第5項を参照）。しかし、これらの事実は、上述した通り、一部の専門家を除いてほとんど知られていない。こうした事例こそ、次に「致命的」ないし「死活的」な事例になりかねない潜在的予備軍なのに、である。

どうしてこのようなことになるのか。「致命的」では多くの犠牲者が出ており、また、「死活的」も目を引きやすい成功譚だから、大きな社会的関心が向けられる。他方、「潜在的」では、幸いなことに犠牲者は出ていないし、そもそも大規模な災害現象は、桂川下流域の事例で提示したように、くしくもクリティカルラインのわずか手前でとどまっており起きていない。だから、それは、多くの場合、表には出ない疑似災害としてスルーされてしまう。時間を逆転させて表現すればこうなる。たとえば、西日本豪雨（2018年）で甚大な被害が出た倉敷市真備町や広島市安芸区でも、あのようなことが起こる前に、「潜在的」にそうなっていた歴史、辛うじて難を逃れていたケースが過去にあったはずだ（そして、実際にあったことが、国土交通省中国地方整備局河川部（2018）などを見ればよくわかる）。ところが、避難研究は、その当時は、「致命的」であった別の事例や地区に気をとられて、その時点でそこに注意を払っていなかったのである（再び、図1-1を参照）。

しかし、本章の冒頭で指摘したように、避難学を頑強なディシプリンとして確立するためには、その時々の「致命的」な事例にだけ集中的かつ一時的に関心を向けるだけでは不十分である。そうではなく、同じ時点における「潜在的」な事例、および、「致命的」な事例（その土地）が、かつて「潜在的」な状況にあったと見なし得るケースなどを冷静に見きわめて、それら複数の事例に対して分散的かつ分業的に関心を向け、研究対象として「選択」することが、避難学の確立のためには必要である。

5．アンサンブル予測のバック・キャスティング
――「潜在的（P）」な事例の特定

幸い、こういった作業を実現し得るだけの技術的基盤も整備されつつある。「潜在的（P）」であったこと（もしくは、将来的に「潜在的（P）」になりそうなこと）を定量的に表現できる可能性が出てきたのだ。具体的には、筆者のほかに、気象学、水文学、土木工学など、理工学系の専門家を含めた京都大学防災研究所の研究チームによる共同研究が、アンサンブル気象予測の手法を使って――ただし、それを、未来予測（フォア・キャスティング）ではなく、過去検証（バッ

ク・キャスティング）に利用することで――、西日本豪雨（2018年）のときの近畿地方の降雨や河川の状況を事例として、次のような事実を見出しつつある（本間・佐山・竹之内・大西・矢守（2019）、佐山・本間・竹之内・大西・矢守（2019）、竹之内・大西・佐山・本間・矢守（2019））。

あのとき、十分にあり得た51の降雨シナリオ（その全体が「アンサンブル」（集合）と呼ばれる）のうち、近畿地方北部の由良川流域では、その地域にとって最悪のシナリオ（ワーストケース・シナリオ）で降雨・河川流出が見られたのに対して、桂川流域では最悪から数えて4、5番目のシナリオで事態が推移していた。しかも、両河川の流域は十数kmしか離れておらず、両者が入れ替わっていてもまったく不思議ではなかった。さらに、入れ替わっていたとしたら、桂川流域で大規模な洪水が発生していた可能性があった。他方で、桂川流域の住民はそうした事実をほとんど意識していなかった――これらの事実である。つまり、すでに起こってしまった災害、あるいは、生じつつある災害について、「潜在的（P）」だったと認定できる事例を客観的に判別するための技術が整備されようとしているのである。

さらに、松原・曹・矢守（2022）は、国土交通省が公開している「水文水質データベース」における過去の水位データを活用し（水位観測所ごとに指定した期間内における過去の水位を高いものから順に表示可能）、各水位観測所付近における外水氾濫の潜在的な可能性を評価する指標「水害ポテンシャル指標」について報告している。この試みは、クリティカルラインの一歩手前にまで危機が迫る事例がどの程度あったのかについて簡易的に評価しようとするもので、まさに「潜在的（P）」をあぶり出すための手法と位置づけることができる。

6．「たまたま起こらなかったこと」というカテゴリー

ちなみに、上述したような自然科学的な裏づけを伴った「潜在的（P）」の事例の同定は、単に、「ヒヤリハット」にすらならず埋もれてしまった事例を発掘するといった実務的な意義を超えて、人間科学上のインプリケーション、特に時間論に対する豊かな示唆を含んでいる。順に説明しよう。アンサンブル予測は、もともと、「未来」、つまり、「まだ起こっていないこと」について、不確実性（幅）を考慮した予測を行うこと、また、そうした不確実性を伴ったリ

スク・コミュニケーションを社会に定着させることを意図している。つまり、前述したフォア・キャスティングを通して、より適切な対応行動を促すことを念頭に開発・実装が進められているものである。実際、アンサンブル予測について、気象庁は、「この手法では、ある時刻に少しずつ異なる初期値を多数用意するなどして多数の予報を行い、その平均やばらつきの程度といった統計的な性質を利用して最も起こりやすい現象を予報するものです」（傍点は引用者）と解説している。

しかし、第5項で、「もう済んだ過去」に属する事例に関する分析を通して示したように、アンサンブル予測のバック・キャスティングや水害ポテンシャル指標は、「もう起こってしまったこと」（過去）の事例に関する反実仮想（実際に実現したシナリオとは異なるシナリオを想像してみる作業）を社会に促し、「起こったこと／起こらなかったこと」という二分法ではなくて、「十分に起こり得たが、たまたま起こらなかったこと」という「過去」像を形成することにも資する。すなわち、大被害に十分近接していた土地や事例について、それは決して「何ごともなかった」わけではなく、雨域が少しずれていたり、もう数時間雨が降り続いたりしていれば、大規模な被害に見舞われていた可能性が十分にあったが、たまたま「何ごともなかった」だけだ――そのようなリスク・コミュニケーションを行うことが可能となる。

そして、さらに、この手順を経ることによって、アンサンブル予測や水害ポテンシャル指標を通した「潜在的（P）」な事例の同定は、従来のように、「確実に起こりそうなこと」だけに社会的関心を集中させたり、確実に起こるとの折り紙つきの単一の未来を同定したがったりする病弊を和らげることにも資する。「潜在的（P）」な事例は、それに代わって、「十分に起こりそうな複数の未来たち」とともに、「ウィズ災害」（補論2の第5節）の時代を生きるすべを人びとに提供する。実際に起きたことや現実に起こりそうなことだけでなく、紙一重で起きなかった過去に目を向けることこそが、不確実な未来――「想定外」――に対する真の対処力を高めることにつながるのである。

第3節　提言2：情報だけで人を動かそうとするのはやめよう

1.「白黒ゲーム」との訣別を

避難研究は、白（安全、まだ心配なし）、黒（危険、今こそ逃げろ）の白黒を一刀両断できる情報を長年にわたって追い求めてきた。茨城県常総市を中心に大きな被害をもたらした洪水災害（2015年）、九州北部豪雨（2017年）、西日本豪雨（2018年）、東日本台風（2019年）など、近年相次いだ豪雨災害を受けて実施されようとしている災害情報の改善も基本的に、この「白黒ゲーム」の枠内にある。つまり、白黒の空間的解像度を上げ、時間的更新速度を早め、白と黒とを緻密に細分化する作業である（精緻化・迅速化）。「白黒ゲーム」がこのままエスカレートすると、今に、特別情報をより強烈にした「スーパー特別警報」や「避難準備の準備情報」といった屋上屋、階下階が設定されるのではないかとの皮肉な懸念まで生じてくる。

それはともかく、こうした「白黒ゲーム」のベースにある発想、つまり、情報を何とかすれば事態は改善されるという発想、あるいは、情報だけで人を動かそうとする発想自体について根本から見直す必要がある。「特別警報／警報／注意報」にせよ、「避難準備／指示」にせよ、あるいは、2019年に新しく導入された「5段階のレベル化情報」にしても、これらはすべて、喩(たと)えて言えば、わずか数色の手旗信号だけを頼りに、日本全国津々浦々に生活する一人ひとりの振る舞い――「今こそ逃げどきだ／まだそのときではない」――を完全にコンロールしようとする試みである。このチャレンジにはどう考えても無理がある。別の発想が必要である。以下、具体的な事例を二つ紹介しよう。

2.「避難スイッチ」

「白黒ゲーム」から逃れるために、第1にできることは、情報本体の改善ではなく、当事者の判断・行動と情報との間をつなぐ試みである。問題の根幹は、情報本体ではなく、情報と行動との間のブリッジの部分にあるからだ。筆者は、そのキーワードとして「避難スイッチ」を提唱してきた。「避難スイッチ」とは、「わが家ではこうなったら避難開始」「本施設ではこの情報で避難準備をスタート」など、避難行動に関する「きっかけ」を、当事者が、「自ら、予め、具体的に」決めておくプロセスのことである。言いかえれば、「白黒」は他人に教えてもらうものではなく、自らつけるもの——これを常識にするためのアプローチである。だから、「避難スイッチ」を、実際に避難することになる当事者が「自ら」決めることが死活的に重要である。それは、「何ごとも参加的にするのがよいから、ボトムアップな姿勢が重要だから」といった意味だけでそうなのではない。そこには、言語学的な理由も存在する。その点については、第2章第4節で「宣言文」と呼ばれるタイプの情報の効用を論じる中で詳述しているので、あわせて参照してほしい。

さて、「避難スイッチ」の素材として使えるものには、身のまわりの「異変」、いわゆる「情報」、そして、「周囲」の人の振る舞い、以上の三つがある。「異変」については、集落で最初に水がつくことが多い家の様子（福岡県朝倉市）、小河川の逆流（兵庫県宝塚市）、「川の中のあの岩が見えなくなったら」（大分県日田市）など、危機切迫のサインになる身近な現象を事前に見定めていたことが、早期避難につながった例が多数ある。このうち、最初の事例は、本章第2節第3項で触れたもので、九州北部豪雨（2017年）の被災地、朝倉市平榎地区の事例である。同地区では、複数の住宅が流されるなど大きな被害が出たが、住民は全員無事であった（つまり、「死活的（C）」に該当する）。同地区では、2012年の豪雨で、川のそばにある住宅が床上まで水につかる被害が出た。それ以来、住民たちは、この住宅の状況を避難のための目安（「避難スイッチ」）にしていたのである。それが早期の自主避難、人的被害ゼロにつながった。

次は「情報」である。情報だけを頼りにし情報を待つ姿勢は改善されねばならないが、「情報」も、「避難スイッチ」の材料の一つとしてきわめて重要である。上述した通り、情報については、「レベル化」など改善が図られているが、「情報が多過ぎてわけがわからない」との声も根強い。だからこそ、情報自体ではなく、情報と行動（判断）との結びつき（ブリッジ）へと関心の焦点を移行させる必要がある。そのためには、自分にとって重要な情報をむしろ絞り込むこと（そのように促すこと）が必要である。たとえば、筆者らは、兵庫県宝塚市川面地区や三重県伊勢市辻久留地区で、当該地区における避難にとって重要な情報（具体的には、地区内を流れる武庫川や宮川の水位情報など）を、当事者を交えた複数回のワークショップを経てピックアップしたWebサイト（「地域気象情報ポータルサイト」）を地域住民と一緒につくり、「避難（防災）スイッチ」の素材にする活動を展開している（竹之内ら，2015；2020）。図1－2は、伊勢市で、こうしたサイトを地区内のスーパーマーケットに設置したモニターで見られるようにした例である。

最後に「周囲」の人の振る舞いについて。京都府福知山市には、川沿いに位置しているバイク店が二輪車を高台に移動させはじめるのを避難のきっかけにしている住民がいる。また、東日本大震災以降注目を集めた「率先避難者」も、率先して逃げる少数の住民を目撃することが、それに追随し後続する避難者を多数生むメカニズムを活用した大規模な避難行動を促す仕組みにほかならない。これらの避難方法は、一見、他力本願のようではある。しかし、近年は一人暮らしの世帯も多い。まずはご近所の様子に自ら目を配ること、裏返せば目を配ってもらうことは、避難にとってきわめて重要である。

「こんなに情報を提供しているのに、避難してもらえない」との声を聞く。他方で、「そんな情報があるなんて知らなかった」「情報がたくさんありすぎて

図1-2　地域気象情報モニター（三重県伊勢市）

わけがわからない」といった声も聞く。噛み合わないこと、このうえない。結論は明らかで、繰り返しになるが、肝心なのは、情報（自体）ではない。情報と行動・判断との結びつき（ブリッジ）こそが核心である。筆者が提唱する「避難スイッチ」は、このブリッジを意識してもらうためのキャッチコピー（仕掛け）である。よって、避難に関する専門家は、各種の情報が「避難スイッチ」と結びつけられた域に住民が達するまで、情報を選択したり加工したりする作業にとことんつき合わねばならない。他方、住民側も、「私が逃げなきゃいけないときには、そしてそのときだけ、必ずそう言ってね、必要のないときまで情報が出されたときは、"空振り"だと批判しますからね」（後出の第7節も参照）といった依存的で利己的な態度を捨て、自前の「避難スイッチ」をもつための努力をしなくてはならない。

3.「社会的スローダウン」

避難情報にまつわる「白黒ゲーム」と訣別するために実践可能な第2のことは、単発の情報だけで人の行動を直接的に制御しようとせず、社会全体の災害に対するスタンバイレベルをじんわりと引き上げるアプローチ、逆に言えば、日常生活のペースを「社会的スローダウン」させるアプローチへの転換である。たとえば、最近の豪雨災害の被災地で、役場が、「今日は川沿いの駐車場は閉じます。また、小学校が子どもの迎えをお願いするかもしれません」との有線放送を朝の段階で流し、それが「今日はもしかしたら……」という空気を集落内に醸成し、人びとの日常生活を全体として「スローダウン」させ、その後、午後になって発出された避難指示等の効果を高めた事例がある（東京大学の片田敏孝氏による示唆）。

また、大阪府北部地震（2018年）で、関西圏の人びとは無意識のうちに「社会的スローダウン」を実現していたといえる。そのきっかけは、台風接近時などにも見られる鉄道会社の「計画運休」（「計画間引き運転」）や道路管理者による「予防的通行止め」である。実際、筆者が経験した事実として、大阪府北部地震後の数日間、鉄道会社の計画的な間引き運転（直接的な被害、点検の必要性、余震への警戒などから）を契機として、関西圏の社会活動が図らずもスローダウンした。交通機関が万全ではなく職員を確保できない保育所やデイサービス施設があらわれると、「それなら、今日は仕事には行かない（行けない）」といった数々のドミノ効果が生じる。これは、都市部における「鉄道」を引き金としたドミノ効果だが、同種のことは、いわゆる企業城下町における「基幹企業」の休業や事業縮小、村落部における主要「道路」の通行制限などによっても実現するだろう。

ちなみに、筆者の考えでは、南海トラフ地震の「臨時情報」への対応（第9章で詳述）でも、鍵を握るのは、ここでいう「社会的スローダウン」である。「臨時情報」では、国は、東海地震予知情報のように、社会活動に対して強い規制をかけることはしないと明言している。よって、好むと好まざるとにかかわらず、行政（国、都道府県、市(区)町村、以下、単に市町村と記す）によるトップダウンの公的な指示・規制という形――命令する人／される人の対照が明白な「能動 対 受動」の枠組み――ではなく、鉄道会社、基幹企業、道路管理者など、一定の引き金主体はあるにしても、特定の誰か（だけ）に責任主体としての能動性が帰属されない「中動」的な枠組みで（「中動」については、第3章で詳述)、「社会的スローダウン」を実現し、半分は災害発生に備え、半分は通常の日常生活を維持する「二刀流」を達成するほかない。

加えて、責任主体を明確にすればするほど、「地震が来ると言い切れるのか」「事前避難を指示した結果生じる経済的損失は補償されるのか」「いや、そこまでは責任はとれません」といった不毛な責任転嫁ゲーム（第7章第6節で詳述する〈防災帰責実践〉）や、その末に「結局、誰も何もやらない」状態や、「空振りだったじゃないか」（本章第7節参照）といった批難合戦が生じやすい。このことを考えても、「社会的スローダウン」戦略が望ましい。

実際、上述した大阪府北部地震でも、また、関西国際空港の連絡橋などに甚大な被害をもたらした2018年の台風21号災害でも、「社会的スローダウン」は、不要不急の外出の手控え、安全な自宅や勤務先などでの待機・待避（という形での避難）を通して、地味だが確実な減災効果をもたらした。かつ、当時実施された計画運休等の措置に対しては、9割以上の人が肯定的に評価するなど、社会からの評価も悪くない（サーベイリサーチセンター，2018)。

第4節　提言3：済んでからとやかく言うのはやめよう

災害発生のたびに、「×時の時点で大雨警報発表、しかし、その時点で避難指示は未発令、その後、30分して土砂災害発生、今回も避難情報に課題……」など、時系列（タイムライン）に沿った定番的な検証（批判）が繰り返される。過去の避難研究やレポートを通覧してみるとよい。たいていの論文や報告に、当該の災害事例に関連する諸イベント（出来事）をタイムラインに沿って整理して集約した資料が掲載されているはずだ（図1－3もその一つ）。むろん、こうした整理によって有益な知見ももたらされるが、留意すべき点もある。

特に要注意なのは、この種の検証作業では、タイムラインをバックワードで回顧しているということである。地震学の権威、尾池和夫氏による名川柳「済んでから理論が冴える地震学」ではないが、回顧は人を賢明にする（第2章第3節も参照）。いや、賢明にし過ぎる。次へ向けた知見は、あくまでも、出来事の渦中にある当事者と同じ視点、つまり、数分後すら予測しがたい状況で、未来をフォーワードで見つめる視点に立って獲得すべきである。そのとき、その出来事の渦中にある当事者は、すべてが終わった時点に立ってタイムライン

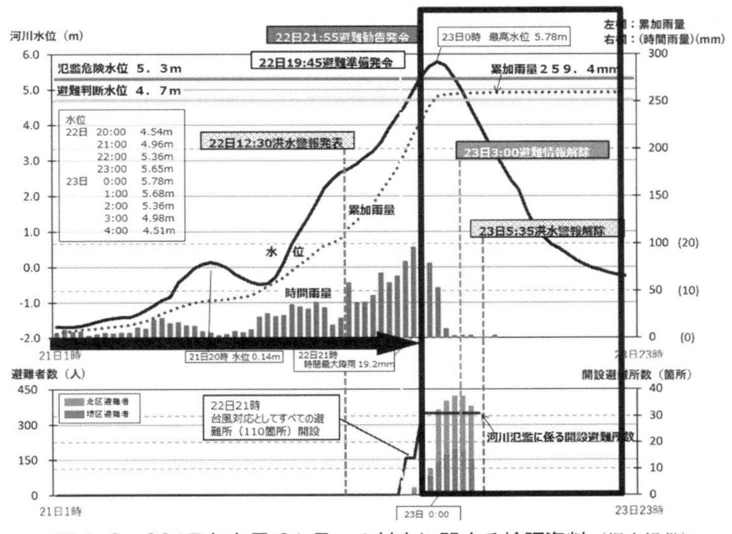

図1-3　2017年台風21号への対応に関する検証資料（堺市提供）

を回顧することはできないからだ。バックワード（回顧）の視点に立った検証作業から得られた教訓や学びには、フォーワード（展望）の視点に立って意志決定し行動するほかない当事者（次の災害で避難しなくてはならない人びとや避難に関する情報を提供しなくてはならない人びと）には無力な「後知恵」に過ぎないものと、真に有益なものとが混在している。その両者を腑分けする作業が必要である。

要するに、同じタイムラインでも、それをフォーワード、バックワード、いずれの視点に立って眺めるかで何が見えるかが大きく異なることを自覚し、タイムラインの整備は、フォーワードの視点に対して有用な形で行う必要がある。たとえば、前ページの図1-3は、2017年10月の台風21号に関する検証作業で、大阪府堺市が作成した資料である。これをもとに種々の対応を批判し、「こうすべきだった」と提言することは実に容易い。「なぜ、22日の昼、さらに雨が降り続く前、洪水警報が発表されたあたりで、避難勧告（当時、現在は「避難勧告」のカテゴリーは廃止）を出さなかったのか」「あと数時間もすればぴたっと降り止んだのに、その直前に、しかも、わざわざ夜中に避難勧告を出している。間が悪いことだ」などと。

しかし、直ちにわかるように、それらは、図1-3に示された一連の経緯の全体を回顧する視点を確保した今だからこそなし得る批判であり提言である。真に問われるべきは、そうしたバックワード（回顧）の視点からのみ導くことができるタイプの批判・提言が、図1-3の四角で囲ったエリア（未来）で何が起こるかがまったくわからない状態で、矢印（勧告発令の意志決定を行った時点）までたどり着いた当事者に対して有効か、である。次の災害で当事者になる人は、このときの堺市の当事者と同様、フォーワード（展望）の視点でしか意志決定できないのだ。そうした当事者に対して、先のタイプの検証や提言は、はたして有効だろうか。そうではあるまい。

この考えに基づき、筆者ら（竹之内・本間・矢守・鈴木, 2021）は、当事者と同じフォーワードの視点に立って学ぶことができる災害情報の学習ツールを開発し、すでに現場での実証実験も実施済である。この学習ツールにおいて、学習者は「一寸先は闇」のフォーワードの視点に置かれ、そのうえで、各種の出来事や災害情報に次々に直面し意志決定するよう迫られる。かつ、そのプロセスを経た後、今度はバックワードの視点に立って、自らがフォーワードの視点で行った意志決定を振り返ることができる。

第5節　提言4：一番最近起こったことに飛びつくのはやめよう

1.「想定外」よりも「想定内」が課題

本章では、主に豪雨災害を念頭においた避難の問題について検討しているが、ここで、いったん、地震に関する研究に話題を転じたい。取り上げるのは、2018年6月18日に発生した大阪府北部地震である。筆者も大阪府内の自宅で大きな揺れを感じた大阪府北部地震ほど、新しい課題を探すことが困難な災害はない。これまでも繰り返し指摘されながら放置ないし軽視されてきた課題が、そのままの形で再度登場している。すべてが既視感、つまり、「かつて経験したことがある」という感覚を伴って体験された。このことが、大阪府北部地震の最大の特徴だったといってもよい。

このポイントをいくつかの例を通して確認しておこう。膨大な数の帰宅（通勤・通学）困難者と都市ターミナル周辺の大混乱、エレベータへの閉じ込め（東日本大震災、2011年）、水道、ガスなど地下ライフラインの脆弱性（中越地震、2004年）、老朽化した住宅の低耐震性、家具固定の重要性（阪神・淡路大震災、1995年）、コンクリートブロック塀の危険性（宮城県沖地震、1978年）、SNS上を流れるデマ情報（熊本地震、2016年）、復旧・復興工事の立ち後れ（熊本地震）、そして、実は身近にあった活断層のリスク（たとえば、阪神・淡路大震災や熊本地震）など、このリストはいくらでもアイテムを追加して、長くすることができる。大阪府北部地震で生じた課題、問題視された案件のほとんどすべてが、それ以前の地震でも生じているばかりか、大いに議論され、対策の必要性が指摘されてきたことばかりである。

2024年の元日に発生した能登半島地震も同じ特徴をもっている。この災害には、平成年間に国内で発生した地震災害で表面化した課題がすべて含まれている。建物倒壊の脅威（阪神・淡路大震災：犠牲者の約8割は建物倒壊による）、土砂災害や液状化の発生（中越地震や中越沖地震）、津波による被害（東日本大震災：犠牲者の9割以上が津波による）、大規模停電（北海道胆振東部地震）、そして災害関連死（熊本地震、犠牲者の8割超が関連死）などである。これに、関東大震災や阪神・淡路大震災で大きな被害をもたらした大規模火災を加えれば、能登の被災地の様相とほぼ重なってくる。

要するに、近年日本で発生する地震災害には「想定外」がほとんどないのである。災害研究は、これまで「想定外」に研究や批判の矛先を向けてきた。とりわけ、最新の事例の中にわずかに見出すことのできる「想定外」にばかり目を奪われ、過去の事例群にいくらでも見出すことのできる「想定内」（だが、対策が十分でなかった点）を等閑視してきた。しかし、本当に深刻なのは、「想定外」よりもむしろ「想定内」の方である。ある対象を危険だと知りながら、それらに対して十分な手を打ってこなかった事実、言いかえれば、「想定内」であった課題によって生じた被災や被害の方が、「想定外」の被災や被害よりも、preventable（回避可能）だったという点ではるかに重大かつ深刻である。避難研究を含めて防災研究は、latest（最近）や unknown、new（未知・新奇）ばかりに光をあてる悪癖から、そろそろ卒業しなければならない。代わって、known-but-untouched（既知だけど手つかず）な事例、あるいは、最新ではないけれど学ぶべき課題が多い事例にもっと大きな注意を払うべきだろう。この点に関するパラダイムチェンジも急務である。

2.「水平避難／垂直避難」論争

この悪癖、いってみれば、「最新事例症候群」が存在する以上、当然の成り行きともいえるが、大阪府北部地震自体、わずかひと月足らずで、それに対する社会的関心が急減した。それを最新事例の立場から陥落させる出来事が新たに生じたからである。同年翌7月上旬に発生した西日本豪雨である。そして、この西日本豪雨にもここで指摘している悪癖——最新の事例にのみ注意を向ける悪癖——が顔をのぞかせている。

それは、「水平避難」（立ち退き避難、自宅から別所へ移動）と「垂直避難」（屋内退避、自宅内で移動）をめぐる論争である。枝葉を刈り込んで幹の部分だけを取り出せば、以下の通りである。従来、豪雨災害からの避難における避難先といえば、自宅以外の場所、典型的には、近隣の小中学校、公民館といった公的施設が念頭に置かれていた。つまり、水平避難が当然のごとく自明視されていた。いかにそれが自明視されていたかは、そうした避難が、当時、単に「避難」と呼ばれるだけで、決して「水平避難」とは呼ばれていなかった事実に如実にあらわれている。「水平避難／垂直避難」と対照させる習慣自体、一般社会にはほとんど存在していなかったのだ。

転機となったのが、2009年の台風9号による豪雨災害である。この台風で甚大な被害を受けた兵庫県佐用町で、結果的には床下浸水であった町営住宅から近くの小学校へと避難する途上で、9名もの人が犠牲になった（牛山・片田, 2010)。「水平避難／垂直避難」という言葉が広く人口に膾炙（かいしゃ）したのは、この頃である。実際、政府が「大雨災害における避難のあり方等検討会報告書」(2010年3月)、「災害時の避難に関する専門調査会報告」(2012年3月）などで、この案件を取り上げ、2013年6月の災害対策基本法の改正で、同法60条として「垂直避難」の考え方が公式に盛り込まれることになる。その後、災害時にテレビ等でなされる避難の呼びかけ等でも、水平避難だけでなく、「夜間など避難場所に避難するのが危険な場合は、自宅や近所の2階などに避難して屋内で安全を確保してください」という趣旨の文言が必ずといってよいほど付加されるようになった。

しかし、再び、風向きが変わる。2017年の九州北部豪雨、および、2018年の西日本豪雨において、自宅2階で土砂災害に呑み込まれたり、2階へ逃げる間もなく濁流に襲われたりするケースが生じた。このため、「(水平避難は不要で）垂直避難で十分だ」と安易に考えてしまう傾向があるが、それでは不十分なことがあるとする指摘や、逆に、垂直避難も困難なほど切迫した状況もあり得る、あるいは、垂直避難すら困難な高齢者も多いといった論点も登場した。

筆者としては、ここで、「水平／垂直」論争に勝負をつけたいわけではない。むしろ、こうした議論が全体として、「一番最近起こったことに飛びつく」症候を呈していることを確認しておきたいのだ。豪雨災害にはそれぞれ特徴があり、同じ豪雨災害でも、場所により人により被害のあらわれ方に違いが生じるのは至極当然のことである。それにもかかわらず、直近の事例で顕在化した課題（のみ）に大きく左右される議論が長年にわたって繰り返されている。もちろん、ここには、本章の第2節で指摘した「致命的 (F)」な事例への集中的関心や第3節で指摘した「白黒ゲーム」への拘泥も関与している。「水平避難がいいのか、垂直避難がいいのか。専門家のみなさん、白黒をつけて私たちに示してください」という一般住民（社会全体）からの圧力に対して、最近の事例（だけ）を拠りどころに、「水平だ、いや垂直だ、やっぱり水平だ」という右往左往が続く。「簡単に白黒をつけることなどできません、一緒に考えていきましょう」、ないし、「水平、垂直それぞれの長所と短所は斯くの如くです。最終判断はみなさんでお願いします」のひと言を発することができずにいる現状がここには認められる。

第6節　提言5：理想だけを追い求めるのはやめよう

1．次善・三善を探す

土砂災害のレッドゾーン（特別警戒区域）にもイエローゾーン（警戒区域）にも引っかからず、洪水、津波の浸水域でもなく、耐震性にも優れ、何があっても絶対安全な避難場所に十二分な時間的余裕をもって避難する。たしかに、それ――「最善（ベスト）」の避難――が理想である。自治体職員は、「何かあったら困るので、行政としては、そういう場所しか避難場所として指定できない」と訴える。他方で、その原則を守りきれない事例を見つけては、研究者やマスコミは、「この公民館、避難場所になっていますけど、土砂災害のイエローゾーンがかかっていますよね」などと厳しい視線を向ける。

しかし、特に中山間地を中心に、「絶対安心」な場所をほとんど見出せないことも多い。また、仮に最善の施設が見つかったとしても、自動車で15分、歩くと1時間以上を要する隣の集落だという話もよく耳にする（実際、後述する京丹波町上乙見地区がそうである）。そのような事情もあって、現実には、「最善（ベスト）」の避難場所に余裕をもって避難することがかなわないことが多い。

ところが、そのような状況下でも「何とか手を打つ」ための研究や訓練が不足しているために、犠牲に歯止めがかからないのではないか。言いかえれば、今、求められているのは、最善の避難（理想論）だけに固執せず、最善の避難の可能性が閉ざされたときにも、「次善（セカンドベスト）」「三善（サードベスト）」の手を打つための実力を養成することや、そのための支援や情報なのではないだろうか。「最善」ばかりを追い求める避難場所の指定や避難訓練が、逆説的に人命を奪っている恐れは十分ある。この意味での「次善・三善」を追求するために、筆者らはすでに新たな避難訓練手法を複数提案し実践の場に適用している。これらについては第5章で詳しく取り上げるので、ここでは、筆者自身の調査に基づいて、「次善・三善」の重要性を示す典型的な事例を紹介するにとどめたいと思う。

2．京丹波町上乙見地区の「お堂」

ここで重要性を指摘している「次善（セカンドベスト）」については、先に触れた西日本豪雨（2018年）の被災地、京都府京丹波町上乙見地区（人口44人、高齢化率50%）でのケースを、その有効性を印象的に示す事例として紹介しておこう。2018年7月7日、午前5時半頃、地元消防団員9人が、明るくなるのを待って上乙見地区に入った。一軒一軒の玄関を叩き、「すぐ逃げてください」と呼びかけた。前日からの警戒態勢の中、未明の午前3時頃から雨脚が急に強まり、加えて、これまでにはない「異変」（本章第3節第2項）を察知したためである。同町を含む地域への特別警報（大雨）の発表（6時45分）、および、町役場の避難指示発令（7時00分）よりも、前のことだった。

ここで、この間の行政サイドの対応を批判するのは容易である。「特別警報発表の判断が遅れ、間に合わなかった避難指示」などと。しかし、第4節ですでに注意喚起したように、タイムラインを事後の視点からバックワードに回顧するのと、出来事の渦中にある当事者（役場の職員であれ、住民であれ）と同じ視点に立ってタイムラインを未来へ向けてフォーワードに展望するのとでは、見えるものがまるで異なる。だから、この場合、むしろ、なぜ、特別警報や避難指示よりも前に、消防団が全集落住民に避難を呼びかけるという英断が実現したのかと問う方がはるかに生産的である。第一、このとき、消防団員たちが「避難指示、まだ出ないなあ」などと思っていたわけではない。同時に、それが英断になることがその時点で約束されていたわけでもない。過去を回顧する視点に立って避難に関する判断について評価すること（英断か、愚策か）自体に重大な限界があることを、私たちは十分意識すべきである（本章第4節を参照）。

さて、避難の呼びかけを決定づけた契機は、一つは体感できる雨脚であり、集落内の沢の異常増水で、「これまで隠れたことのない岩が増水で見えなくなった」(集落に入った消防団の言葉) こと、すなわち、本章第3節第2項の言葉を使えば、「避難スイッチ」の3要素のうちの「異変」であった。そして、もう一つは、同地区に、土砂災害のイエロー・レッドゾーン (第1項参照) が多数あって、「町内でもっとも土砂災害が懸念される地区」だとの認識であった。つまり、そもそも、そのときに出される「情報」(気象情報や避難情報) は、避難のための主役ではなかったということだ。消防団員の「逃げろ！」の声に、すべての住民が即応し (その理由も大切で、これについては本章第7節で後述)、8割以上の住民が、集落外への脱出ルートで生じた斜面崩落が発生する前、午前6時過ぎには集落外に位置する「最善」の避難場所への避難を完了した。

その後、事態はさらに悪化した。斜面崩落と沢の濁流の路面への越水が避難を阻んだ。集落最奥に暮らす住民 (女性) は、午前6時過ぎに自宅を出たとき (スマホ写真に時間記録)、道路がすでに水没している様子を撮影している。結果として、この女性を含む住民9人が集落内に取り残され、消防団員とともに一時孤立した。午前6時半過ぎのことである。このとき、計18人が身を寄せ、最悪の数時間をやり過ごした「次善」の避難場所が、住民が「お堂」と呼ぶ建物 (河川面から6m以上高く、集落両側の斜面からも遠い) である (次ページの図1-4)。この「次善」の場所で急場をしのいだ18人は、その後、濁流が小康化するのを待って、崩落箇所をはしご等で乗り越えて、ほかの住民が待つ「最善」の避難場所へと避難したのだった。

第7節　提言6："空振り" だと批判するのはやめよう

前節で紹介した上乙見地区の避難劇には、重要な伏線がある。それは、「お堂」への緊急避難が見られた西日本豪雨の1年前、2017年の台風21号襲来の際に実施された集落外への避難である。このとき、同地区には役場から避難指示が出されたが、災害は生じなかった。だからこの出来事は、「避難指示は "空振り" だった、避難したが無駄足だった」と振り返ることもできる。実際、近年同地区に移住したばかりのある住民は、1年前の避難のとき、避難を呼びかけた消防団員に「わざわざ集落外まで逃げなくてもよかったのではないか」と漏らして、次のようにたしなめられたという。「××さん、この集落は雨の

図 1-4　住民が身を寄せた「次善」の避難場所（京都府京丹波町上乙見集落）

ときは、ほんとに危ないんだよ、こういうときは古くから住んでるわしらの言うことを聞くものだ」。

この住民と消防団員との会話は、きわめて重要なことを示唆している。それは、“空振り”は「事実」の表現ではない、ということだ。“空振り”は「災害を予測する情報が与えられたが、実際には災害は生じなかった」という「事実」を表現しているのではない。そうではなく、その事実に対するネガティヴな「評価」を表明している。「事実」は変えられないが、「評価」、つまり、どのように、その「事実」の落とし前をつけるかは変えられる。消防団員の「たしなめ」は、まさに「評価」である。

この住民は、避難後、こう語っている。「すごい雨だったし、去年のこともあるので、消防団の方が来てくれて、ためらわず家を出た」と。昨年の「事実」に対する「評価」のあり方が重要だったのだ。この点については、筆者は、かねてから、“空振り”は（“見逃し”も）、当たり外れの問題ではない、つまり、「事実」の問題ではないと指摘してきた（矢守, 2021）。たとえば、自動車運転保険について、1年間無事故だったから保険金は“空振り”だったとふつう思うだろうか。あるいは、「年に一度くらいは用心のために」と思って人間ドックに行って、「特に悪いところなし」との通知をもらって、今年の検診は“空振り”だったと思う人もいないだろう。これらの経験も、「事実」としては災害情報の“空振り”と同種の構造をもっている。しかし、まったく異なる様相を見せるのは、それに対する私たちの「評価」が異なるからである。

要するに、本人（当事者）が主体的に何かを選択し行動した結果、その行動が結果的に直接的な利益をもたらさなかったとしても（逆に、一定の時間的、経費的コストを要したとしても）、その「事実」が“空振り”に直結するわけではない。そうではなくて、他者（気象台や行政）に、「今が逃げどきかどうか、白黒つけて頂戴ね」と「お任せ」（依存）しておいたはずなのに、その信用が裏切られたとき、つまり、白の予測だったのに実際は黒だったとき、または、黒との指示だったのに実際は白だったとき、その落胆や憤懣、つまり「評価」が、“見逃し”（白のはずが黒だった）、“空振り”（黒のはずが白だった）となって表出される。繰り返しになるが、この意味で、“空振り”と“見逃し”問題は、「事実」ではなく「評価」の問題である。ところが、防災業界は、長年、この問題を「当たり外れ」、つまり「事実」の問題だと認識し、当てるための努力を続けてきたという次第である（むろん、当てるための努力もあってよい）。

だから、「事実」のレベルでの“空振り”を、バックワードの視点（第4節）から見つけては、それを批判するタイプの研究や報道、そして、“空振り”を「事実」のレベルで根絶しようとするアプローチは生産的ではない（無用ではないにしても、その効用が限界に達していることは、過去の失敗の山から明らかだと思われる）。「事実」の改善ではなく、前向きな「評価」を醸成するための知恵を出し合うべきだ。ちなみに、すでに本章第3節で触れ、第9章で詳述する南海トラフ地震の「臨時情報」についても、もっとも「当たる」可能性が高い「半割れシナリオ」でもヒット率は10分の1程度である。つまり、十中八九、目安の期間内に該当の地震は起こらない。にもかかわらず、この情報には絶大な減災効果もある。だから、この情報を生かすも殺すも、それは、防災業界が、この十中八九が生じたときに、いかに“空振り”だと「評価」しないかにかかっている。

筆者が、“空振り”ではなく“素振り”と呼ぶことを提唱してきたのは（矢守, 2021）、以上のような理由からである。つまり、“素振り”への名称変更は、単にネーミングを変えてイメージチェンジを図りましょうということではない。“空振り”が「評価」の問題である以上、そして、「評価」を（180度）変える必要がある以上、新しい言葉（概念）が必要とされるのだ。それは、無駄足や骨折り損ではなく、将来に向けた練習であり、必要かつ有用な準備作業だったのだ、と。

第8節　提言7：「××効果」「○○バイアス」でわかった気になるのはやめよう

1．心理学化する社会における「心理的理解」

何かを理解するとはどういうことだろうか。この問い、つまり、理解を理解することは結構難しい。ここでは、理解にはいろいろなあり方があること、しかも、どのあり方が好まれるかについては、時代や社会によって変わることをまずおさえておこう。たとえば、「水」は、かつては、万物を構成する元基として全体構成的に理解された。現在では、酸素と水素の化合物として要素分解的に理解するのが正統的かもしれないが、この理解は自然科学という限定した領域における特殊な理解でもある。むしろ、日常的には、「災害に備えて3日分の水を備蓄」とか、「冷却水が原発の安全運転の生命線だ」とか、用在的に（人間に対して有する正負の役割の観点から）理解される方がふつうであろう。

理解の多様性についてこのように理解すると、避難について理解するにあたって、現在、私たちが、異常なまでに心理的理解（説明）——何らかの心のメカニズムを通した理解（説明）——を好み、それに執着していることがわかる。ほかにも理解の仕方（説明の方法、わかり方）はあるはずなのに、心の機構に基づいて説明されると、なぜか、著しくわかった気になり納得感が得られる。言うまでもなく、これは、現代の日本社会が、心を通して森羅万象を理解しようとする「心理学化する社会」（斎藤，2009）であることのあらわれである。実例は枚挙にいとまがないが、さしあたって、「××バイアス」「××効果」といったワードはすべて「心理的理解」のためのツールであること、そして、そのきわめつきが、「××意識」「××心理」など避難研究でも便利に使いまわされている言葉遣いであることを指摘しておこう。なお、「（防災）意識」というコンセプトの怪しさについては、Daimon, Miyamae, & Wang (2023) による優れたレビュー研究があるので参照されたい（第4章第5節を参照）。

興味深いのは、こうした「心理的理解」はトートロジー（同義反復）で、何の説明にもなっていないことがほとんどなのに、それによって理解できたという感覚が得られるという事実である。「なぜこんなに逃げないのか？」、それは〈自分だけは大丈夫だと油断していた〉からなのだが、「正常性バイアスのためだ」と説明されると納得してしまう。しかし、「正常性バイアス」は、〈括弧内〉に示した最初から知っていたことの単なる同義反復である。あるいは、「どうして避難指示が出ていたのに逃げなかったのか？」、それは〈前回避難指示が出たのに何も起きなかった〉からなのだが、「狼少年（空振り）効果のためですよ」と説明されるとわかったような気になる。しかし、「狼少年効果」も、〈括弧内〉に示した当初からわかっていた事実の単なる同義反復である。

2.「心理的理解」の落とし穴

社会心理学の泰斗S.モスコビッシが提起した社会的表象理論（矢守，2010）が指摘する通り、人間にとっては、ある対象が十分に言語化できない何か（"something in the world"）としてあることが最大の恐怖である。そこに言葉を充当することができれば、——それがどんなに恐ろしい意味をもった言葉でも——ひとまず安心が得られる。これは、「今回の事件には実は黒幕が存在する」と説明されると、黒幕の正体がわかったわけではないのに、なぜか人心地ついたりするのと同じことである。

防災の分野では、「天譴論（てんけんろん）」（災害を堕落した人間や社会に対する天罰と見なす思想）を引き合いに出すとわかりやすいかもしれない。災害に関する自然科学の知識（理解と説明の枠組み）が欠落していた時代、平穏な生活を突如かき乱す天変地異は、さしあたって、説明不能の、言語化できない恐ろしい何かとしてあらわれたはずである。天譴論は、この得体のしれない恐怖（"something in the world"）に対して充当された言葉である。要するに、天罰だから怖いのではなく、天罰という言葉が与えられることによって、逆にひと安心できるのである——「天罰が当たらないように質素に暮らそう」などと。

なお、天譴論を、天譴効果、天譴バイアス、天譴意識などと現代の「心理的理解」風にアレンジしても、上述した説明がそのまま成立することにも注意したい。要するに、「正常性バイアス」、「狼少年効果」などの用語に依拠した「心理的理解」は、「天譴論」の代替物（現代バージョン）に過ぎない。「天罰だ」は、いかにも前近代的、非科学的な印象を与えるが、一見現代風の装いをもった「○○バイアス」も、それと同型的なのだ。

上述した通り、「心理的理解」は、ロジカルにはトートロジー（同義反復）である。それによって、何かが新たに明らかになるわけではない。では、何の意味もないのかといえば、そんなことはない。これらの用語は、茫漠たる不安や懸念に対して当事者たちが、それまで彼らの言語体系には存在しなかった概念を使って新たな理解・説明を付与し、“something in the world”を輪郭がよりクリアな対象として日常世界に明確に位置づけ、それについて日常的に語るための素材を準備するという立派な社会的機能を果たす。

ただし、ここに重大な落とし穴が存在する。「天譴論」に依拠して、突然の大地の揺れとそれによる甚大な被害という「謎」を苦し紛れに理解した過去の人びとが、それによって、直面する課題（地震による被災）を実質的に解消できたわけではなかったのとまったく同様に、「正常性バイアス」に依拠して、「なぜこんなに逃げないのか？」という「謎」を苦し紛れに理解した現代の人びとも、それによって、直面する課題（低調な避難という課題）を実質的に解消するには至っていない。ここがポイントである。浅い理解・説明は深い理解・説明を阻み、また、偽の課題解決は真の課題解決を妨げてしまう。避難学も、残念ながら同じ轍を踏んでいる。私たちは「心理的理解」を超えてその先に進まなければならない。

第９節　提言８：統計数値に一喜一憂するのはやめよう

少し前の話にはなるが、平成から令和への改元に社会が沸き立つ以前に、厚生労働省の統計不正問題が大きな社会問題となっていた。景気動向や経済政策の指標となる重要な統計指標である毎月勤労統計が歪められていたのだ。この問題を見ていて気になったことは、「統計データの信頼性を増す必要がある」「統計の専門家を拡充せよ」といった論調である。これらの主張に同意はできる。たしかに、そうである。ただし、こうした議論の前にもう一つ重要な「そもそも論」がある。それは、統計数値に対する「信頼性を増す」以前に、統計数値に対する私たちの「依存性を減らす」ことが先決だという点である。平たくいえば、数値の正確性うんぬんの前に、数値に一喜一憂する悪癖から私たちが抜け出すことが先だということである。

本書のテーマである避難学、少し広げて防災・減災の分野を例にとって、このことについて考えてみよう。このような笑い話がある。自主防災組織の活動は、特に阪神・淡路大震災以降、防災・減災の柱として一貫して重視されてきた。そこで登場するのが、その組織率や住民参加率という数字である。折に触れて、自治体別の統計値が公表されるので、遅れをとっている市町村は沽券にかかわるとばかりに梃入れする。努力の甲斐あって、ある町では、住民参加率がついに100%を超えた。自主防災組織の加入者数が、町の全人口を超えたというのである。体裁より中身が大切なのは、自主防災組織に限らず万事共通である。ところが、組織率、参加率といった数字が登場した途端、各所で「何もせんでええから、入るだけ入っといて……」みたいな会話が交わされて、このような事態に立ち至る。実際、かつて大きな災害に見舞われた某自治体の自主防災組織率は非常に高い。しかし、幹部の高齢化・固定化、活動の形骸化・陳腐化など、立派な数字とは裏腹にその内実は問題だらけだとの嘆きをよく耳にする。

類例には事欠かない。災害が発生すると、避難率をめぐってみなが右往左往する。特別警報が出ているのに、避難率はわずか1.5%だった、などと。実際、近年も、「避難率4.6%どまり」(日本経済新聞社, 2018)、「未明の津波警報発令、避難者わずか4%」(読売新聞社, 2022) など、避難率という数値インデックスを基準として、避難の実態や避難情報の効果について論じられる事例は多数見られる。しかし、多くの場合、避難率の数値は、自治体の指定避難場所に避難した人の数 (分子) を、当該の警報の発表地域の全人口 (分母) で割った数字である。低地に住んでいるからと早々に親戚宅に身を寄せた高齢者は避難者数 (分子) に含まれていないことが多い。逆に、鉄筋コンクリートの自宅マンションにとどまることがおそらく最善手で、避難の必要などない住民も、全人口 (分母) に算入される。

また、避難訓練では、多くの関係者が訓練参加率に一喜一憂する。訓練参加率が低いのは問題だし、何らかの方法で解決すべき課題であることも事実である。しかし、第4章で詳述するように、筆者は、津波リスクを抱える集落で長年実施してきた継続的調査の結果、避難訓練への参加の有無が、必ずしも現実の災害時の避難行動と連動しない事実を見出している。たとえば、毎回避難訓練に参加していた人が、いざ地震が発生したときには逃げていない。「毎年している“地域の行事ごと”だと思って訓練には参加している。あの地震のときは、たぶん大丈夫と思った」。逆に、一度も訓練に参加したことのない若い夫婦が同じ地震で高台に避難しており、しかも、その前に近隣住民に避難の呼びかけまで行っていた。共働きで忙しくて訓練には出られなかったが、学校で防災教育を受けた子どもから避難の大切さについて聞いていたのだという。

世の中の実態をわかりやすく示し、事態の改善につなげるという触れ込みの統計数値が存在することで、かえって数字に依存してしまう悪弊がここにはある。その結果、多様な個別的ケースをていねいに見つめる作業が疎かになっている。避難研究を含め防災・減災業界に見られる統計依存は、いうまでもなく、社会全体のそれと連動している。日本のGDP、京都を訪れた外国人観光客数、わが校の全国学力テストの点数など、数多の数字に私たちは振りまわされて生きている。しかも、このトレンドは、「外形的証拠」「数値目標」「自己点検」といった言葉の蔓延と軌を一にして、近年ますます勢いを増している。

数値データへの偏執的依存の背後には、私たち自身の主観的な判断の喪失という重大な課題が潜んでいる。主観的な判断イコール悪、数値に基づく客観的な判断イコール善——本当にそうだろうか？（第2章第3節を参照）形ばかりの統計数値をお飾りに添えて、調査などせずとも明らかな陳腐なことを主張している論文や報告を目にするにつけ、多少荒削りでも、数字の「儀式」にとらわれることなく、まっすぐに出来事の本質をグサリと射貫く洞察力こそが必要だと感じる。本書の主題である避難研究についても、そこで扱う各種の統計数値について、こうした根源的次元に立ち返って対処することが要請されている（矢守，2022）。

【引用文献】

Daimon, H., Miyamae, R., & Wang, W. (2023). A critical review of cognitive and environmental factors of disaster preparedness: research issues and implications from the usage of "awareness (ishiki)" in Japan. *Natural Hazards*, 117, pp. 1213-1243.

本間基寛・佐山敬洋・竹之内健介・大西正光・矢守克也（2019）「アンサンブル予測を利用した平成30年7月豪雨のポテンシャル評価」京都大学防災研究所（編）『平成30年7月豪雨災害調査報告書』pp. 93-95.

磯打千雅子（2018）「西日本豪雨と地域防災力：高浜地区（愛媛県松山市）の事例」2018年度地区防災計画学会・日本大学危機管理学部共同シンポジウム「西日本豪雨等の教訓と地域防災力・復興支援活動」発表資料

国土交通省中国地方整備局河川部（2018）「平成30年7月豪雨による中国地方整備局管内の出水概況（平成30年8月10日（金））」
[https://www.cgr.mlit.go.jp/emergency/2018/pdf/00gaikyou.pdf]

国土交通省近畿地方整備局河川部（2013）「平成25年台風18号災害概要」
[https://www.kkr.mlit.go.jp/river/iinkaikatsudou/ryuikiiinkai/qgl8vl00000068yb-att/140120_sankosiryou1.pdf]

近藤誠司（2022）「危機一髪事例から考える余裕避難の重要性：2017年九州北部豪雨時の朝倉市平榎集落における住民の避難行動」『自然災害科学』40, pp. 441-451.

京都新聞（2018年7月28日付）「早めの避難、母救った：綾部の女性、5年間で20回空振りも……」

松原　悠・曹　婉瑩・矢守克也（2022）「河川の過去水位データを活用した簡易的な水害ポテンシャル評価の試み」日本災害情報学会第25回学会大会，日本大学，2022. 10. 8-9.

日本経済新聞（2018年9月5日付）「避難率4.6%どまり　西日本豪雨、被災3県の17市町」『日本経済新聞』

Quarantelli, E. L. (1978). *Disasters: Theory and reserarch*. Sage Publicatins.

斎藤　環（2009）『心理学化する社会』河出文庫

佐山敬洋・本間基寛・竹之内健介・大西正光・矢守克也（2019）「平成30年7月豪雨における洪水の潜在性評価に向けた広域アンサンブル流出解析」京都大学防災研究所（編）『平成30年7月豪雨災害調査報告書』，pp. 96-98.

サーベイリサーチセンター（2018）自主調査リポート「2018年台風21号上陸における大阪市民の意識と行動に関する調査」

［https://www.surece.co.jp/research/2519/］
竹之内健介・中西千尋・矢守克也・澤田充延・竹内一男・藤原宏之（2015）「地域気象情報の共同構築の試行：伊勢市中島学区における取組」『自然災害科学』34, pp. 243-258.
竹之内健介・加納靖之・矢守克也（2018）「平成29年九州北部豪雨において地域独自の判断基準が果たした役割：災害時におけるスイッチ機能」『土木学会論文集F6（安全問題）』, Vol. 74, No. 2, pp. I_31-I_39.
竹之内健介・大西正光・佐山敬洋・本間基寛・矢守克也（2019）「水害ポテンシャルを有していた非被災地域における意識調査：平成30年7月豪雨における京都市南部事例」『土木学会論文集F6（安全問題）』Vol. 75, No. 2, pp. I_27-I_37.
竹之内健介・矢守克也・千葉龍一・松田哲裕・泉谷依那（2020）「地域における防災スイッチの構築：宝塚市川面地区における実践を通じて」『災害情報』18, pp. 47-57.
竹之内健介・本間基寛・矢守克也・鈴木　靖（2021）「災害対応の素振り・振返りのための訓練ツールの機能評価：水害を対象とした事前検証を通じて」『災害情報』19, pp. 11-22.
多和田葉子（2022）『カタコトのうわごと（新版）』青土社
牛山素行（2020）「豪雨による人的被害発生場所と災害リスク情報の関係について」『自然災害科学』38, pp. 487-502.
牛山素行・片田敏孝（2010）「2009年8月佐用豪雨災害の教訓と課題」『自然災害科学』29, pp. 205-218.
矢守克也（2010）「社会的表象理論と社会構成主義」『アクションリサーチ：実践する人間科学』新曜社, pp. 175-210.
矢守克也（2015）「『あの日』の避難訓練」　連載「新しい防災教育を実現していくために（第1回）」『安全教育ニュース』1406, pp. 2-3.
矢守克也（2017）「ダムと土嚢」『天地海人：防災・減災えっせい辞典』ナカニシヤ出版, pp. 29-30.
矢守克也（2018）「西日本豪雨における京丹波町上乙見地区の避難事例」日本災害情報学会　学会20周年・日本災害復興学会10周年記念合同学会　東京大学　2018. 10. 27-28.
矢守克也（2021）「“空振り”と“素振り”」『防災心理学入門：豪雨・地震・津波に備える』ナカニシヤ出版, pp. 6-9.
矢守克也（2022）「書評：『測りすぎ：なぜパフォーマンス評価は失敗するのか？（ミラー, J.／著）』」『災害と共生』6(1), pp. 45-53.

矢守克也・牛山素行（2009）「神戸市都賀川災害に見られる諸課題：自然と社会の交絡」『災害情報』7, pp. 114–123.
読売新聞（2022年1月18日付）「未明の津波警報発令、避難者わずか4%　テレビで様子見，外も寒くて暗いので」

第２章　言語行為論から見た災害情報

第１節　言語行為論の基礎

本章では、特に避難をめぐって発表ないし発令されている災害情報に関する近年の具体的課題を言語行為論の立場から理論的に位置づけ、課題の解決へ向けた方向性について考察するとともに、実践的な解決方法を提起する。

オースティン（1978）やサール（2006）によって提起され発展してきた言語行為論は、言語学の三つの柱、すなわち、意味論（セマンティクス）、統語論（シンタクティクス）、語用論（プラグマティクス）のうち、語用論の中核的理論の一つである。語用論は、言語表現とそれを用いる使用者や文脈との関係を研究する分野であり、言語が実際に使用される場面（コミュニケーション場面）に焦点をあてる。

たとえば、「今、何時かわかる？」という単純な発話（言語表現）について考えてみよう。この発話は、通例、「わかる／わからない」という回答を期待した質問ではなく、むしろ、「3時ちょっと過ぎだよ」といった応答を期待した命令・依頼の機能（「現時刻を教えてほしい」）を果たす。しかし他方で、文字通りの意味での使用、すなわち、たとえば、「いやあ、ちょっとわからないなあ」という回答が戻ってきても不自然でない状況を想定することもできる。言いかえれば、「今、何時かわかる？」が、文字通りの意味（質問）なのか、それとも命令・依頼なのかは、この発話を実際の言語使用場面から切り出して、意味論的、あるいは統語論的に分析しただけでは決して判明しない。質問なのか命令・依頼なのかは、実際の言語使用者間の関係性や使用場面の文脈、すなわち〈コンテキスト〉に依存して決まる。この点に、語用論（言語行為論）に固有の重要性が認められる。

なお、本章の議論は、第２節で紹介するように、事実確認的発話（後述のように、本稿では「記述文」と記す）と行為遂行的発話（同じく、「遂行文」と記す）

の区別という言語行為論のルーツとなるアイデア、すなわち、オースティン(1978)の初期のベーシックな思想に主に立脚している。言語行為論が、その後、オースティン自身や、サール(2006)、グライス(1998)、スペルベルとウィルソン(2000)らの手によって、より緻密な議論を展開していくことになるのは周知の通りである(総覧的なものとしては、たとえば、今井(2001)、飯野(2007)なども参照)。中でも、発話行為、発話内行為、発話媒介行為という3対の概念は、本稿の観点からも重要である。これらの概念を用いて、「記述文」と「遂行文」とが実際には相互に横断・融合していることが明示され、そのことは避難に関する情報のデザインにとっても重要な示唆を含んでいるからである。この点については最後の第5節で別途詳しく言及する。

もっとも、大澤(2014a, p. 55)が指摘するように、言語行為論の「真に深い洞察は、[オースティンの：引用者]初期の直観の方にある」。しかも、この後、順に示すように、言語行為論プロパーには初歩的と映るだろう概念枠組みすら「避難学」には十全な形では導入されていない。そのため、言語行為論に、災害情報をめぐる実践的な行き詰まりの数々を理論的に解きほぐし、かつ、問題解決へ向けた糸口やヒントが豊かに含まれているにもかかわらず、そのことが看過されているのが現状である。本章には、この欠を埋めようとするねらいがある。

第2節　「記述文」と「遂行文」

言語行為論における基本的な考えの一つに、上記の通り、「記述文」と「遂行文」との区別がある(オースティン, 1978)。以下、この重要な区別について、避難に関連する災害情報と関連づけて説明する。なお、「記述文」は「確認文」と表記されることが多いが、本章では、災害情報との接点をイメージすることが容易な「記述文」の表記を使うことにする。

1.「記述文」とは何か

通常、言語の主要な機能は世界の記述であると思われている。実際、「これはワンちゃんだよ」「彼はTomです」など、私たちが言語を習得する場面でまず思い浮かべる言語表現は、その多くが「記述文」である。「記述文」では

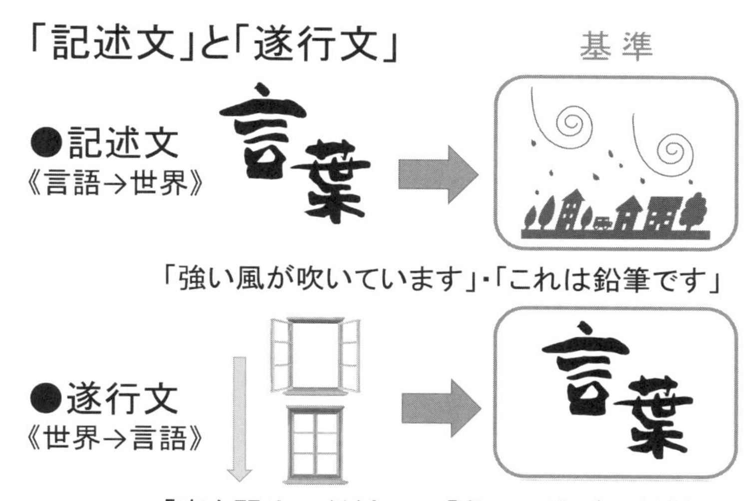

図2-1　適合方向の観点からみた「記述文」と「遂行文」

世界が基準であり、言語は基準とすべき世界に合わせてそれを記述する役割を果たす。言いかえれば、世界と言語との一致を、言語を世界の方に合わせる方向で、つまり、言語を変えることによって実現する。サール（2006）が提起した鍵概念である「適合方向」（direction of fit）を使って表現すれば、《言語→世界》となる（図2-1参照）。世界と言語の間に不一致があれば、言語の方を変更して基準とすべき世界の方向へ向けて適合させていくというイメージである。たとえば、当初、「それは鉛筆だ」と思っていたが、実は鉛筆型のチョコレートであることがわかれば、「それは（鉛筆ではなく）鉛筆型のチョコレートだ」と言語の方が変更されて、世界と言語の一致が確保される。

以上を踏まえると、台風情報にせよ、想定される津波に関する情報にせよ、避難に関係する災害情報の多くが、少なくとも原理的もしくは形式的には、「記述文」であることがわかる（ここで傍点を付した断り書きを入れた理由については、第5節で詳述する）。たとえば、「台風10号は正午現在××の位置にあって、東北東に毎時20キロの速さで進んでいます。中心気圧は960ヘクトパスカル、中心付近では40メートルを超える暴風が吹いています……」「東北から関東の太平洋沿岸には、3メートルを超える津波が押し寄せる危険があります。各地の津波到達予想時刻は……」といった情報は、実測、すなわち、すでに観察された事実なのか、それに基づいた予想や推定なのかの違いはあるにせよ、いずれも、現在の、もしくは未来の世界の状態を客観的に記述（予想）した「記述文」である。

ちなみに、主に気象庁から提供されるこうした情報は、市町村から提供される避難指示等（後述）が「発令」されるのとは異なり、「発表」されると表現される。この「発表」という表現にも、それらが「記述文」であることが暗示されている。なぜなら、この種の災害情報では、言語によって世界が「表現（記述）」されているからである。これらの情報は「記述文」であるから、したがって、仮にそれをめぐる世界と言語の不一致があれば、言語の方を修正すること（《言語→世界》）で対応が図られることになる。典型的には、「予想の津波の高さが修正されました、××県の沿岸では5メートル以上が予想されます」といった具合である。

このプロセスこそ、災害情報の精緻化や迅速化であり、避難をめぐる情報の業界で伝統的に、そして近年特に強力に推進されてきたことである（第1章第3節）。一例をあげれば、従来、都道府県単位で発表されていた気象警報が、市町村単位で発表されるようになったこと（精緻化）は、一部に残存していた言語と世界の不一致（警報が発表されるには及ばない市町村にまで警報が出ている状態、あるいはその逆の状態）を、言語（警報の発表／未発表）を修正することによって解消する作業にほかならない。また、それほど遠くない過去には、数時間おきにしか更新できなかった台風の現況情報が、気象衛星など観測機器や通信機器の進歩によって、ほとんどリアルタイムで更新可能になったこと（迅速化）は、言語（台風の現況情報）と世界（実際の台風の状態）の不一致を、言語を修正する速度や頻度を高めることでゼロに近づけるための努力だと位置づけることができる。

しかし、ここで大きな問題となるのが、こうした努力がうまく機能しているかどうかという点である。つまり、「記述文」としての情報の精緻化や迅速化が、情報の究極的な目標たる被害軽減（避難を促すことや人の命を救うこと）に貢献しているかどうかという点である（たとえば、第1章第3節、および、片田(2012)、矢守（2013）などを参照）。この重要な論点については、次項で「遂行文」

について述べた後、第３節以降で主題的に論じることにする。

２．「遂行文」とは何か

言語の機能の一つが世界の記述であることは事実であるが、言語は、もう一つ別の重要な働きをもっていることをオースティン（1978）ら言語行為論者は見出した。すなわち、「記述文」とはまったく別のタイプの言語表現があることを指摘したのだ。それが「遂行文」である。

「遂行文」の典型例が、「窓を閉めてください」、（先にも触れた）「今、何時かわかる？」といった命令・依頼である。ここで非常に大切なことは、「遂行文」では、「記述文」とはまったく反対に、言語が基準であり、基準とすべき言語に合わせて世界の方が変化する点である。言いかえれば、世界と言語との一致を、世界を言語の方に合わせる方向で、つまり世界を変えることによって実現する。再び、サール（2006）が提起した「適合方向」（direction of fit）を使ってこのことを表現すれば、《世界→言語》となる（p. 53 の図２-１参照）。世界と言語の間に不一致があれば、世界の方を変更して与えられた言語の方向へ向けて適合させていくというイメージである。たとえば、「窓を閉めてください」という言語が与えられれば、それまで開放されていた窓が閉ざされて、つまり、世界の方が変更されることによって世界と言語の一致が確保される。

この点を踏まえれば、災害情報のうち避難指示などは、上記の第１項で紹介したタイプの情報とは異なり、少なくとも原理的もしくは形式的には、典型的な「遂行文」であることがわかる（ここでも傍点を付した断り書きを入れた理由については、第５節で詳述する）。なぜなら、それらの情報（言語）は、世界の状態を、避難がなされていない状態から避難がなされている状態へと変更せよという命令・依頼だからである。つまり、世界と言語の不一致を、世界の方を変更する（実際に避難する）ことを通して解消することを促す言語表現だからである。ちなみに、先述の通り、自治体からリリースされる避難指示等は、「発表」ではなく「発令」されると表現されるが、この「発令」という用語にも、それらが「遂行文」であることが暗示されている。なぜなら、この種の災害情報では、言語によって世界を変更せよとの「命令」が提示されているからである。

「遂行文」と位置づけ得る情報についても、「記述文」の場合と同様、大きな問題点が存在する。避難指示等の情報が有効に機能していないと考えざるを得ないケースが多々発生しているからである。たとえば、情報発令にもかかわらず低調な避難率、あるいは「空振り」や「見逃し」などといった課題である。この点については、第1章第7節などで詳述した通りである。この課題について、以下、節をあらためて考察を進めていく。

第3節　災害情報の課題――「記述文」と「遂行文」の視点から

1.「記述文」に関する課題

避難情報に関する社会的課題の多くは、前節で導入した「記述文」、「遂行文」の視点から整理することができる。また、そうすることで、課題の解消に向けた新しい展望を得ることもできる。まず、本節では、課題の整理から始めることにしよう。

最初に、「記述文」に関わる課題から見ていく。××川の水位が氾濫危険水位に達したことを受けて「××川氾濫危険情報」(という「記述文」)を発表することや、実際に××川が氾濫した後に「××川氾濫発生情報」(という「記述文」)を発表することは、現時点ですでに可能になっている。しかし、氾濫前に時間と場所をピンポイントで特定して、「××川が××橋の地点で2時間15分後に氾濫する」(という「記述文」)を発表することは、少なくとも現時点では技術的に困難である。これは、世界の真の状態(××川の××地点の状態)と言語とを完璧に一致させることができていないということであり、まさに「記述文」に関わる課題である。

この種の課題は、いわゆる地震予知が現時点では不可能に近いことを含めて数限りなく存在するが、課題の構造としては単純で、よって解決へ向けた方向性もはっきりしている。これらの課題はすべて、記述文の精度が(まだ)低いという課題である。よって、その解決は、《言語→世界》の作業、つまりは、世界の状態の記述・予測に従事する自然科学の進捗いかんにかかっている。ただし、その見通しが必ずしも楽観的ではないこともたしかである。

しかも、仮にこの作業が今後順調に進捗していくとしても、なお懸案が残ることが重要である。それは、避難に関する情報の究極の目標であるはずの被害軽減（人命を守ること）に対して、「記述文」の精度向上が貢献しているかどうか、そのコスト・パフォーマンスはどの程度か、といった課題である。あるいは、「技術的に可能だからとりあえず試みてみる」という論理ではなく、被害軽減という目標を明確に意識しそれを展望したうえでの精度向上が試みられているかどうか、と言いかえてもよい。たとえば、第1章第4節で言及した「済んでから理論が冴える地震学」との川柳には、世界の状態変化に先行して、その変化をとらえた「記述文」を発することができず、事が起きてからようやく、「バックビルディング現象が起きていた」「線状降水帯の影響だ」といった「記述文」が多数登場すること（事後説明、後追い記述）に対する、一般市民の素朴な不信感が――地震研究者の自虐的言いまわしの形で――うまく表現されている。

「記述文」は、世界と言語との不一致を言語の方を変えることで解消するのだから、もともと、後追い的な性質をもっている。世界の状態を十分に記述しきれなかったことが判明したからこそ、それを受けて、その事後に、言語（説明）の方を修正して別の言葉に写し取っていく段取りになるのがふつうである。その意味では、先の川柳にこめられたタイプの批判は、「記述文」（自然科学）の宿命ともいえ、「所詮そういうものだ」と開き直ることもできるかもしれない。

しかし、避難学としては、川柳に表現された一般の人びとの違和感に真摯に目を向ける必要もあろう。すなわち、繰り返される被害を前に、「記述文」の改善・充実（精緻化と迅速化）で対応しようとしてきた従来のアプローチが、何か根本的な履き違いをしているのではないかと疑ってみることも重要である。災害による被害の軽減という目標に照らせば、本来、避難学が第一優先事項とすべきは、「遂行文」の実効性の向上であるべきところ、それとの接点を棚上げしたまま、「いずれはそれに結びつくはずだから」という確たる根拠なき見通しに基づいて、「記述文」の改善――それ自体は重要で、かつ評価すべき点が多々あるとしても――に終始してきたことははたして正当なものだったのか、と。

2.「遂行文」に関する課題

次に、「遂行文」に関する問題について考えてみよう。もっとも大きな問題は、避難指示（という「遂行文」）が発令されているにもかかわらず避難する人びとが少ないという、単純だが深刻な事実である(第1章第9節、片田(2012)、矢守(2013)などを参照)。なぜなら、これは、「遂行文」(命令・依頼)が機能していないことを端的に意味しているからである。まず、ここでおさえるべきことは、避難指示の評価のあり方である。避難指示は「遂行文」なのだから、その評価は、その「遂行文」によってもたらそうとした世界の状態(人びとが避難した状態)が実現したかどうか(だけ)を通してなされるべきである。しかし、実際には、そうなっていないことが多い。

第1に、避難が実現したかどうかではなく、避難指示(「遂行文」)を発令したかどうかという基準による評価が行われがちである。言いかえれば、「避難指示が発令されている」という状態(この状態自体は、「記述文」によって表現される)が実現されているかどうかで社会的に評価されがちである。しかも、さらに悪いことに、この事実への反動から、「発令せずに批判されるよりは、とりあえず発令しておこう」という態度が自治体に醸成され、避難指示が現実的な実効性に疑問を抱かざるを得ないほど多くの人びとを対象に連発される事態も生じている。たとえば、2019年の「東日本台風」では、最大で約797万人もの住民(全人口の約5%)を対象に市町村からの避難指示・勧告等の避難情報が発表され(現在は、避難勧告は撤廃)、公表された避難率は約3%であった(中央防災会議, 2020)。それに先立つ2014年の台風18号(同年10月6日浜松市付近上陸)による災害では、全国で合計約365万人に避難指示・勧告が発令された(内閣府, 2014)。その約1週間後に来襲した台風19号(同年10月13日枕崎市付近上陸、その後数カ所に再上陸)による災害でも、全国で合計約181万人に避難指示・勧告が発令された(消防庁災害対策室, 2014)。

第2に、「遂行文」としての避難指示は、上記の通り、当該の「遂行文」が目標とした世界の状態の実現(避難の有無)によって評価されるべきで、その後の展開(たとえば、実際に近隣の河川が越水したかどうかや、それによって被害が生じたかどうか)は、この「遂行文」の成否とはさしあたって無関係である。「窓を閉めてください」という「遂行文」の成否は、窓が閉じられたかどうかによって評価されるべきで、その後、空気が悪くなったとか、どの程度室温が変化したかとは、さしあたって無関係なのと同様である。もちろん、避難指示の成否が、その後の展開とまったく無関係とはいえない。しかし、“空振り”、

“見逃し”に対する執拗なまでの社会的関心を見るまでもなく（第1章第7節を参照）、避難指示は、その主たる評価基準であるべき事項、すなわち、避難を実現させたかどうかよりもむしろ、その後の展開によって評価されているのが現状である。

さて、「遂行文」としての避難指示については、これまでに指摘したことに加えて、さらに根本的な課題がある。繰り返しになるが、問われるべきは、本来、「遂行文」（避難指示）の効力のはずである。しかし、これまで、この効力向上へ向けた改善策として提起され実行されてきたことの多くは、「遂行文」の改善ではなく、「遂行文」の基礎情報に過ぎない「記述文」の精度を上げることであった。しかも、近年は、望ましくない方向にさらに一歩進んで、「遂行文」を遂行文でなくしてしまうこと、言いかえれば、「遂行文」をすべて「記述文」に還元し尽くすことによって課題を解消しようとする傾向——正確には、解消したことにする傾向——が強まっている。

前者の問題、つまり、「遂行文」の効力の向上が、「記述文」の精度向上にすり替わってきた問題については、すでに前項で指摘したので、ここでは、後者の問題について詳述しておこう。これは、「避難勧告等（避難勧告・避難指示および避難準備情報（要援護者避難情報））について具体的な発令基準を策定」（総務省消防庁, 2014）する動きと関連する問題である。ここで、「具体的な発令基準」とは、水位・雨量等の数値や、警報・浸水等の客観的事実（総務省消防庁, 2014）である。具体的には、たとえば、「××川の××観測点の水位が×メートルを超えたら、自動的に、つまり無条件で避難指示を発令する」といった基準のことをいう。上記した消防庁の報告書の冒頭には、「地方公共団体に対して、避難勧告等の具体的な発令基準の策定を要請してまいりました」と記されており、実際、「職員や状況による発令基準のぶれがなくなる」「職員の発令に対するためらいがなくなる」など、こうした動きは前向きなものとして評価される場合がほとんどである。

しかし、言語行為論の立場に立つと、別の見方をすることができる。発令基準の客観化とは、本来「遂行文」であるはずの避難指示等を「記述文」に還元しようとすることである。なぜなら、たとえば、観測点の水位情報はまさに「記述文」で表現可能であり、発令基準の客観化とは、こうした客観的情報と避難指示とを等値することだからである。言いかえれば、仮に上記のような客観化を100％貫徹すれば、水位計の情報（「記述文」）があれば、発令に関する人間（職員）の「判断」はまったく不要ということになる。もちろん、それでよいとの考えもあろう。

しかし他方で、「遂行文」は、本来、言葉を起点（基準）にして、世界の方を変更して基準たる言葉に近づける操作（《世界→言葉》）である。言いかえれば、「遂行文」が有意義に機能している場合、究極的には、「遂行文」がもたらす命令や依頼の根拠が、その遂行文そのもの（それを発した人）以外にはさかのぼることができないように事態が構成されているはずである。大澤（2014a；2014b）がわかりやすく例解しているように、たとえば、アダムとイヴに対する「リンゴを食べるなかれ」という神からの命令（禁止）に関して、この「遂行文」自身を越えてさかのぼることのできる根拠はない。仮に、「リンゴは身体に悪いから」「美味し過ぎて中毒になる危険があるから」といった、「記述文」で表現可能な根拠がそこに存在し、命令（禁止）のすべてがそれらの「記述文」に回収できるなら、それは、神の命令（「遂行文」）ではなくなってしまう。

以上を踏まえれば、避難指示等の根拠を客観的基準という形で明示するのは、一見、「遂行文」に力を与えるように見えて、実際には、「遂行文」本来の性質、すなわち、究極的には、当該の言葉だけを根拠に、世界に変化をもたらすという性質（《世界→言葉》の構図）を破壊する動きであると見なすこともできる。ここから、実践的な提言として、――通念とは反対に――避難指示の効力を高めることを中長期的に目指すならば、その発令にあたっては、発令者（公式には自治体の首長、実際には防災の実務担当者）が独自に判断する余地を残すことが大事だ、との方針が得られることになる。なお、この点に関しては、及川による一連の考察が、本章の観点とはまた別の視点から有益な考察を提供しているので、ぜひ参照されたい（及川，2024）。

第4節 実践的な提案――「宣言文」のポテンシャル

ここまで、避難情報をめぐるいくつかの現実的な課題を、言語行為論における「記述文／遂行文」の区別の観点から整理してきた。本節では、以上を踏まえて、課題解決に向けた、より現実的かつ実践的な提案を行ってみたい。その際、重要な前提となるポイントが一つある。それは、「遂行文」(避難指示など)について、それを発信する側(命令する側)だけでなく、受信する側(命令される側)も考察の対象にすることである。なお、後述するように、ここで、「発信側／受信側」「命令する側／される側」と表記している点自体が問題含みである。しかし、当面、この表記に従っておくならば、両者の〈関係性〉に注目することが重要だ、と言いかえてもよい。

それは、なぜか。第1節で述べた点を思い起こす必要がある。すなわち、「今、何時かわかる？」が、「遂行文」としての機能を果たすかどうかは、この発話を実際の言語使用場面から切り離して意味論的、統語論的に分析しても判明しない。それは、実際の言語使用者間の関係性や使用場面の文脈、つまり、〈コンテキスト〉に依存して決まるのであった。避難指示についても、「命令する側／される側」双方の間の〈関係性〉や、使用場面の文脈分析が重要となるゆえんである。

1.「宣言文」とは何か

現実的な課題を深層から規定している要因を探るヒントが言語行為論にあったのと同様、解決へ向けたヒントも言語行為論に準備されている。それが、「宣言文」という特殊な文である(サール，2006)。「宣言文」とは、「言語行為の非常に特殊なカテゴリー」(サール，2006, p. 30)であり、「記述文」と「遂行文」、この両者の中間の性質をもつ文である。大澤(2014a)の表現を借りれば、「宣言文」とは、「遂行文」における命令の強度(遂行への圧力)を限りなくゼロに近づけたときに得られる文である。別の言い方をすれば、「宣言文」とは、遂行圧力がほぼゼロの「遂行文」、まるで「記述文」のように見える「遂行文」のことである。

典型例を導入して「宣言文」について詳しく説明しよう。それは、「これで会議を終わります」(もしくは、「以上で会議は終わりです」)という発話である。直ちにわかるように、「宣言文」は、「記述文」の性質、つまり、《言語→世界》の側面と、「遂行文」の性質、つまり、《世界→言語》の側面、この両者を兼ね備えている(次ページの図2-2参照)。

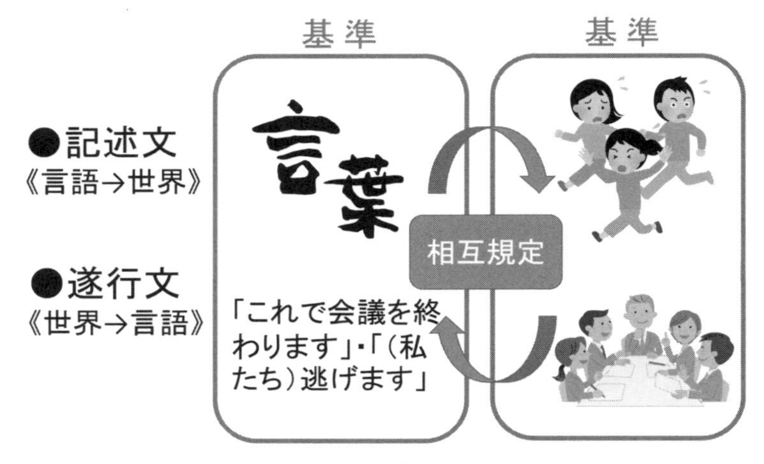

図 2-2　適合方向の観点からみた「宣言文」

まず、前者（「記述文」）の要素があることを確認する。誰しも経験上わかるように、「これで会議を終わります」との発話が実際に（たとえば、議長によって）なされるとき、その会議はすでにほとんど終わっているのが実態である。つまり、その言語によって実現されるべき世界はほとんどすでにできあがっていて、そこに所与として存在している。「終わります」と言わなくても、会議は事実上終わっている。だからこそ、議長も「これで会議を終わります」と発話することができる。この点は、「宣言文」が「記述文」の性質をもっていることを示している。

次に、「宣言文」には、後者（「遂行文」）の要素も含まれていることを確認する。上記の事実にもかかわらず、たとえば、議長が「これで会議を終わります」と言わなければ、そして、みなが「議長が“終わります”と宣言してはじめて会議は終わるものだ」と思っていなければ、会議が完全に終わらないのも事実である（流れ解散で終わってしまうような会議もたしかに存在するが）。すなわち、「これで会議を終わります」という言葉が、世界の変化（会議の終了）をもたらしていることもたしかである。実際、事実上会議はすでに終わっているのに、「議長、終わりだよね」と会議出席者が確認するケースも散見される。こういった確認こそ、「これで会議を終わります」という言葉には、「記述文」に還元し尽くすことができないものが含まれていることを示している。以上の点は、「宣言文」が「遂行文」の要素をもっていることを示している。

第3節の最後の議論との接点を設けつつ、別の表現をすれば、「これで会議を終わります」という（議長の）言葉には、それ以上さかのぼることのできない命令の効力が微かではあるが含まれている（「リンゴを食べるなかれ」と同じ要素）。つまり、この発話においては、たしかに、言語が従うべき規範となって世界の方が変わっている（《世界→言葉》）。この意味で、「宣言文」は、あくまでも「遂行文」である。しかし、通常は、実際にほとんど会議が終わった状態が出現しないとこの言葉は効力を発揮し得ない（「通常は」とは、会議の打ち切りを強行する場合など例外はある、という意味）。つまり、「宣言文」は、そこにできあがった世界を記述しているだけの「記述文」の性質も同時に有している。

2.「避難宣言型アプローチ」

「宣言文」に関する以上の考察、特に、「宣言文」が「記述文」と「遂行文」とを結びつける蝶番の位置にあることを補助線にすると、近年、その効果性が注目を集め、萌芽的な取り組みが見られるようになった「避難宣言型アプローチ」の有効性を理論的に位置づけることができる。ここで、「避難宣言型アプローチ」と呼んでいるのは、実際に避難する当事者たち（たとえば、ある地区の住民たち）が、専門家等外部者の手助けや助言を得つつも、自ら、避難の基準——第1章第3節で導入した「避難スイッチ」——を事前に設定し、その基準に見合う事態が生じたときには、「××地区非常事態」「××地区避難情報」といった「宣言文」を自ら発しつつ、実際に避難するタイプの試みのことである。これは、矢守（2011）が「ジョイン＆シェア」として紹介してきた試みでもある。具体的な事例をいくつかあげておこう。

たとえば、片田・金井（2010）は、群馬県みなかみ町の山間部を舞台に、土砂災害を対象とした住民主導型避難体制を確立するための研究実践を展開している。これは、「地域住民全員が危険感知センサー」となって、専門家の指導に基づいて予め設定した危険箇所（危険な現象）をウォッチし、それを地域の防災リーダーに伝え、リーダーは、そうした情報の総量が予めみなで定めておいた基準に達したら、その事実を住民全員に報知して自主避難を促し、それぞれの住民は近隣に声を掛け合いつつ実際に避難するという仕組みである。

また、竹之内ら（2015）による「地域気象情報」の取り組みも、典型的な「避難宣言型アプローチ」である。これは、三重県伊勢市を流れる宮川の沿岸に位置する辻久留地区で、通常の災害情報（たとえば、大雨に関する警報や河川の水位情報など）や、住民が直接観察可能な地区内の状況（たとえば、「宮川の××橋の橋脚のオレンジラインまで水がきている」）など、いくつかの基準をもとに、先の事例と同様、専門家の指導を得つつも、最終的には自らの判断で、「辻久留地区の住民は浸水に備えよう情報」といった独自の情報（宣言）を発信し、同時に、連絡網で情報を流す、避難の準備を始めるといったアクションを実際に開始する試みである。

容易にわかるように、「自主避難を促しつつ、実際に避難」（片田らの取り組み）、「“浸水に備えよう情報”を出しつつ、実際に避難準備をスタート」（竹之内らの取り組み）といった点に、これらのアプローチが「宣言文」の性質をもっていることが直接的な形であらわれている。つまり、これらの取り組みでは、地区内の状況（世界の状態）を「記述文」として写しとると同時に（《言語→世界》）、それだけでなく、それを、自らを含む地区住民全体に向けた「遂行文」として発信もしているからである（《世界→言語》）。

さらに細かく見ると、「避難宣言型アプローチ」が、「記述文」と「遂行文」の両側面を伴った「宣言文」としての要素をもつのは、どのような条件下でその「宣言文」を発するのか、そのための基準――「避難スイッチ」――が、「宣言文」を発する当事者本人たちによって決められていることに由来している。「これで会議を終わります」という「宣言文」が宣言文として機能するのは、「いかにも会議が終わりそうだ」と当事者たちが思えるような文脈で、それが発せられるからであった。同様に、「避難宣言型アプローチ」においては――そして、最終的には、通常の避難指示においても本来そうであることが重要であるが――、この「いかにも会議が終わりそうだ」に相当する〈感覚〉、すなわち、「いかにも避難指示が出そうだ」という〈感覚〉を、実際に避難する人たちが事前に共有するための営みが死活的に重要となる。

このように、「避難宣言型アプローチ」では、当該の宣言をどのような状況で出すのか、そのための基準づくり、つまり、「避難スイッチ」づくりの作業に、宣言を出す人たち（と同時に、宣言を出される人たち）自身が関与していることが最大のポイントである。自主避難の目安として、なぜ大雨注意報ではなく大雨警報を使うのか、橋脚のイエローラインではなくなぜオレンジラインなのか、そうした基準は、専門家の助言を得ているとはいえ、情報を出す当事者たちが最終的に判断してもたらされている。これは、別の見方をすれば、「避難宣言型アプローチ」では、「宣言文」という形式の導入によって、「遂行文」（「宣言文」は零度の「遂行文」でもあった）を、〈「発信する側（命令する側）／受信する側（命令される側）〉という2項対立の〈関係性〉そのものから解放しているということでもある（矢守，2009；2013）。

「避難宣言型アプローチ」では、片田らの取り組みでも竹之内らの取り組みでも、「宣言文」の内実が確定され、それに基づいた訓練が行われるまで、数年にわたって、地元での説明会、勉強会（ワークショップ）、アンケート調査などが繰り返し実施されている。だから、「宣言文」がそれとして機能するためには、単発のイベントで「××宣言をつくってみましょう」など、宣言の体裁を整えてみても効果は限定的である。上記の意味での〈関係性〉の改変、言いかえれば、「宣言文」が効力を発揮するだけの文脈づくり――上記の〈感覚〉を醸成・共有するだけの〈コンテキスト〉づくり――に、相当の時間と労力をかける必要があるのだ。このような長く丁寧なプロセスを経てはじめて、いかにも宣言――「会議を終わります」「避難開始します」――がなされそうなときに、実際に宣言が出るという理想的な状況がつくり出されるわけだ。

第5節　「記述文」と「遂行文」の横断・融合

最後に、本章で十分展開できなかった論点について補足する意味で、冒頭の第1節で予示した点に触れておこう。「記述文」と「遂行文」とが実際には相互に横断・融合しているという論点である。

この論点について、橋本（2002）は、オースティンの考えを次のように簡潔かつ適切に集約している。「記述性と遂行性は、実はすべての発言が内包する局面である（中略）われわれは発言によって、一定の意味をもつ語で文法にかなった文を構成し発する『発語行為』を行いつつ、同時に、聞き手にある種の力（発話内効力）を行使する『発話内行為』を遂行し、その発言によって相手に影響を及ぼす『発語媒介行為』も遂行しうる（中略)。これらの複合体が『言語行為』である」(橋本，2002, p. 270)。

たとえば、「この部屋、寒いですね」という発話は、形式的には「記述文」であるし、実際に「記述文」の場合も多々あるだろう。しかし、この発話がある種の〈コンテキスト〉に置かれ、ある〈関係性〉をもった当事者の間で発せられれば、この発話がそれ自体単独で「窓を閉めてください」という「遂行文」の機能を発する場合があることも明らかである。この場合、発話者は「この部屋、寒いですね」という「発話行為」を行いつつ、聞き手に「窓を閉めよ」という力を行使する「発話内行為」を遂行し、かつそれによって実際に聞き手に影響を及ぼすという「発話媒介行為」をも遂行している、と分析されるわけだ。

以上を踏まえると、たとえば、本章第2節第1項で取り上げた「台風10号は正午現在××の位置にあって……」も、この発話（文）の形式だけを根拠に拙速に記述文だと見なすことはできないことになる。該当箇所で、「原理的もしくは形式的には」と注記したのは、このためである。つまり、この「記述文」の形式をとった発話が、実際には、たとえば、台風に備えた警戒体制を敷くとか、早めに避難するとかいった行為を聞き手に促すための「遂行文」にもなっている場合はもちろんあり得る。このように、言語行為論の観点に立てば、「記述文」と「遂行文」とは実際には相互に横断・融合していると見なければならない。そして、現実にも、上記の台風情報に関わる関係者の多く（たとえば、気象庁や自治体関係者、一般市民）も、それを単なる「記述文」だとは考えておらず、そこには「遂行文」の機能が込められていることを、程度の違いこそあれ意識しているだろう。

しかし、両タイプが機能的には融合・混在しているにもかかわらず、実際には、本章第3節第1項で指摘したように、それが形式的には記述文であることがもたらす呪縛も大きい。すなわち、その機能不全に対する解決策として、相変わらず記述文としての精度を向上させる方策に固執しがちであること、このことは重々指摘しておかねばならない。この意味で、この種の情報が、形式的には記述文であるが、機能的には遂行文にもなり得ることを理論的に踏まえつつ、（形式的な）記述文としての情報の遂行的性格をより高めるために実践的には何をすればよいのか——そのための具体的方法を見出すための研究を、避難学としては、今後、重視すべきだと思われる。

一例をあげておこう。矢守（2016）は、「2000年の東海豪雨に匹敵する大雨」といった固有名詞つきの災害情報が有する特殊な効果について言及している。個別のケースについては賛否両論があることはともかくとして、こうした固有名詞を伴う災害情報は、ある対象（たとえば、現在の雨の様子）を特定の名称で指示しているだけであるから、形式的にはまさに「記述文」である。しかし、それは「時間雨量何ミリだ」「××川氾濫危険水位到達」といった、対象をより詳細に記述するタイプの「記述文」はもとより、「ただちに避難してください」といった形式的な「遂行文」よりも、はるかに大きな遂行的能力（避難を促す力）を発揮する場合がある。こういった事例は、形式的な「記述文」にも避難を促す情報として大きなポテンシャルがあることを示していると同時に、旧来の思考法（「より速く、より正確に、より細かく」情報を伝えること）だけにとらわれた対策では、「記述文」としての災害情報の改良は期待できないことをも示唆している。

同種のことは、遂行文についてもいえる。つまり、「～と命令する」「～と指示する」など、一般に遂行動詞と称される語句を伴った文（発話）、つまり、形式的な遂行文が、常に首尾よく発話内行為、発話媒介行為を構成しうるかどうかは保証の限りではない。これは、本章第3節第2項ですでに指摘したことである。このとき、直ちに思う浮かぶ解決法の一つが遂行への圧力強化である。災害情報研究の領域で近年注目を集めた事例で言えば、「逃げてください」ではなく「避難せよ！」などと、用語や口調の変更によって「遂行文」の遂行的性格をより強く押し出すという手法（命令口調）である。

この種の手法については、東日本大震災における茨城県大洗町の事例など（井上，2011，2012）、一定の効果をもたらしたとの報告もある。またその教訓は、その後、NHKの緊急報道における呼びかけの改善にも一部生かされており（福長，2013）、能登半島地震における津波避難の呼びかけでも有効だったと評価する声がある（産経新聞社，2024）。ただし、注意すべきこともある。それは、こうした効果は単純に発話の文体や口調だけに依存したものではないという点である。第4節で「宣言文」的なアプローチについて考察する中で、「宣言文」が効力を発揮するためには、そのための文脈づくりが重要であることを指摘した。また、本節でも、「ある種の〈コンテキスト〉に置かれ、ある〈関係性〉をもった当事者の間で発せられれば」、「記述文」ですら、いとも簡単に「遂行文」としての効力を発揮する場合もあることを指摘した。

これらを踏まえるならば、「遂行文」の改善策の一つとして位置づけ得る命令口調についても、それが効果を発揮するだけの〈コンテキスト〉や〈関係性〉づくりが大切だということがわかる。あくまで一例であるが、NHKのアナウンサーは、通常の放送では、滅多に命令口調（絶叫調）を使用しないという事実自体も、それが効力をもつための重要な〈コンテキスト〉になっているだろう。言いかえれば、真に注目すべきは、命令口調（絶叫調）の使用ではなく、（通常時における）徹底した不使用の方だともいえる。

また、大洗町の事例では（井上，2011；井上，2012）、命令口調だけでなく、大洗町内の具体的な地名（固有名詞）が避難の呼びかけに使われ、呼びかける者がいる（と聞き手には受けとられたであろう）役場そのものが、たとえば、東京のスタジオのように津波に対して安全圏に位置しておらず、同じ危機に直面する当事者から命令口調で呼びかけが発せられている（と聞き手には受けとられたであろう）こと――こういった〈コンテキスト〉や〈関係性〉があいまって、命令口調をとった発話（「避難せよ」）がもつ遂行的な力を強化したものと考察される。

このように、言語行為論は、災害情報を、世界の状態（典型的には、ハザードの状態）を記述するインフォメーションとしてではなく、情報をめぐるやり取りが全体として発揮するコミュニケーション行為の効力という観点から見つめることを可能にしてくれる。この観点に立つならば、〈コンテキスト〉や〈関係性〉の根源的な変革抜きに、言いかえれば、「記述文」と「遂行文」の間のもつれに関わる問題にメスを入れずして、また、「遂行文」の発信者と受信者との〈関係性〉に関わる課題を直視せずして、「記述文」の精度や伝達速度だけを高めても、あるいは、「遂行文」（避難指示・勧告）を全面的に「記述文」に還元してみても、さらに、「遂行文」の強度を一見無条件に強化するかに見える文体や口調を採用してみても、それだけでは真に避難促進に資する情報は生まれない——このように見立てることができる。

こうした視点や考察は、避難学をめぐる現実的な課題について、現場で具体的な課題に向き合って格闘しているだけでは、おそらく得られない。もちろん、現場で格闘すること自体は大切であるし、避難研究の原点として重要視されるべきである。しかし、現実を変革するための真に有意味でラディカルな（根源的な）処方箋は、多くの場合、理論的で概念的な補助線を引いたときにはじめて明瞭な形で見えてくる。

ささやかなものではあるが、本章の考察がそうしたチャレンジの一つになっていればと願っている。

【引用文献】

オースティン，J. L.／坂本百大（訳）（1978）『言語と行為』大修館書店

中央防災会議（2020）「令和元年台風第19号等を踏まえた水害・土砂災害からの避難のあり方について（報告）（案）」
［https://www.bousai.go.jp/fusuigai/typhoonworking/pdf/dai3kai/siryo1.pdf］

福長秀彦（2013）「メディアフォーカス：津波警報・NHKが強い口調で避難呼びかけ」『放送研究と調査』63（2），p. 76.

グライス，P.／清塚邦彦（訳）（1998）『論理と会話』勁草書房

橋本良明（2002）「言語行為」北川高嗣・須藤修・西垣通・浜田純一・吉見俊哉・米本昌平（編集）『情報学事典』弘文堂，p. 270.

飯野勝己（2007）『言語行為と発話解釈：コミュニケーションの哲学に向けて』勁草書房

今井邦彦（2001）『語用論への招待』大修館書店

井上裕之（2011）「大洗町はなぜ「避難せよ」と呼びかけたのか：東日本大震災で防災行政無線放送に使われた呼びかけ表現の事例報告」『放送研究と調査』61（9），pp. 32-53.

井上裕之（2012）「命令調を使った津波避難の呼びかけ：大震災で防災無線に使われた事例と、その後の導入検討の試み（東日本大震災から1年）」『放送研究と調査』62(3)，pp. 22-31.

片田敏孝（2012）『人が死なない防災』集英社

片田敏孝・金井昌信（2010）「土砂災害を対象とした住民主導型避難体制の確立のため

のコミュニケーション・デザイン」『土木技術者実践論文集』1, pp. 106-121.
内閣府（2014）「台風第18号による大雨等による被害状況等について」
及川　康（2024）『「思い込みの防災」からの脱却：命を守る！行政と住民のパラダイム・チェンジ』ベストブック
大澤真幸（2014a, 2014-2016）「呪文のごとき宣言文（連載6：社会性の起源）」『本』講談社，6月号，pp. 54-61.
大澤真幸（2014b, 2014-2017）「原的否定性（連載7：社会性の起源）」『本』講談社，7月号，pp. 54-61.
産経新聞社（2024）『「テレビを見てないで逃げてください」NHK女性アナの絶叫調呼びかけにSNSで称賛』
［https://www.sankei.com/article/20240101RNWVXSEAIVAIBL4GWS6YDP6SJY/］
サール，R. J.／山田友幸（訳）（2006）『表現と意味：言語行為論研究』誠信書房
消防庁災害対策室（2014）「台風第19号に伴う大雨・暴風等による被害状況等について（第10報）」
総務省消防庁（2014）「避難勧告等に係る具体的な発令基準の策定状況等調査結果」
スペルベル，D. & ウィルソン，D.／内田聖二・宋南先・中逵俊明・田中圭（訳）（2000）『関連性理論：伝達と認知』研究社
竹之内健介・中西千尋・矢守克也・澤田充延・竹内一男・藤原宏之（2015）「地域気象情報の共同構築の試行：伊勢市中島学区における取組」『自然災害科学』34, pp. 243-258.
矢守克也（2009）『防災人間科学』東京大学出版会
矢守克也（2011）「ジョイン＆シェア」矢守克也・渥美公秀・近藤誠司・宮本匠（編著）『ワードマップ：防災・減災の人間科学』新曜社，pp. 77-80.
矢守克也（2013）『巨大災害のリスク・コミュニケーション：災害情報の新しいかたち』ミネルヴァ書房
矢守克也（2016）「固有名詞という災害情報：「東日本大震災」から5年」『災害情報学会ニュースレター』65, p. 1

第３章　能動的・受動的・中動的に逃げる

第１節　概念的な土台

本章で展開する議論の概念的な土台は、2017年の刊行後、論壇で大きな話題となった國分功一郎氏の『中動態の世界：意志と責任の考古学』（医学書院, 2017）で取り上げられている中動態論である。ただし、ここでは、中動態論の内容にストレートに入っていくのではなく、まず、前半の各節（第2〜4節）で、本書のテーマである避難について、具体的な事例や最近話題になったトピックスをいくつか紹介する。次に、それら一見無関係に見える事例群に共通する論点――「能動対受動」という枠組みの限界――について、後半の各節（第5〜8節）で、本章の鍵概念である中動態論を導入しながら理論的かつ統一的に明らかにする。避難に関する諸課題については、「受け身の姿勢で情報待ちになっているのがよくない」「主体的に避難する意識を醸成する必要がある」など、避難する人びとの「意識」における能動性や受動性を鍵概念にして検討し、また実践する発想が根強い。この発想は、避難に関する意志・選択・責任を、――「自助・共助・公助」という言葉を援用しながら（この点については第7章で詳述）――特定の個人や組織に完全かつ排他的に帰属しようとする実践とも連動している。

それに対して、本章では、一連の考察を通して、避難する当事者の「主体性」や「能動性」に訴えかけるアプローチは、一見すると問題解決へと向けた正しい道のりであるように見えるものの、「能動対受動」という発想を脱しきれていない点で、避難にまつわる諸課題の解消を阻んでいる面があることを指摘する。言いかえれば、「能動対受動」という枠組みで思考し実践すること自体が限界にきていることを指摘する。そのうえで、そうした旧来の発想を根本的に刷新し、「中動性」という新たな視角（概念）を避難研究に導入することの意義と課題について論じる。

第2節 「津波てんでんこ」

津波避難の原則とされる「津波てんでんこ」について、筆者は、その重層的な意味や機能に関して、矢守（2012）とYamori（2014）で詳しく論じたことがあるので、ここではごく簡単に骨子だけを提示しておく。「津波てんでんこ」は東北・三陸地方に古くから存在する言葉だが、東日本大震災における津波避難の問題を受けて社会的に大きな注目を集めた。この言葉は、ふつう、「津波のときは、家族も恋人もない、みながてんでんばらばらに高地に迅速に避難すべし、それだけが身を守る方法だ」という意味だと理解されている。この原則それ自体に大きな誤りがあるわけではない。だが、これを「自助」のための原則（「自分の身は自分で守りましょう」）だととらえると、この教えの肝心な部分をつかまえ損ねることになる。

上掲の拙稿で示したように、筆者の考えでは、「津波てんでんこ」は、少なくとも四つの意味・機能が盛り込まれた重層的な用語である。具体的には、第1に自助原則の強調と促進（これが従来指摘されてきた意味）、しかし、それだけではなく、第2に他者避難の促進、第3に相互信頼の事前醸成、最後に生存者の自責感の低減、以上の四つである。

ここで注目したいのは、第3の意味・機能として指摘した点である。この相互信頼の事前醸成は、そのベースに、次のような非常に重要な関係構造をもっている。片田（2012）がしばしば例示として使う親子のケースを引くなら、「お父さん、お母さんがてんでんこに逃げてくれないと、ボク、ワタシも逃げることができない」という関係構造である。言いかえれば、親が、「お父さん、お母さんも、自宅や職場の方で、てんでんこに逃げるから、あなたも、学校で、てんでんこに逃げて」と子どもに約束し、親はその約束をたしかに実現してくれると子の側が信じることができるから、ボク、ワタシも逃げることができるという構造である。だから、一見、子（自分）の主体的・能動的避難と見える「津波てんでんこ」に依拠した避難行動も、実は、親（他者）から与えられた避難の確約とそれに基づく指示（「あなたも逃げて」）によって、従属的・受動的に引き起こされていると見ることもできる。もちろん、このような約束を、子（自分）が親（他者）と積極的に交わしている点に着目すれば、子（自分）が親

（他者）に対する受動的従属それ自体を主体的・能動的に選びとったということも、もちろん可能である。

いずれにせよ、それぞれが「てんでんこ」に逃げる（ことを約束して実施する）という状況・態勢は、実際には相当入り組んだ事態であり、単なる能動、単なる受動のいずれかに分類することは困難で、まして、「自分の命は自分で守る」という教えだなどと割り切ることができないことだけはたしかである。しかも、今、子の方に定位して（子を自分として）見てきたことが、そっくりそのまま、親の方に定位して（親の方を自分として位置づけて）もいえる点が大切である。すなわち、「津波てんでんこ」をめぐる能動と受動の錯綜した相互反射関係が、子と親の間で、さらに二重化されているわけだ。

以上を踏まえると、「津波てんでんこに学び、自主的な避難を！」「避難する本人の主体性が大事である」「他人任せの受け身の避難には問題がある」といった単純素朴な議論が通用しないことは明らかであろう。「津波てんでんこ」は、「能動対受動」の枠組みを超えたところに成立した避難原則だと考えておくべきである。このことの真意は第6節で述べる。

第3節　避難指示を出しているのは誰か

二つ目の具体的事例を紹介しておこう。2018年7月の西日本豪雨災害の際、兵庫県南あわじ市伊加利山口地区で、地区の消防団が緊迫した空気の中で携帯型の通信端末を手に、市役所の災害対策本部と連絡をとっていた。危険な状況にある溜池とその周辺の状況を情報端末から映像として本部に送信し、「避難指示を出してほしい」と要請した。対策本部がそれに即応し、避難指示が発令された。避難指示の対象地域にすでに地元の消防団が展開済みなわけだから、住家一軒一軒をまわっての避難の呼びかけも実際の避難も素早く完了し、幸い大きな被害はなかった（兵庫県, 2018）。まったく同じパターンの避難劇については、磯打（2018）も、同じ西日本豪雨の際の愛媛県松山市高浜地区の事例を報告している。地域の様子を見まわり中の自主防災組織のメンバーが小規模な土砂災害を発見し、住民の側から避難指示の発令をリクエストしたのだ。

さらに、このようなデータもある。西日本豪雨時の対応について、兵庫県が県下の全41市町を対象に調査したところ、以下の興味深い事実が見出されている（兵庫県，2019）。まず、住民、消防団や自治会等が中小河川の水位状況や土砂崩れの予兆などを行政機関に通報し情報共有する仕組みを制度化・ルール化しているところが、全体の約3分の1にあたる14市町（約34%）あり、そのうち13市町で実際に通報がなされた。さらに、消防団や自治会など自治体関係者ではない人が、直接住民へ避難の声かけ等を行う取り組みを制度化・ルール化している市町が、全体の半数超えの23市町（約56%）にのぼり、そのうち19市町で実際に呼びかけがなされた。要するに、避難指示等の発令に密接に関わる情報の共有や実際の発令手続きには、避難する側の住民が実質的に関わっており、しかも、そのことを制度化している自治体も少なくないのである。

いうまでもなく、法令上は、避難指示等の発令権者は市町村長である。だから、上述した避難情報の発令パターンは、既往の「能動対受動」関係――情報を出す人としての市町村（長）と、出される人としての住民――を前提にすると、一見奇異なものに映る。実質的には、住民（消防団）が避難指示を発令しているからである。しかし、少なからぬ市町村では、人員削減のあおりも受け、「人手不足で役場職員だけですべての地域の状況を把握することは無理。地元の消防団、自主防からの情報だけが頼り」というのが現状だ。さらに進んで、役場の災害対策本部に消防団の代表が予め詰めて、現地とのコミュニケーションの円滑化につとめるケースもあるという。

要するに、最も公式的な避難情報（避難指示等）についても、それをめぐる能動性・受動性を、誰か（どこか）に固定するのは困難な場合もあるし、また意味もない状況になりつつある。加えて、それは決して嘆くべきことではなく、むしろ前向きに評価すべきである。避難に関する情報や意志決定を自治体頼みにしなかった住民や消防団も立派だし、「基準に従って発令するものだから、すぐには応じられません」などと反論しなかった自治体も褒められてしかるべきである。避難情報をめぐる従来の「能動対受動」の枠組みを超えた全関係者の連携によるファインプレーとして前向きに評価するのが妥当だろう（第7章第8節を参照）。なお、この状況が、第2章第4節で、言語行為論における「宣言文」に関連した考察で指摘した理想的な状況――いかにも宣言（「避難開始します」）がなされそうなときに、実際に宣言（避難指示）が出ること――に近いことにも注意を促しておきたい。

第4節　「社会的スローダウン」と「セカンドベスト」

「能動対受動」の枠組みで避難について考え実践することに疑問を投げかける事例を、さらにいくつか追加しておこう。一つは、避難訓練への参加の程度と実際の災害時の避難行動との間に見られる「ねじれ」である。第4章で論じている通り、たとえば、多忙を理由に避難訓練にはまったく出たことがなかったが、学校で熱心に防災教育を受けている娘から防災の話題はよく耳にしており、本番では自ら避難すると同時に近隣住民に対する呼びかけまで行った住民が存在する。この人物は、避難に対して能動的なのか、受動的なのか。どちらかに簡単に決することなどできないし、そもそも決することにはあまり意味がないように思われる。

もう一つは、第1章第3節第3項で取り上げている「社会的スローダウン」である。「社会的スローダウン」とは、単発の情報だけで避難行動を直接的に制御しようとせず、社会全体の災害に対するスタンバイレベルをじんわりと引き上げるアプローチ、逆に言えば、日常生活のペースを全体として「社会的スローダウン」させることによって避難を促すアプローチのことであった。たとえば、鉄道会社の「計画運休」が契機となって、社会全体の活動水準が低下し、結果として、多くの人の自宅待機（自宅避難）が実現するケースなどがそれにあたる。この種の避難は、どこにその能動性を帰属すべきなのだろうか。鉄道会社が重要な役割を果たしたことは事実としても、まさに「社会的」という用語にあらわれているように、この事例も、避難に関する能動性の起動点や主体性の帰属点を特定の誰か（どこか）に帰属しようとすること自体に無理があることを思わせる。

ここで紹介する最後の事例は第5章第2節で詳しく取り上げる「屋内避難訓練（玄関先まで訓練）」である。これは「次善（セカンドベスト）」の発想（第1章第6節）に基づいて開発した一群の避難訓練手法の一つである。津波浸水想定域で、遠くの高台や避難タワーを目標地点とした訓練に参加することが難しく、実際、ほとんど参加したことがなかった人たち（たとえば、歩行に不安のある高齢者など）が、近隣の住民や防災学習の一環として参加する中学生の支援を受けて、自宅の玄関先まで出てくるという訓練である。玄関先まで出てくるだけでは津波から身を守ることは困難である。よって、一見効果を疑いたくなるこの訓練が、通常の避難訓練への参加率の向上など複数のポジティヴな効果をもたらす事情については、第5章の該当箇所を参照いただくとして、ここで注目しておきたいのは、この訓練の参加者（高齢者）の能動性と受動性である。

通常の訓練にまったく参加せず（あるいは、参加できず）、自宅内に手伝いに入ってもらった近隣の人たちの支援を受けて、ようやく玄関先まで出てきた高齢者は、受動性の極致（そういってよければ、過保護）のようにも見える。しかし、その経験が、その後の通常の訓練への自主的な参加、つまり、能動性を生んでいるのだ。さらにうがって考えれば、一見すると、参加者が超受動的なポジションに置かれているかに見える屋内避難訓練が、実は、当事者の能動性を喚起する契機になっているのかもしれない。なぜなら、何といっても、そこは当事者の自宅（アウェーに対するホーム）である。訓練支援に訪れる人びとは「せめてお茶でも」ともてなされ、「ここが居間、あっちが廊下で……やっぱり、そっちから逃げた方が早いかも」などと説明を受ける。行政がすべてをお膳立てする通常の一斉避難訓練では、上述した通り、体力的な不安も大きいこともあって、徹底して受け身にならざるを得ない高齢者たちが、この訓練では能動性を発揮する余地がある。この事例でもまた、避難（訓練）をめぐる能動と受動の関係が揺らいでいる。しかも、揺らぐことが、かえって前向きなものを生んでいる。

第5節　中動態論

國分功一郎氏の『中動態の世界：意志と責任の考古学』（前掲書）は、公刊直後から、哲学・思想の領域だけでなく、福祉、看護、精神医療など多くの実践的な領域に、今もなお大きな影響を与えている。そのような話題作を、しかも決して平明とはいえない内容をもった著作の全容を正確にとらえる力量は筆者にはない。しかし、前節までにいくつかの具体的な事例を通して表明してきた問題意識、すなわち、避難について「能動対受動」の枠組みで考える発想が限界に達しているとの問題意識に関わる限りで、同書の主張の中核部分を読み解くことならできるように思う。

同書が主張していることは、要するに、意志（私が逃げるという意志とか）や責任（逃げる自由もあったのに、逃げなかったのはあなたの責任だとか）という思考の構えは出来事や行為の本質を逸している、ということである。あらゆる出来事や行為について、その原因となる意志や責任の帰属先、言いかえれば、能動性の帰属点となる個人（と同時に、帰属点とならない、つまり受動性しかもたない個人）を同定しようとする思考の構えは、本当はおかしい。ところが、日本語を含む多くの現代言語が、「私は逃げません」とか、「消防団に促されて逃げた」とかいった能動態・受動態の文体しかもっていないために、私たちは、どうしても「能動対受動」の枠組みで出来事を見てしまう。しかし、本当は、能動でも受動でもない行為のあり方があるのではないか。それが見えなくなっているのは、言いかえれば、行為を「能動対受動」という視角からしかとらえられないのは、出来事や行為の本来のあり方をより適切に表現していた「中動態」という文体を、私たちが遠い過去に失ってしまったからだといえる。

以上が、筆者なりの中動態論の要約である。國分（2017）は、古代ギリシャ語などに、実際に、能動態でも受動態でもない中動態という態（middle voice）があったこと、また、ほかならぬ日本語でも、たとえば「れる、られる」がもつとされる四つの意味のうち、特に「自発」に中動態の性質が色濃く残存していることを言語学的に明らかにしている。さらに、アレント、スピノザ、フーコーといった思想家の議論をたどって、能動的な意志を中核に据えた行為論の限界や課題を暴き出していく。その作業を逐一フォローすることは本稿の守備範囲を超えるので要約はここで終えて、避難に特化した議論に戻ろう。

第6節　能動と受動の相互反射

本章第2～4節で提示した具体的な事例群は、避難について「能動対受動」という単純な対立図式で思考し実践するアプローチが行き詰まっていることを示していた。その理由を抽象化して取り出せば、避難が促進されるにしても阻害されるにしても、特定の主体（個人にせよ組織にせよ）に能動性が帰属され、また別の特定の主体に受動性が帰属される——こういったわかりやすいパターンは実際にはほとんど見られないから、と整理できるだろう。同じことを、ある主体に視点を定めて表現すれば、同じ主体が、避難に対して能動的であるようにも見えるし、同時に受動的であるようにも見える場合も多い、ということもできる。

このような能動性と受動性の交錯・複合は、中動態論が脚光を浴びる以前から、実はさまざまな領域で指摘されている。触れることと触れられることの同時性（メルロ＝ポンティ, 2015）、舞台上で役を自覚的に演じることと役に没入して操られることの均衡（山崎, 1988）などである。類例は多数指摘できるが、こうした思想、つまり、主体性や能動性の極点には、むしろそれとは正反対に自らの意志を超えた何かに操られているかのような従属性や受動性が介在している（裏を返せば、高度の受動性の背後には、同じその人物の高度の能動性が隠れている）との洞察を、より洗練された形で理論化したものに大澤真幸の身体論的社会学がある。

ここでは、原理的な論考（大澤, 1990）に立ち入る余裕がないので、応用バージョンとして、教育、福祉、看護などの領域でしばしば耳にする「助けて（教えて、癒やして）いたつもりの私が、気がついてみると、実は助けられて（教えられて、癒やされて）いた気がします」という現場感覚に、ロジカルな説明を与えた論考として大澤（2002）を参考にしよう。大澤（2002）の主張のポイントは、次の点にある。極端にヴァルネラブル（弱く傷つきやすい）で、他者による支援が不可欠であるような状態（徹底的な受動性）とは、それが他者による支援（能動性）をより強く引き出すという意味で、つまり、徹底的な受動性それ自体が他者の支援を積極的かつ自律的に誘発しているという意味で、むしろ、強度の能動性へと反転し得るし、すでに反転している。この現象を根底で支えるメカニズムについて述べている箇所を、長くなるがそのまま引用してみる。

> 〈私〉と〈他者〉の間の受動性／能動性の微妙な循環関係を根源的なものとして仮定しなくてはならない。（中略）〈私〉は、〈他者〉の自分自身への能動的な働きかけを——言い換えれば（〈他者〉の）受動的対象となるこ

とを――欲望しているのだ。だが、これは、単純に、〈私〉が、「物」のような対象性へと転ずることを意味してはいない。〈私〉は、同時に、〈私〉の〈他者〉への受動的従属自身が、この〈私〉の能動的な志向を前提にし、それに支持されていることを欲望しているのである。つまり、〈私〉は自ら、〈他者〉の〈私〉への能動的な働きかけ――〈私〉の受動性――を、能動的に引き起こそうとするのだ。（中略）同じ欲望を〈他者〉の側にも仮定するならば、受動性／能動性をめぐる〈私〉のこうした錯綜した欲望は、実際に満たされると考えることができる。〈他者〉の方もまた、〈私〉のその〈他者〉への能動性を欲望しているのだ。言い換えれば、〈他者〉は、〈私〉のその〈他者〉への能動的な志向に触発されて、自らの〈私〉への能動的な働きかけが引き起こされることを望んでいる、と考えることができるのだ（大澤，2002，pp. 76-77）。

上に引用した部分は、そっくりそのまま「津波てんでんこ」（第2節参照）をめぐって、子（自分）と親（他者）との間に張られている能動性と受動性の相互反射関係にも該当する。「津波てんでんこ」に関して、子は、一見すると、「ボクたち、（学校で）てんでんこに避難するよ」という形で能動性をもっているように見える。しかし、それは、「私たちも、（家庭で、職場で）てんでんこに避難するから」という親たちの能動性によって引き起こされた受動的なものでもある。そして、今述べた親の側の見かけの能動性も、子どもの側の能動性によって引き起こされた受動的なものだから、親子それぞれで、（見かけの）能動性の裏面に受動性が潜伏し、（見かけの）受動性の後背に能動性が伏在し、さらに、お互いの能動性と受動性が磁石のプラス極とマイナス極のように相互強化する形で結びついていることになる。

このようにして実現された迅速な避難は、能動性と受動性の相互昂進の中で、特定の主体に、行為を導いた意志や責任を帰属できないような形で実現した、つまりは、中動的に実現したと見なすべきである。ところが、私たちは能動性と受動性とを対立させる思考様式ないし言語表現に束縛されているため、行為や出来事の背後に、執拗に個人の意志・責任を見てしまう。その結果が、「自ら避難しようとする高い防災意識が功を奏した」「自分だけでなく周囲の人を助けようという共助の姿勢……」「民間人に近隣の要支援者救援の責任を負わせるのは望ましくない」といった、個人心理学的分析と対策のオンパレードとなってあらわれる(「心理的理解」の落とし穴について論じた第1章第8節も併読されたい)。しかし、こうした見立てや分析が、出来事の真実を射ていないことはこれまで述べてきた通りである。

第7節 ブレーキではなくアクセルを

逃げることについて、「能動対受動」の枠組みからの解放と中動態的発想の導入が必要との主張に賛同が得られたとしても、実践的には「では、どうすればいいのか」との問いが残る。この点について、いつでもどこでも通用するような具体策をノウハウ集のように提示することは困難である。しかし、先行研究の成果をもとに、大雑把な方向性を提示することはできそうである。

この点については、ベイトソン(2023)が提唱したダブル・バインドを、「能動対受動」の病理・不全を示す概念として位置づけて、避難に関する諸課題の解決を目指した矢守(2013)の議論を参照することができる。子離れができない過保護な親と親離れができない過依存の子が形づくるダブル・バインドは、過剰に教え、保護し、助ける防災の専門家や自治体と、過剰に教えられ、保護され、助けられる一般市民や地域住民が形づくる「能動対受動」の構図と類比可能だからである。問題の構造が似ていれば、問題解決へ向けた方向性も似てくるはずである。その意味で、ダブル・バインド論の示唆は、現下のテーマにも有用である。

「能動対受動」の固定化・硬直化が生み出すダブル・バインドの解消法としては、実践的ないし経験的に、これまで以下の三つの方策が提唱され実行されてきた。第1は、「能動対受動」の関係を当座「棚上げ」する方策である。当該のダブル・バインドが、今ここの家庭における親子関係をめぐって生じているとして、「思い切って、一度海外で暮らしてみたら」(親子別に暮らす)といった方策がこれにあたる。ダブル・バインドが始動してしまうステージから降りてしまう戦略である。防災の専門家と非専門家の間で生じているダブル・バインドを、「防災以外の切り口から入ってみましょう」とかわす方略——「防災とは言わない防災」（渥美ほか，2007）、「生活防災」（矢守，2011）――もこの一種である。

第２は、「能動対受動」の関係を「重層化」する方策である。「昨年、みんなが先生から学んだことを、今年はみんなが低学年に教えましょう」といったスキームがこれにあたる。「能動対受動」に屋上屋や階下階を重ねることで、異なるレベルにおける能動性（受動性）を通して当該の受動性（能動性）の過剰を中和しようとする方略であり、防災領域でもしばしば見かけるアプローチである。

第３は、「能動対受動」の関係を劇的に「反転」させる方策である。矢守（2019）で論じたように、それまで、医師に従属して診断・治療を受けるのみだった精神疾患の患者が自分自身について主体的に研究（診断・治療）することを中核とする当事者研究や、クライアント（観察・治療される側）が通常自らを観察・治療しているカウンセラーの会話やミーティングを観察するリフレクティング・プロセスなどがこれにあたる（矢守，2023）。従来、災害情報（避難指示）を受信するばかりだった住民側が、事実上、その発信を自治体に依頼（指示）するプロセス（第３節）は、「反転」に相当する試みだといえよう。

しかし、「棚上げ」「重層」「反転」、これら三つの方略は、もっともラディカルに映る「反転」も含めて、いずれも、同じ一つの常識的発想の枠内にある。それは、ダブル・バインドを引き起こしている「能動対受動」の関係を弱体化・抑制化しようとする発想である。だが、これは、本章で、その重要性について論じた中動態論の発想を取り込んだ対策といえるだろうか。固定的な「能動対受動」の拡大再生産がもたらすダブル・バインドに、「能動対受動」関係を減速・緩和する方向で対応するのは、それ自体、むしろ「能動対受動」の発想に、依然としてとらわれていることを示すものではないだろうか。

異なるアプローチがあり得る。喩えて言えば、「能動対受動」に対してブレーキをかけるのではなく、むしろ逆に、アクセルをもっと強く踏み込んでみるというアプローチである。実際、上述したベイトソンが提唱している治療的ダブル・バインドの過程にもこうした側面がある（矢守，2023）。この一見無謀と映るアプローチになぜ見通しがあるかといえば、本章第６節で確認したように、徹底的な受動性が他者の能動性喚起の起爆剤となることを通して、見かけとは正反対に、その当事者の強度の能動性へと反転する、という回路が存在するからである。言いかえれば、極大の能動性がそれとは正反対の極大の受動性へと反転的に短絡していく目に見えない水脈が潜在しているからである。

この逆説的な回路、つまり、プラスに見えているものが実はマイナスで、マイナスに見えているものが実はプラスであることを保証するこの回路によって、「能動対受動」の構図は、その構図のもとで減速・緩和されるのではなく、よりラディカルに構図ごと破壊され刷新され得る。その結果として、行為や出来事について、「それは誰の意志によるものか」「その活動の主体は誰か」「責任は誰にあるのか」といった問いの総体が無意味化＝無効化されるのである。これこそ、中動態のロジックに立脚した実践方略の一つであろう。

実際、こうしたアクセル戦略には、一定の見通しがある。第4節の事例をもう一度思い起こそう。屋内避難訓練において、高齢者たちは当初、受動性の極致（過保護）のようにも見えた。この訓練では、もともと受動的な（立場にいるように思われる）高齢者をさらに受動的な立場へと追い込むかに見える働きかけを行うからである。しかし、それが、その後の通常の訓練への自主的な参加、つまり、高齢者たちの能動性を生んだのだ。この意外な成果にアクセル戦略が秘めるポテンシャルがあらわれている。

第8節　破壊・抹消ではなく回復・再生である

ここまでの要点を本章の冒頭部分に置いたフレーズを再掲する形で示すと、こうなる。本章では、避難する人びとの「意識」における能動性や受動性を鍵概念にして考える発想を根本的に刷新し、「中動性」という新たな視角を導入しようとの提案を行ってきた。

実は、中動態の考え方を災害研究に応用しようとした試みは、本章に限られてはいない。たとえば、渥美・石塚（2021）は、災害ボランティア活動について、「助ける／助けられる」関係の効率化を目指すのではなく、中動態に比せられる「助かる」という状態が実現される社会を目指すべきだと提言している。また、及川（2020）も、「する」の徹底を図る米国と「される（してもらう）」を求める日本を対照させた後、キューバの防災がそのいずれでもない第3の道を歩んでいるのではないかとの自説も踏まえつつ、「主客未分」な様相における避難のあり方を提示する中で、中動態に言及している。いずれも意欲的な論考で、中動態論が防災・減災、復旧・復興分野でも大きな可能性をもっていることが示唆される。

最後に、本章を閉じるにあたって、筆者の提案に対して向けられると予想される一つの懸念について応答しておきたい。その懸念とは、避難に関する意識・選択、ひいては責任、つまり、逃げようという気持ち、適切に逃げるための判断力、あるいは、自治体等が住民を逃がす責務——こういった事がらを、中動態論は、根本から「破壊・抹消」してしまうのではないか、との懸念である。たとえば、イタリア・ラクイラ地震における地震情報の適否をめぐって地元自治体や研究者の責任が問われた裁判、石巻市大川小学校で津波避難対応をめぐって地元自治体（学校）の責任が問われた訴訟を思い起こしてみよう。このような事例を念頭におくと、中動態論が大きな責任を有する（かもしれない）主体の責任回避のロジックとして活用されてしまう可能性を疑いたくなる。

筆者としても、この種の懸念は、部分的には、もっともだと考える。たしかに、そのようなケースもある。すなわち、負の帰結をもたらした出来事をめぐる意志と責任の物語をクリアに提示するための sense-making の局面で、中動態論は、しばしば無力であるばかりか、場合によっては、明確にネガティヴな作用をもたらすこともあるだろう。しかし他方で、いくつもの具体例を通して示してきた通り、負の帰結をもたらしかねない出来事を回避するための decision-making の局面で、中動態論が、従来の「能動対受動」の枠組みにはない効果をもたらすこともあり得る（sense-making と decision-making の対比については、矢守（2010）を参照）。見田（2016, p. 21）が喝破したように、「理論とは刃物」であり、「理論図式の切れ味は、研究目的の関数」である。いつでもどこでも中動態論という刃物を振りまわせばいいというものでは決してあるまい。

ただし、上記で「部分的には」限定したのは、このように留保したうえで、それでもなお、次の点に注意を喚起しておかねばならないからだ。たしかに、意志と責任の物語を明瞭な形で形成すべき社会的局面はあり、原理的に、中動態論はそうした局面では無力で、時に危険ですらある。しかしながら、では逆に、意志と責任の物語を端的に、また執拗に追求すれば、それは手に入るのか。

実は、そうとは限らない。大澤（2015）が「帰責ゲーム」という鍵概念のもと、精密な議論を展開しているように、ある出来事に関する責任を明確化するための sense-making の実践、ないし、その実践が将来展開されるだろうとの予期が、「よし、俺が責任をとろう」という覚悟ある態度を醸成しないことも多い。むしろ残念なことに、「それは、私の責任ではない、あなたの責任だ」という責任放棄と転嫁を生み、結果として、社会全体に責任消散とでも呼べる状況をつくり出してしまう場合がある。この点については、本書でも第7章で「自助・共助・公助」のフレーズを素材に掘り下げて論じているので、併せて参照してほしい。

こうした状況は、ほかならぬ防災・減災、復旧・復興の領域にも数多く見られる。要支援者台帳をつくって救援者と被救援者をマッチングしようとしても、あとで一般住民の“責任”を問うことになるのではとの心配がネックになって作業が進まない（結果として、要支援者の安全性が高まらない）ことがある。手頃な避難場所があるのに、後で“責任”を追求されるのを恐れて、絶対安全な、しかし現実的には利用困難なほど遠いところしか避難場所として指定できない（結果として、避難困難な人を増やしている）ことがある（第1章第6節も参照）。万一事故があったときに“責任”を負えないので、一般のボランティアが従事できる支援作業の種類を限定する（結果として、被災者の苦境を深めている）ことがある。これらの事例では、責任の主体を明確にしようとする実践（それが後続するだろうとの予期）が、かえって、その責任が問われることになる出来事そのものを引き起こす原因の一端を担ってしまっている。

これとは対照的に、中動態論に基づくアプローチは、避難に関する意識・選択、ひいては責任について、その明示化に過剰に執着し、特定の個人や団体に余すことなく帰属させようとする姿勢をいったん放棄する。しかし、放棄が、そのまま「破壊・抹消」につながるわけではない。中動態論は、その点に活路を見出そうとしている。たとえば、「この高齢者はこの消防団員が援助する」といった形で「能動対受動」に基づく責任関係を（あえて）特定するのではなく、「津波てんでんこ」がもたらす能動と受動の相互反射がもたらす中動的事態（第2節）が、全員の生存というポジティヴな事態、すなわち、端から責任を問う必要のない事態を生むことに賭けるわけだ。要するに、避難に関して、

「これは誰の意志・選択・責任か」ときびしく問わないという迂回路を経ることで、逆に、これまで、特定の誰かの意志・選択・責任として封じ込められていた避難を、より多くの人が関与する共同的な行為としてリバイバルさせようとするのである。

この迂回路を通ることで、「この人たちは防災意識が低いから手の打ちようがない」と暗礁に乗り上げていた避難が、たとえば、「電車が止まっていたから会社が休みになって、仕方なく家にいた」（から被害にあわなかった）という形ですんなり実現したりする（本章第4節参照）。「役場から情報を出してもらわないと誰も避難しない～行政にだけ責任を押しつけられても困る」などとイニシャチブの押しつけ合いの果てに実現しなかった避難が、住民と役場の「連携によるファインプレー」（本章第3節参照）で達成されたりする。

以上の意味で、中動態論は、避難にまつわる意志・選択・責任を「破壊・抹消」してしまうわけではない。一見「破壊・抹消」のように見えるケースも含めて、むしろ逆に、より多くの人がこれまでとは異なる形で広く分かちあう形で、意志・選択・責任を「回復・再生」させるのである。この逆説は、理論的にも実践的にもきわめて重要である。上記で「部分的には」と留保したのは、このためであった。

【引用文献】

渥美公秀・石塚裕子（2021）『誰もが〈助かる〉社会：まちづくりに織り込む防災・減災』新曜社
渥美公秀・地震イツモプロジェクト（2007）『地震イツモノート』木楽社
ベイトソン，G.／佐藤良明（訳）（2023）『精神の生態学へ』（上・中・下）岩波書店
兵庫県（2018）「災害時における住民避難行動に関する検討会（第2回）」配布資料
兵庫県（2019）「市町調査結果の概要（住民の避難に関する支援の取組状況）」／兵庫県「災害時における住民避難行動に関する検討会」（第3回）資料1
磯打千雅子（2018）「西日本豪雨と地域防災力：高浜地区（愛媛県松山市）の事例」2018年度地区防災計画学会・日本大学危機管理学部共同シンポジウム「西日本豪雨等の教訓と地域防災力・復興支援活動」発表資料
片田敏孝（2012）『人が死なない防災』集英社新書
國分功一郎（2017）『中動態の世界：意志と責任の考古学』医学書院

メルロ＝ポンティ，M.／中島盛夫（訳）（2015）『知覚の現象学〈改装版〉』法政大学出版局
見田宗介（2016）「走れメロス：思考の方法論について」『現代思想』44(17)，pp. 16–26.
大澤真幸（1990）『身体の比較社会学Ⅰ』勁草書房
大澤真幸（2002）「高齢者医療：老いの現場で」金子勝・大澤真幸『見たくない思想的現実を見る』岩波書店，pp. 62–81.
大澤真幸（2015）『自由という牢獄：責任・公共性・資本主義』岩波書店，pp. 55–118.
及川　康（2020）「主体的避難の可能性について」『災害情報』18, pp. 135–140
杉山高志・矢守克也（2017）「後期高齢者を対象とした屋内避難訓練の分析」『日本災害情報学会第19回学会大会予稿集』，pp. 216–217.
山崎正和（1988）『演技する精神』中公文庫
矢守克也（2010）「語りとアクションリサーチ」『アクションリサーチ：実践する人間科学』新曜社，pp. 27–47.
矢守克也（2011）『増補〈生活防災〉のすすめ：東日本大震災と日本社会』ナカニシヤ出版
矢守克也（2012）「津波てんでんこの4つの意味」『自然災害科学』31, pp. 35–46.
矢守克也（2013）「災害情報のダブル・バインド」『巨大災害のリスク・コミュニケーション：災害情報の新しいかたち』ミネルヴァ書房，pp. 11–30.
Yamori, K. (2014). Revisiting the concept of tsunami tendenko: Tsunami evacuation behavior in the Great East Japan Earthquake. (In) Disaster Prevention Research Institute, Kyoto University (eds.). *Natural disaster science and mitigation engineering: DPRI Reports* (*Vol.1*), *Studies on the 2011 off the Pacific Coast of Tohoku Earthquake*. Springer Verlag, pp. 49–63.
[DOI:10.1007/978-4-431-54418-0_5]
矢守克也（2019）「書評：『べてるの家の「当事者研究」』(浦河べてるの家／著)」『災害と共生』2(2)，pp. 41–45.
矢守克也（2023）「書評：『会話哲学の軌跡：リフレクティング・チームからリフレクティング・プロセスへ』(矢原隆行，アンデルセン，T.／著・訳)」『災害と共生』7(1)，pp. 17–24.

第 2 部

ドリル（訓練）編

第４章　熱心な訓練参加者は本番でも逃げるのか

第１節　訓練は災害時の避難に結びつくか

1．訓練と本番の関係性

本書のテーマである避難にとって、避難訓練は、いうまでもなく、もっとも基本的な対策要素の一つである。国や都道府県、市町村など行政機関が主催するものだけでなく、地域コミュニティ、学校、企業など、さまざまな単位で、また、地震、津波、火災、風水害など多様なハザードを想定して、全国各地でさかんに避難訓練が実施されてきた。本章で主に検討する津波災害に対する避難訓練についても、特に東日本大震災以降、その重要性が認識され、沿岸部を中心にこれまで以上に熱心に取り組まれている。南海トラフ地震に伴う津波などを念頭に、ハードウェア対策を超える規模の巨大な津波に対する最終的な防御対策としては、「逃げる」こと、すなわち適切な避難が、シンプルにしてもっとも有効な対策として、国の施策上も位置づけられたからである（中央防災会議, 2012）。訓練方法についても、集団一斉訓練など従前からの方法以外にも、より実践的な訓練を実現すべく、新たな手法やツールが多数開発され、実施に移されてきた。

しかし、（津波）避難訓練について、きわめて単純素朴だが非常に重要な、ある前提条件の妥当性について、ここで問題提起しておかねばならない。それが、本章の主題、すなわち、避難訓練への参加（率）と実際の災害時の行動との関連性、である。国が、大部の報告書の劈頭（へきとう）で結論的に指摘しているように、「自らの命を守るのは、一人ひとりの素早い避難しかない」（中央防災会議, 2012, p. 1）ことは動かない事実である。だが、この報告書でも、また社会一般の常識上も、自明の前提として先取りされていることが多い訓練と本番の関係性、すなわち、「避難訓練は実際の災害時の避難行動の改善につながる」という関係性は、はたして検証不要の事実なのだろうか。

この重要な関係性について直接的に検証した研究は、意外なことに数少ない。これには、たとえば、「釜石の奇跡（釜石の出来事）」がそうであるように、いわゆる成功事例の多くが「事前の避難訓練や防災教育が功を奏した」というフォーマットで語られるために、避難訓練の本番に対する有効性が過大に評価され、検証無用の自明の事実として社会に定着しやすいことも影響している。また、避難訓練の成果や課題を実際の災害時に検証可能となるまで長期にわたって一つの現場でフォローし続けるという、長期的な視点が従来の避難研究に欠如していることも災いしている（第1章第5節）。加えて、「訓練でできないことは本番でも実施できない」など、訓練の有効性を前提にした処世訓が世間で広く語られることが多いために、その逆の命題「訓練でできることは本番で実施できる」も含めて、訓練と本番の関係性は検証済みの事実として扱われてしまっている面もある。

2．先行研究からの示唆

津波避難について、両者（訓練と本番）の関係性について検証した数少ない貴重な報告事例として、以下の二つがある。一つは、東日本大震災の被害状況等について検討した岩手県陸前高田市の検証報告書である（陸前高田市，2014）。この報告書では、国土交通省の「東日本大震災津波被災市街地復興支援調査」（2011年調査、東日本大震災時の津波浸水域内居住者からサンプリング、回答総数10,603人）を用いて、地震発生時の行動等について調査した結果がレポートされている。地震発生時にいた場所が結果的に津波浸水域となった人に限定したうえで、回答者と家族の被害状況と防災訓練等への参加状況（「毎年1回以上参加」「数年に1回くらい参加」「ほとんど参加せず」）の関係性を分析している。その結果、被害状況（「津波死亡・不明」「津波遭遇」「被害無し」）と、防災訓練等への参加状況との間に明瞭な関係性は認められなかった。

訓練と本番の関係について貴重な情報を提供してくれるもう一つの事例は、2016年11月に発生した福島県沖地震津波時の避難行動とそれ以前に実施されていた訓練時の行動との関係について分析した戸川ら（2017）の研究である。この研究では、宮城県石巻市内の住民から得られた2,169票の調査票データをもとに、「津波避難訓練に参加していない人に比べ、参加している人の方が実際に避難行動を行う傾向にあった」と報告されている。ただし、これはあくまで全体的な傾向性に過ぎず、訓練が本番に直結しているとは結論づけられない一面も、同論文のデータにあらわれている。具体的には、本番で避難したと答えた人（計856名）のうち、約54％は訓練への参加経験があったが、約46％は参加経験がなかった。また、本番で避難しなかったと答えた人（計1,168人）のうち、約61％は訓練にも参加経験がなかったが、約39％は訓練への参加経験があった。訓練への参加経験がなくても本番では避難行動をとっている人、逆に、訓練に参加していても本番では逃げなかった人が相当数存在していたのだ。

これら二つの貴重な調査結果は、次の重要な事実を示唆している。すなわち、先述の通り、一般には、避難訓練への参加・不参加と現実の災害時の行動は「整合・順接」していると――実証的な根拠が薄弱なまま――想定されていることが多いが、実際には「矛盾・逆接」していることもある、という事実である。よって、避難訓練という中核的な避難対策の実効性について十分検証するためにも、両者の関係性について実証的に明らかにしてその複雑な関係性を十分把握したうえで、避難訓練に対する参加の呼びかけや訓練方法について（再）検討することが必要である。

特に、上記で示唆したように、仮に、両者の関係が、必ずしも完全には「整合・順接」しておらず、少なくとも部分的に「矛盾・逆接」しているのだとすれば、そもそも人は、何を目的に、どのような動機で訓練に参加しているのかについて、より踏み込んだ分析が必要となるだろう。また、訓練参加が本番における避難行動に直結していないとすれば、訓練が果たす機能や役割について再考することも必要になるだろう。

第2節　高知県四万十町興津地区での調査

1．高知県四万十町興津地区と伊予灘地震

避難訓練への参加・不参加と現実の災害時の行動の関係性について検討するためには、当然のことながら、避難訓練への参加率に関するデータと、人びとが実際の災害時にどのように行動したのかに関する調査データと、この両方を得る必要がある。これは必ずしも容易なことではない。ここでは、筆者らが、

高知県四万十町興津地区（人口約700人、2024年1月時点）で、2009年以降15年近くにわたって継続してきたアクションリサーチを通して得たデータを活用することとした。具体的には、実際の災害時の避難行動については、伊予灘地震（2014年3月）の際の避難行動を取り上げた。また、避難訓練に関する情報としては、伊予灘地震の直前の2012年に実施された避難訓練を含め、伊予灘地震の前後に実施された複数の避難訓練に関する参加者データを活用した。

まず、伊予灘地震について詳述する。伊予灘地震は、2014年3月14日の午前2時過ぎに愛媛県沖の伊予灘を震源として発生した地震である。興津地区でも大きな揺れ（震度4程度と推定される）を観測した。孫らの調査によると（孫・中居・矢守・畑山, 2014；Sun, Nakai, Yamori, & Hatayama, 2016)、深夜の発生のため、周辺の観測点での観測震度以上に大きな揺れを感じた住民も多く、「(南海トラフ地震が）ついに来たか」と思った人もいたという。そのため、地震発生から数分後に「津波の心配なし」の情報がテレビ（ラジオ）で伝えられたにもかかわらず、興津地区でも10数名が高台の避難所などに実際に避難し、自宅周辺で避難準備をした人も多数いた。

次に、避難訓練に関する情報について、研究対象地域である興津地区の概要とあわせて詳述する。興津地区は、高知市から南西に約80 km離れた高知県四万十町の沿岸部に位置する集落である（図4-1）。近い将来の発生が心配さ

図4-1　興津地区の全景

れている南海トラフ地震が起こると、最悪の場合、最大震度6強の揺れに加え、地震後15～20分程度で津波が来襲、最大で15 mもの浸水深が予想されている。これは、住民の居住域のほとんどが水没するとの想定である。この大きな津波リスクを踏まえて、興津地区では、高台の避難場所数カ所以上を含め、避難タワー4基がすでに整備されるなど、避難場所と経路の整備が急ピッチで進められ、現時点で、計算上は全住民を収容できる避難場所が確保されている。

同時に、興津地区では、特に東日本大震災発生後、避難訓練も熱心に実施されてきた。町役場と地元の自主防災組織が共催する大規模な住民一斉訓練だけでも、2012年以降、本研究のベースとなる調査を行った時点（2018年12月）までに、毎年1～2回、夜間訓練も含めて計11回の津波避難訓練が開催され、毎回、全住民の30～35％程度が参加してきた。しかし、南海トラフ地震の場合、地震発生後、津波到達時間までの時間がきわめて短いために、高齢者や障がい者など避難行動要支援者を中心に（高齢化率は、2024年時点で約60％にのぼる）、また、夜間発生のケースを中心に、避難は決して容易ではないといわざるを得ない。

2．訓練参加データとインタビュー調査

本章で紹介する分析は、研究方法上、二つの大きな特長をもっているので、その点について明記しておきたい。

一つは、避難訓練に関するデータがもつ特性である。このデータは、四万十町役場と地元自治会の協力により、上述した計11回の訓練すべてについて、全住民の訓練参加状況を個別にかつ客観的に同定可能な形式で収集されている。つまり、前節で紹介した先行研究では、調査票に対する本人の自己申告に依存している訓練への参加・不参加情報が、本研究では、訓練当日の参加記録によって個別に把握されており、きわめて信頼性が高い。加えて、この定量的なデータが、2012年から18年の7年間にわたって継続的に取得・保存されているので、長期的な変化についても把握可能である。

もう一つは、伊予灘地震発生時の行動と避難訓練に対する参加状況について、地域住民を対象に詳細なインタビュー調査を実施して、単に、避難行動の有無、訓練への参加の有無を確認するだけでなく、その理由や背景を詳しく聞き取っ

た定性的なデータを取得している点である。このインタビュー調査は、「ヒアリング調査を行います」と宣言して実施するスタイルではなく、長期にわたるアクションリサーチの一環として、興津地区における防災実務（小中学校での防災教育など）を担うために、筆者の研究室のスタッフが同地区に長期的に滞在する過程で、地域住民との日常的な会話の一部として実施した。調査実施時期は、2018年4月から12月までである。

インタビューの対象者は合計41人で、そのヒアリング結果から、伊予灘地震時の行動について詳細に把握できた住民も含めた分析対象者は合計で110人である。なお、41人のインタビュー対象者の男女別内訳は、男性が15人、女性が26人、年代別内訳は、10代が6人、20代が1人、30代が6人、40代が7人、50代が0人、60代が10人、70代が3人、80代が8人である。聞き取った内容はすべて文字に起こし、その合計はA4サイズの用紙で合計46枚（約7万字）に及んだ。

第3節　訓練参加状況の概要

本研究の主題である訓練参加と本番の行動との関係分析に入る前に、避難訓練に関するデータ単体からわかることを簡単におさえておきたい。次ページの図4-2に示したように、興津地区では、計11回の避難訓練における訓練参加率（その時点での全住民数に占める参加者数の割合）は、30～35％程度で推移している。単純比較に意味はないものの、この数字は、同時期（2012～2017年）の静岡県における訓練参加率（20％程度、静岡県（2017））や、石巻市におけるそれ（10～15％程度、石巻市（2017））と比べても、かなり高いレベルにある。静岡県は「東海地震」の危険性が指摘されて以来、他地域と比べても地震防災に対する関心が高い地域として知られる。また、石巻市は、いうまでもなく、東日本大震災の被災地である。

さらに、本研究で活用するデータ（個人の同定が可能）からのみ得られる独自の成果として、訓練参加者の固定化に関するデータが存在する。次ページの図4-3は、分析対象とした計11回の避難訓練のうち何回参加しているかを示したものである。これによれば、11回の訓練すべてに連続参加した住民が少数

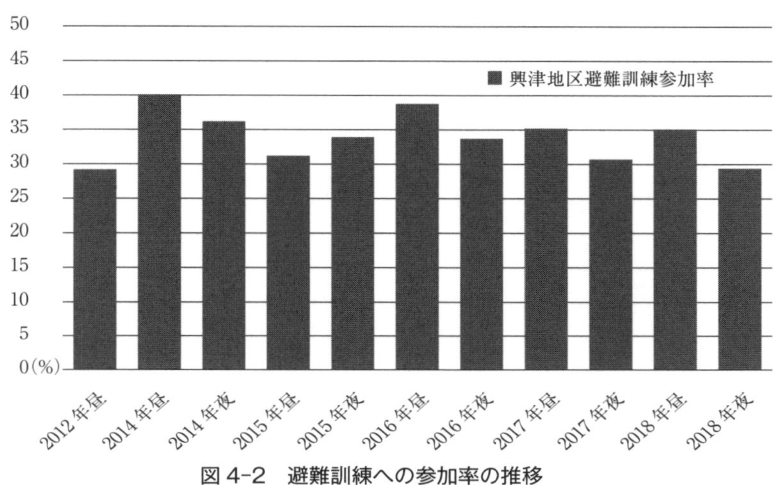

図 4-2　避難訓練への参加率の推移

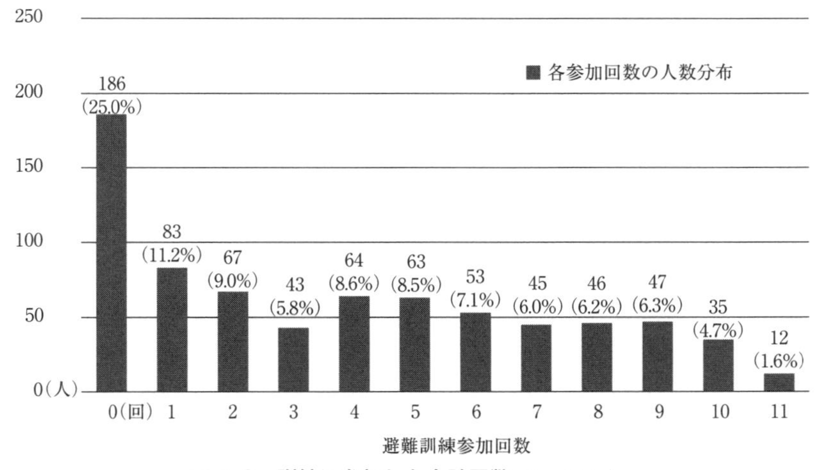

図 4-3　訓練に参加した合計回数（0 ～ 11 回）

存在する一方で（12 人、1.6%）、一度も参加したことがない住民もいる（186 人、25%）。裏を返せば、75%の住民は、この５年余りの間に、少なくとも１回は訓練に参加したことになる。問題は、こうした訓練参加状況が災害時の行動といかなる関係性をもっているかである。節をあらためて検討しよう。

第4節 訓練と本番の間の「矛盾・逆接」

インタビュー調査から、実際の災害（伊予灘地震）と避難訓練に対する参加の有無の関係が詳細に把握できた110名について、伊予灘地震の発生前に実施された2012年の訓練への参加状況と伊予灘地震時の行動の関係をまとめたものが表4-1である。

なお、ここで、「避難した」は、高台や避難タワーなどの避難場所まで避難したか、または、避難場所までは行かなかったが屋外に一時的に出た人であり、「避難しなかった」は、何もしなかった（地震に気づかなかったも含む）か、または、家の中でテレビ（ラジオ）で情報の確認だけをした人、とそれぞれ定義している。前者については、伊予灘地震では、地震発生から数分後に「津波の心配なし」との情報がテレビ（ラジオ）を通じて流れているため、必ずしも避難場所まで避難する必要はなく、屋外に出た時点で、この点について認識できた住民もいたことを考慮したものである。また、後者については、津波避難をめぐって、近年、「情報依存」「情報待ち」が指摘されていることを考慮した。すなわち、津波到達までの予想時間が短い地域を中心に、津波に関する情報を待って行動することは適切とはいえず、地震の揺れを感じたら情報を待たずに

表4-1 直前の訓練参加の有無と実際の災害時の行動

伊予灘地震の時の行動

避難訓練への参加		避難した	避難しなかった
	2012年 避難訓練参加	a（訓練○／避難○） 18人	b（訓練○／避難×） 32人
	2012年 避難訓練不参加	c（訓練×／避難○） 25人	d（訓練×／避難×） 35人

表4-2 全11回の訓練への参加傾向と実際の災害時の行動

伊予灘地震の時の行動

避難訓練への参加		避難した	避難しなかった
	全11回中 3回以上訓練参加	a（訓練高／避難○） 33人	b（訓練高／避難×） 53人
	全11回中 0〜2回参加	c（訓練低／避難○） 10人	d（訓練低／避難×） 14人

すぐ避難を開始することが求められる場合も多い。興津地区は、まさにその原則に従うべき地区である。

表4-1において、(b) 訓練には参加していたが本番では避難しなかった32人、および、(c) 訓練には不参加だが本番では避難した人が25人、これらの人びとは、訓練と本番の行動とが「矛盾・逆接」の関係にあったと考えてよいだろう。なお、「矛盾・逆接」の関係にある人が少なからず存在することは、伊予灘地震後に実施された訓練を含めた合計11回分の訓練と本番との関係を見てもわかる（表4-2）。図4-1の結果に基づき、訓練参加度の中点で分析対象者を、全11回のうち3回以上参加（参加率高群）と0〜2回参加（参加率低群）に分けて分析したところ、(b) 訓練への参加率は高いが本番では避難しなかった53人、および、(c) 訓練への参加率は低いが本番では避難した人が10人存在した。

さて、ここで注目したいのは、「矛盾・逆接」の理由である。再び、表4-1に戻る。まず、(b) のカテゴリー（訓練には参加、本番は避難せず）の人には、訓練には「毎年している“地域の行事ごと”だと思って参加している」が、「この程度の揺れでは津波は来ないだろう」［と思ったから；引用者挿入］、との理由を示した人がいた（Aさん、60代、男性、以下年代はいずれもヒアリング当時）。また、「はっきり言うぞ。しょうがないからや」と述べたのは、地域団体の役職の任にあるBさん（60代、男性）であった。その他、Cさん（70代、女性）は、2012年の訓練を含めて11回中9回も参加していたが、「揺れに気づいて起きたが、避難行動はとらなかった。あんまり怖くなかった」と述べ、以前に経験した地震に比べて揺れを小さく感じたことが避難を思いとどまらせていた。また、Dさん（80代、女性）も、2012年の訓練を含めて11回中6回訓練に参加していた。その時は地震の揺れに気づいて起きたが、「震度は2とか3やろ？」と思い「何もせず」に眠った。

次に、(c) のカテゴリー（訓練には不参加、本番では避難）に該当した人について見ていこう。もっとも注目されるのは、Eさん（30代、男性）である。Eさんは、伊予灘地震時には、自宅外に出て近隣住民への避難呼びかけまで行っていたが、2012年の訓練を含め計11回の避難訓練には、「忙しくて」一度も参加していなかった。ただし、Eさんは、「娘から防災の話はよく聞く」と語っていた。その娘（Fさん）とは、防災教育に非常に力を入れている地元の興津小学校に通う小学生（2018年時点）であり、2012年の訓練には不参加だったが、それ以後に実施された計10回の訓練には5回参加していた。

Gさん（30代、男性）の発言も興味深い。伊予灘地震発生時、揺れで目が覚めたGさんは、携帯電話で緊急地震速報を受信し「これはヤバイ」と思い、家族と一緒に外に飛び出した。同じく外に出てきた近隣住民の一人と、「これヤバイな、どうする？」「次、デカいの来るやろか？」と話しながら、より大きな地震に備えた。しかし、しばらく大きな揺れはなく、家に帰ってテレビで「津波心配なし」を確認し、再び眠った。Gさんは、2012年の訓練を含め避難訓練には10回連続して不参加で、唯一、最近の2018年の訓練のみ「子どもにつき合って」参加していた。

重要と思われるのは、Gさんの避難訓練に対する批判的コメントである。「あんなの［避難訓練のこと；引用者注］、めんどくさい。いざとなったら逃げれる」「訓練のしすぎはいけんと思う。訓練だけに慣れて実際の時に逃げれんようになる」「今の地域でやってる避難訓練は全然実践的じゃない。もっと危機感をもたせるやつじゃないと意味ないと思う」「学校の防災教育もコロコロ変わっとる。最初は津波てんでんこや言って真っ先に逃げろって教えてたのに、最近は年寄りに声をかけてから逃げろって教えてる」など、Gさんは訓練について多くの批判的な見解を表明した。要するに、訓練への不参加は現行の訓練方法に対する批判的態度に由来しているだけで、防災（避難）に対しては、非常に強い関心と動機づけをもっているケースもあることをGさんの事例は示唆している。

第5節 実践的な示唆と理論的な展望

第1節第2項で紹介した先行研究と同様、津波からの避難について、訓練と本番の行動とは、決して完全には「整合・順接」しておらず、そこには、少なくとも一定程度の「矛盾・逆接」が存在していることが、本研究でも確認できた。ただし、両者が「整合・順接」していないことが、直ちに避難訓練の有効性に対する疑問符に直結するわけではない。むしろ、「矛盾・逆接」の内実（第

4節）を詳細に検討することを通して、避難訓練のあり方について、旧来の常識的発想に代わる視角がもたらされることが重要である。本章を締めくくるにあたって、この点について、実践および理論それぞれの側面からまとめておくことにしよう。

はじめに、実践的な示唆について述べる。まず、この点は、これまでの発想と異なるものではないが、避難訓練に本来求められる機能をより充実させることが必要である。すなわち、「地域の行事ごとだから」「役職上、仕方なく」といった理由で訓練に参加してきた人びとに、意義ある訓練を提供する意味でも、また、「全然実践的じゃない」と現行の方式を批判する人びとに応える意味でも、災害本番の避難行動のために必要な検証作業やトレーニングの場を提供するという、訓練本来の機能を果たし得る訓練方式を開発し、社会実装を図るべきである。

この点については、筆者らは、近年、いくつかの新しい津波避難訓練手法を開発し、すでに一定の成果を挙げてきた。具体的には、訓練を個別に実施し、一人ひとりの行動軌跡と想定される津波浸水状況とを同時に可視化することで避難の成否を診断することが可能な「個別避難訓練タイムトラアル」（孫・近藤・宮本・矢守, 2014；孫・矢守・谷澤, 2016；Sun, Yamori, & Kondo, 2014；Sun & Yamori, 2018）、および、その仕組みをスマートフォンのアプリとして再構築した「津波避難訓練支援アプリ：逃げトレ」である。このうち、後者「逃げトレ」については、第6章で詳しく取り上げる。また、第1章で提起した「次善（セカンドベスト）」の発想に基づく訓練手法も複数提起し、すでに社会実装してきた。これらについては、第5章で紹介している。具体的には、地域や家庭の特殊事情に応じて、自治体が指定する避難場所以外に「次善」の避難場所を見出し訓練を行う「オーダーメイド避難」、玄関先まで出たり自宅の2階に上がったりする「屋内避難訓練」などである。こうした取り組みを通じて、避難訓練の実効性を向上させ、訓練と本番との関係を「整合・順接」へと移行させる努力もむろん必要である。

他方で、「矛盾・逆接」の関係そのものが、実践上の意義をもっている場合もあり、その点も見逃してはならない。たとえば、第4節で紹介したEさんとFさんの親子のケースは、たとえ何らかの事情によって避難訓練に本人が直接参加していなくても、家族の訓練参加やその他の地域の防災活動（この場合、学校の防災教育）を通して、間接的に訓練のポジティヴな効果が当該者に及ぶ場合は十分あり得ることを示している。また、Gさんがそうだったように、訓練不参加が、実質においては、逆に防災や避難に対する強い関心に支えられている場合もある。よって、訓練参加率という数字だけに拘泥する必要はない（第1章第9節を参照）。ただし、このことは、裏を返せば、A～Dさんに見られたように、たとえ、熱心に訓練に参加していても、その内実に注意を要する場合もあるということでもある。

次に、理論的な観点から、本研究の結果を見つめ直してみる。第4節で示した「矛盾・逆接」とその理由は、少なくとも二つ、重要なポイントを示しているように思われる。

第1は、防災意識（津波リスクの認知、危機意識などと読み替えてもよい）という名の「意識」の怪しさである（Daimon, Miyaue, & Wang, 2023も参照）。避難について検討されるときに、「防災意識が低いのが課題だ」「主体的に避難する意識を醸成する必要がある」など、避難する人びとの「意識」（心理的理解）をベースにして検討し、また実践する発想が根強い（第1章第8節を参照）。しかし、「矛盾・逆接」が無視できない程度に存在する事実は、これまで素朴に仮定されてきた「防災意識高（低）＝訓練参加度高（低）＝実際の避難率高（低）」という3項の相関関係に疑問を抱かせるものである。言いかえれば、一人ひとりに帰属される防災意識なる「意識」が避難訓練や実際の避難に対する能動性を駆動している――この仮定は正しいのかという疑問である。「地域の行事ごと」だから訓練に参加し、本番では「この程度なら」と避難しなかった人（Aさん）の防災「意識」は高いのか、それとも低いのか。

第2のポイントは、避難する当事者が、避難に対して「能動的か、受動的か」という整理にはおさまりそうにないパターンの存在である。多忙を理由に11回続けて避難訓練には参加しない一方で「娘から防災の話はよく聞」き、本番では自ら避難すると同時に近隣住民に対する呼びかけまで行った人（Eさん）は、逃げることに対して果たして能動的なのか、それとも受動的なのか。どちらかに簡単に決することなどできないし、そもそも決することに意味がないように思われる。

本研究の結果から導かれた以上二つのポイントは、避難あるいは災害に対する「意識」が「能動的か受動的か」という枠組みでの思考と実践が限界に達していることを示唆している。この点については、「能動対受動」という旧来の発想を根本的に刷新し、「中動性」という新たな視角を避難研究・実践に導入することの必要性について論じた第3章で詳しく論究しているので併読いただければ幸いである。

【引用文献】

中央防災会議（2012）「中央防災会議防災対策推進検討会議津波避難対策検討ワーキンググループ報告書」
［http://www.bousai.go.jp/jishin/tsunami/hinan/pdf/report.pdf］

Daimon, H., Miyamae, R., & Wang, W. (2023). A critical review of cognitive and environmental factors of disaster preparedness: research issues and implications from the usage of "awareness (ishiki)" in Japan. *Natural Hazards*, 117, pp. 1213-1243.

石巻市（2017）「平成29年度石巻市総合防災訓練参加者について（確定値）」
［http://www.city.ishinomaki.lg.jp/cont/10181000/0070/8060/12/12_shiryou01-04.pdf］

陸前高田市（2014）「陸前高田市東日本大震災検証報告書」
［http://www.city.rikuzentakata.iwate.jp/kategorie/bousai-syoubou/shinsai/kshoukokusyo.pdf］

静岡県（2017）「平成29年度静岡県地域防災訓練の実施結果」
［https://www.pref.shizuoka.jp/bousai/saitai/documents/h29chiikibousai_kekka.pdf］

孫　英英・近藤誠司・宮本 匠・矢守克也（2014）「新しい津波減災対策の提案：『個別訓練』の実践と『避難動画カルテ』の開発を通して」『災害情報』12, pp. 76-87.

孫　英英・中居楓子・矢守克也・畑山満則（2014）「2014年伊予灘地震における高知県沿岸住民の避難行動に関する調査」『自然災害科学』33, pp. 53-63.

孫　英英・矢守克也・谷澤亮也（2016）「防災・減災活動における当事者の主体性の回復をめざしたアクションリサーチ」『実験社会心理学研究』55, pp. 75-87.

Sun, Y., Yamori, K., & Kondo, S. (2014). Single-person drill for tsunami evacuation and disaster education. *Journal of Integrated Disaster Risk Management*, 4, pp. 30-47. ［Doi:10.5595/idrim.2014.0080］

Sun. Y., Nakai, F., Yamori, K., & Hatayama, M. (2016). Tsunami evacuation behavior of coastal residents in Kochi Prefecture during the 2014 Iyonada Earthquake.

Natural Hazards [Doi:10.1007/s11069-016-2562-z]

Sun, Y. & Yamori, K. (2018). Risk management and technology: Case studies of tsunami evacuation drills in Japan. *Sustainability*, 10. [http://dx.doi.org/10.3390/su10092982]

戸川直希・佐藤翔輔・今村文彦・岩崎雅宏・皆川満洋・佐藤勝治・相澤和宏・横山健太(2017)「津波避難訓練が実際の津波避難行動に及ぼす効果:宮城県石巻市 2016 年 11 月 22 日 福島県沖地震津波時の事例」『土木学会論文集 B2(海岸工学)』73(2), pp. I_1531-I_1536.

第５章　ハードルを下げた／上げた避難訓練

第１節　避難訓練のリ・デザイン

1．マンネリ化

第4章では、長年、避難の改善にとって基本中の基本と位置づけられてきた避難訓練の有効性に対する疑問を提示した。具体的には、訓練と本番（実際の災害時）の行動の関係に注目し、避難訓練への参加が、少なくともストレートな形では実際の災害時における避難行動に直結していない事実を明らかにした。注意深く分析すると、訓練と本番の「ねじれ」それ自体に一定の意味が認められるケースもあったが、避難訓練が実際の避難行動に役立つ経験や具体的なノウハウを提供できていない可能性は否定できなかった。少なくとも、現行の訓練スタイルに何らかの工夫が必要であることはたしかであった。

実際、多くの人が、避難対策としては初歩的かつ基本的な対策だと考え、当然のように実施してきた避難訓練には、多くの問題点があると指摘されている。代表的なものとして、「マンネリ化している、参加者が少ない」という課題がある。言うまでもなく、訓練のマンネリ化とは、有効性に関する検証を行わないまま同じ形式の訓練を踏襲し反復することである。それが地域防災や防災教育の推進の足枷となっていることは、曽根・金谷・武山（2021）が「防災訓練の課題として、多くの自主防災組織や東京消防庁内消防署担当者は『訓練内容のマンネリ化』を挙げている」（p. 53）と明記しているのをはじめ、南林（2014）、柴田・田中・舩木・前林（2020）など、多くの研究が指摘しているところである。しかも、「防災訓練／避難訓練」と「マンネリ（化）」をキーワードとしてネット検索を行うと非常に多数のサイトが検索されることからもわかるように、こうした指摘自体がマンネリ化しているという皮肉な実態も存在する。つまり、「課題だ、改善が必要だ」との声は数十年にわたってずっとかかり続けてきたものの、具体的な問題解決は順調に進んでいるとはいえない。

筆者としては、避難訓練のマンネリ化を生む根底的な問題点は、以下の三つに集約できると考えている。訓練の現実場面への適用性（第4章で重視したこと）を考慮したとき、現行の訓練の多くに、第1に、避難訓練に必須と思われる3要素——「評価」「主体性」「多様性」——が備わっていない。第2に、訓練を誰よりも必要としている肝心な人びと（避難行動要支援者など、避難が遅れがちな人びと）がしばしば訓練に参加していない。第3に、楽観的で非現実的な想定のもとで実施されている避難訓練が非常に多い。以上の三つの問題点である。このうち、第1の問題点については、次の第6章で言及しているので、本章では、第2、第3の問題点とその克服方法について焦点をあてる。

2. 肝心な人たちが参加できない訓練

第2の問題点とは、訓練をもっとも切実に必要としている肝心な人びと、典型的には、高齢者、障がい者、外国人など一般に避難行動要支援者と呼ばれる人びとが、しばしば訓練に参加していない（ないし、参加できない）という問題である。この問題の本質は、避難行動要支援者、つまり避難困難者は、そうである以前に、避難訓練参加困難者であるという事実に尽きている。現実の災害時に支援が必要な人びとは、そもそも訓練に参加することが——少なくとも、標準的な訓練スタイルを前提にする限り——困難だという、考えてみればあたり前の事実が見逃されてきたのだ。訓練参加が困難な理由は実に単純である。訓練で要求されていることが、要支援者にとってはあまりに過大だからである。あくまでも一例であるが、転倒しないことを日々の目標として、手すりなどを整えた自宅で何とか平素の生活を送り、滅多に外出しない足腰の弱った高齢者が、自宅から数100 m歩いてさらに数十段の階段を上って避難タワー上へ移動する訓練に参加できるだろうか。

この問題に対する筆者の回答は、訓練のハードルを「下げる」という戦略である。現行の訓練が、こうした人たちにとっては、ハードルが高すぎるものになっていることが課題だからである。災害時要支援者など肝心な人びとがより多く積極的に取り組むことができる新たな訓練手続きや手法の開発が求められている。この方向でのチャレンジについては、この後、第2〜5節で紹介する。

3．イージーすぎる訓練

第3の問題点とは、現実には避難の妨げとなると予想される各種の悪条件を十分に考慮せず、非常に楽観的な想定のもとで実施されている訓練が多いという問題である。ありていにいえば、実際には十分起こりそうな難事を見て見ぬふりをし、訓練が予定通りつつがなく完了することを第一義としている場合が多い。具体的には、多くの避難訓練が、火災避難訓練、津波避難訓練など、何から逃れているかを一つだけ想定して実施されているが、東日本大震災や能登半島地震を参考にするまでもなく、地震・津波が誘発する火災、建物倒壊や土砂災害による道路閉塞、地面の液状化など、複合事象という悪条件について目配りした訓練が、まず必要である。

しかも、そうした難度の高い課題以前に、夜間、降雨・降雪、酷暑・厳寒など、冷静に考えてみれば、相当高い確率で生じるはずの悪条件についてすら等閑視し、「気候のよい時期を選んで、みなが参加しやすい午前中に、晴天を期待して訓練を実施しましょう（雨天なら中止）」という姿勢が常態化していることも問題である。これらに加えて、巨大地震の発生直後との設定なのに、すべての避難先と避難経路が利用可能になっていたり、ケガ人がゼロとの想定で避難が開始されたりといった課題を指摘することもできよう。さらに、上記で指摘したように、現実には最も大きな課題となるはずの要支援者が訓練の場にいないことを特に疑問視しないという事実を追加してもよいであろう。

この問題に対する筆者の回答が、訓練のハードルを「上げる」という戦略である。通常の訓練設定が、ときとして、ハードルが低すぎる（安易な設定・条件に過ぎる）ことが課題だからである。一気に最難関の条件に挑戦することは別の意味で非現実的としても、非現実的に楽観的で安易な条件のもとではなく、従来よりもハードルを上げて、実際の災害時に生じると予想される課題や困難にしっかり直面することを意図して、より現実に近い条件で訓練を行うという方向性である。この方向でのチャレンジについては、第6～7節で紹介する。

第2節　屋内避難訓練（玄関先まで訓練）

「××さん、どうぞ！」、合図の声が屋外から聞こえてきた。「よいしょっと」。

その高齢者は顔をしかめながらも、何とか自力でベッドから起き上がった。92歳の女性、背中に痛みがあるからだ。壁に手をつき身体を支えながら、ゆっくりと隣室の台所へ移動、そして玄関へ。杖を片手に三和土のサンダルを履いてドアを開けて玄関先に。「はい、これで終了です、お疲れさまでした」。女性を待ち構えていたのは、地元の中学生である。この間、1分あまり——。

1．通常の訓練はとても参加できない

これは、「セカンドベスト（次善）」（第1章第6節を参照）の避難対策を実践するための一つの手法として筆者の研究室が実施している「屋内避難訓練（玄関先まで訓練）」の一コマである。南海トラフ地震・津波の危険性が指摘されている高知県内の集落などで精力的に推進してきた（図5-1）。

津波からの避難訓練といえば、高台の避難所や避難タワーなどに駆け上がる光景が、まず目に浮かんでくる（第4章、第6章で紹介している避難訓練も原則同じである）。しかし、実際には、それ以前に大きな課題と障壁が存在する。通常の避難訓練ではスタート地点として設定されることが多い自宅の玄関までが、——特に避難行動要支援者にとっては——案外、遠くて大変なのだ。まず、激しい揺れから身を守らねばならない。それに成功しても、激震による室内の散乱、最悪の場合、家具が転倒したり、天井や壁などが損壊したりし、かつ、余震も発生するという過酷な状況の中で、玄関等、屋外に脱出可能なところまで

図5-1　屋内避難訓練（玄関まで訓練）の様子（高知県黒潮町）

たどりつかねばならない。「屋内避難訓練」は、まずは、通常の避難訓練では見過ごされがちな、この部分に光をあてた訓練である。身体状況に不安のある高齢者など要支援者にとっては、「まず玄関まで」だけでも相当重い課題である。その課題に、地元の中学生の協力を得てチャレンジしているわけだ。

上記で「まずは」と注記したのは、「屋内避難訓練」の意義はこれだけにとどまらないからだ。それを立証する興味深いデータがある（杉山・矢守，2017）。上記の女性を含めて、この報告で「屋内避難訓練」に参加している高齢者は計13人である。そのうち、それ以前、通常の避難訓練に参加したことがある人は３分の１に過ぎなかった。その理由として「こんな身体だし、もうあきらめている」「わしのような者がノロノロ歩くと、みんなの迷惑になる」が挙がった。避難訓練への不参加の理由は、「無関心」というよりも「あきらめ」なのである。求められる避難行動、また、それ以前に求められる訓練行動のハードルがあまりに高いことに対するあきらめと言いかえてよい。特に、この訓練を最初に実施した高知県黒潮町は、近い将来の発生が心配される南海トラフ地震について、全国最悪の34 mもの高さの津波が想定された町である。避難自体をあきらめる空気は、住民や役場の努力で次第に弱まってきたとはいえ、高齢者や障がい者を中心に依然根強い。歩くのもままならない方々には、たとえそれが「ベスト（最善）」だと本人にわかっていても、自宅から300 mにある十数mの高さのタワーまで来てくださいという訓練はハードルが高すぎる。

2．玄関までがきっかけとなって

この難問に対して、ハードルを下げた訓練、すなわち、「屋内避難訓練（玄関先まで訓練）」は注目すべき成果をあげた。当該の訓練で玄関まで出てきただけではない。訓練に参加した13人全員が、高台への上り口までなど部分的な形も含めれば、その後に開催された通常の一斉避難訓練に参加したのである。「案外歩けるとわかりました」「私たちも見捨てられていないと感じました」といった言葉が、何が重要だったかを如実に物語っている。訓練参加（率）だけですべてを評価するのは早計ではあるが（この点は、第１章第９節や第４章で論じた）、いったんハードルを下げた屋内避難訓練が、その後のハードルの高い訓練へ挑戦しようとする意欲を喚起したことはたしかであろう。

玄関先で待っていた中学生の役割も大切である。訓練実施後、参加者の一人(86歳の女性)は、こんな手紙を中学校に送っていた。「……中学生の暖かい御心に本当に有難く嬉しい気持でいっぱいでした。……今日は又我が家のせま苦しい家迄おいて［原文ママ；引用者注］頂き色々とお世話頂きました事、改めて御礼申し上げます。……大切な事はこの尊い命を共に生きようと言う思いだけです」。この訓練をアシストしてくれている中学生たちが通う中学校も津波浸水想定区域内に位置している。だから、中学生たちは、実際に災害が起きたときには、自分自身の身を守ること（自分が「助かる」こと）に集中するよう指導され、非常に頻繁に（ひと月に1回以上）、しかも多様な訓練（授業時、休憩時、登下校時、雨天時など）を繰り返している。つまり、実際の災害時には地域の人たちを「助ける」ことはできない。だからこそ、日常時には、こうした避難訓練を通して高齢者等を援助し激励する活動、すなわち、周囲の人びとを「助ける」ための活動に従事しているのである。

3.「ギリギリの共助」のために

本節の最後に、玄関先まで出てくることが「次善（セカンドベスト)」であることをあらためて確認しておこう（第1章第6節参照)。たしかに、深い浸水深が想定される地域で、玄関まで出てきただけでは津波から命を守ることはおそらくできない。しかし、実際に津波が迫っているとき、玄関先まで出てくれば、「大津波警報が出たぞ！××山へ逃げろ」と叫ぶ声を耳にする可能性が高まるだろう。実際に高台やタワーに急ぐ人たちを目撃もするだろう。中には、「おじいちゃん、一緒についといで！」と手を引いてくれたり、中にはおんぶして走ってくれたりする近所の人もいるかもしれない。玄関先は津波浸水域であったとしても、命を守るためのその先の出来事へとつながる可能性を高めるという意味で、さらには、先に述べた通り、さらなる訓練ステージへの意欲を高めたという意味で、玄関先は立派に「次善」だといえるだろう。

しかも、より多くの人が玄関先まで出てくること（そのための訓練を繰り返すこと）が、本人（救援される人）だけでなく、救援する側にもプラスの影響をもたらすことが重要である。実際、東日本大震災の被災地岩手県大槌町安渡地区が、辛い体験を経て被災後新たに設定した「ギリギリの共助」という看板を掲げた避難計画が、このことを示唆している（第7章第9節、安渡町内会安渡防災検討会，2015）。安渡地区では、当時、「わしゃ、逃げん」などと居室にとどまっていた高齢者などを、消防団員、自治会役員、民生委員などが説得し連れ出そうとする中で、共々犠牲になってしまうケースが多々発生した。そこで、津波到達予想時間を参照しつつ、「地震発生後15分までは救援活動をします、救援プランも立てます、リヤカーも準備しました、一部クルマも利用します。ただし、自力で移動できる人は、這ってでも玄関先まで出てきてください（そして、笛を吹いてください）」とする地区防災計画（第8章）を立てた。これが、「共助」（助け助けられ関係）を成立させるギリギリの線だということだろう。「とにかく各自てんでんこに逃げるしかない」（第3章）という一方の極と、「どんな状況だろうが、最後の一人まで救援作業する」という他方の極、これら二つは、ともに、ある観点に立ったときには、それが「最善（ベスト）」といえるだろう。しかし、双方とも、「見殺し」（前者）、「共倒れ」（後者）という形で強い禍根を残しかねない策であり、そのため、実際には当事者が心情的には採択しにくい極端な選択肢でもある（児玉，2020）。現実的な解は、「ギリギリの共助」に象徴されるタイプの「次善（セカンドベスト）」の方策にあると思われる。

なお、この点については、避難の成否（助かるか助からないか）だけでなく、「リグレット（後悔感情）」の多寡、すなわち、「共倒れ」や「見殺し」の発生確率やそれに対する後悔感情の強度を基準に、津波避難を再考するための新たなフレームワークについて、コンピュータ・シミュレーションに基づく研究を実施した結果をすでに公表しているので、参照いただければ幸いである（大西ら，2020）。

第3節　屋内避難訓練（2階まで訓練）

この訓練は、文字通り、自宅の2階まで避難するための訓練で、前節で述べた「玄関先まで訓練」の姉妹編といえるものである（次ページの図5-2）。こちらは、主に、豪雨災害（洪水や土砂災害）による被害を意識して実施しており、第1章第5節でとりあげた「垂直避難」の一種である。したがって、直ちに次のような批判の声が聞こえてきそうである。「自治体等が指定した安全な避難場所に、十分な時間的余裕をもって前もって（水平）避難するのが原則である」「浸水深が3メートルを超える、河川近くのため建物が流失する恐れがある、大規模な土砂災害が予想されるなど、2階に逃げただけでは安全を担保できないケースがある」など。こうした懸念や批判があることは、筆者も重々承知しているつもりである。だから、それが「最善（ベスト）」ではないことは、十二分に当事者に伝え意識してもらったうえで、この種の訓練は実施している。しかし他方で、上記の言い分はもっともではあるが、まさに、その理想論が、助かる命を助からなくしてきた側面にも光をあてるべきではないか——これが、「次善（セカンドベスト）」のアイデアであり（第1章第6節）、前節や本節で紹介している手法はその考えに立脚していることを理解いただければと願っている。

実際、西日本豪雨（2018年）など近年の豪雨災害では、建物の1階で——しかも2階建て住宅の1階で——犠牲になるケースが後を絶たない。たとえば、西日本豪雨の被災地、岡山県倉敷市真備町では、合計51人の方が犠牲になった。このうち、65歳以上が45人（約90%）、自宅で亡くなった方が44人（約86%）である。しかも、自宅の1階で亡くなった方が42人（約81%）で、さらに、42人のうち半数の21人は、2階建ての住宅の1階部分で犠牲になっている（朝日新聞社，2018）。真備町の浸水は大規模で、2階部分まで浸水した住宅が（近年の水害の中では）多いことも事実ではある。しかし、牛山（2020）は、

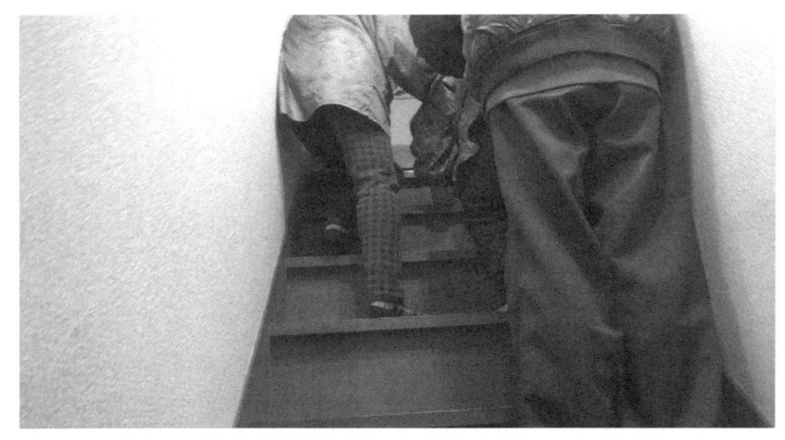

図5-2　屋内避難訓練（2階まで訓練）の様子（高知県黒潮町）

土砂災害を除く洪水、氾濫、強風、高波などの風雨系の災害では、犠牲者の7〜8割が屋外で発生していることを示し、避難場所などへと移動する「水平避難」にも大きなリスクがはらまれていることを示唆している。これらのデータは、「屋内避難訓練（2階まで訓練）」の必要性を少なくとも部分的には正当化するものだとはいえるだろう。

高齢者の中には、足腰が弱ってふだん積極的に出歩くことには躊躇(とまど)いを感じても、あるいは、前節で指摘したように、ハードルの高い避難訓練への参加は見送りがちであっても、その気になれば何とか自力で移動可能な方も多い。また、比較的身体状況のよい妻とその手を借りれば2階までの階段を這い上がることのできる夫という高齢夫婦もいる。ただし、「いざというとき」は、2階へ避難するという選択肢もあるということをまず明瞭に意識し、日頃から訓練していなければ、真備地区での経験談にも見られるように「みるみる1階部分が浸水してきた」という緊迫した状況で、冷静に2階へ逃れることは、特に避難行動要支援者にとっては実はそれほど容易なことではない。実際、この訓練に参加したある高齢者は、「2階へ上がるのは数年ぶり」と語っていた。かつて子ども部屋等に活用していた2階部分は用済みとなり、階段での転倒・転落事故防止のために1階部分だけで生活している独居、あるいは夫婦だけの高齢者も多い。「最善」ではないにしても、「次善」の手に習熟しておくことで守ることができる命が、ここにも残されているように思われる。

この取り組みには、ほかにもいくつかのメリットがある。まず、ひとまずこうした形で訓練に参加することで、あるいは、図5-2に示したように、家族や近隣住民が2階への移動を手助けする方式をとることで、要支援者の防災活動への関心を高めるとともに、無理なく「共助」の意識を活性化することができる。実際、この訓練方式の導入によって、集落内の訓練参加率が90%になったところもある（Sugiyama & Yamori, 2020）。また、それぞれが自宅（周辺）で訓練を完結できるので、言いかえれば、集会所などに地域住民が多数集合することがないため、「三密回避」が至上命題であったコロナ禍における訓練として重宝された側面もあった。

第4節　オーダーメイド避難訓練――近所の3階建ての建物に

これは、津波からの避難対策の一環として筆者らが関わったことのある静岡県焼津市の海岸地区（焼津市第5自治会を中心とした地区）で展開した取り組みである（詳細は、大西ら，2020、島川ら，2017）。その概要は、津波浸水が想定されるエリアで、安全性はより高いが避難距離が長くなる避難タワーなど自治体が指定する避難場所（「ベスト」の避難場所）だけではなく、自宅近くの中層建築物（「セカンドベスト」と認定できた場所）に「も」避難する訓練を、当該地域内に居住する住民一人ひとりについて、「セカンドベスト」と思われる避難場所を個別にオーダーメイドに見出しながら実施するというものである。

この試みには、この地区の特性が大きく関与している。この地区では、海岸に直接面する港湾部の一部に、最悪の場合、3 m を超える浸水が想定されるものの、住民の居住エリアはほとんど予想浸水深が3 m 未満であり、著しく深い浸水深が想定されているわけではない。しかし他方で、地震発生から津波来襲までの余裕時間はきわめて短いと予想されている。上記の港湾部では5分程度で、居住域の中心に建設された避難タワーの足下にも、地震発生後わずか6分30秒程度で津波が到達、地区内では海岸から相対的に遠い場所でも15分程度で津波到達と想定されている。このため、ここでも、住民の「あきらめ」が大きな課題になっていた。自治体が指定した「ベスト」の避難場所（避難タワー）まで余裕時間内には到達できそうもないと考えた住民が多かったのである。その一方で、繰り返し行われていた避難訓練では、まさに、その避難タワーに逃げる訓練が行われていたのだった。

たとえ数 m の高さの津波であっても、避難をあきらめて自宅の1階などにとどまっていては命を守ることはできない可能性が高い。そこで考案したのが、オーダーメイド避難訓練であった。「ベスト」の避難場所である避難タワーはもちろん重要で、そこへと避難する訓練も大切である。しかし、それだけではなく、タワーへの避難に不安や困難（ハードルの高さ）を感じる住民それぞれが、自宅近くにタワーよりも短時間で到達可能で、かつ、予想される津波浸水高に対する安全性を確保しうると想定できる場所（自治体が定める避難場所設置基準ほどの余裕はないにしても）場所を「セカンドベスト」の避難場所として独自に選定して、そこへ避難する訓練も実施しておこうという発想である。図５－３は、「セカンドベスト」の避難場所とした建物の一つであり、外付け階段があることがわかる。また、次ページの図５－４はその建物の屋上に人々が訓練で避難してきたときの様子であり、後方すぐ近くに港が見える。

こうした訓練が有効であることは、コンピュータ・シミュレーションによって実証もされている。東日本大震災の津波に襲われた多くの建築物を調査した建築の専門家による解析で、３ｍ未満の津波にはほとんどの場合（8割以上の確率で）耐えうると認定された「S/RC 造３階建て以上」の建物が、同地区に 77 棟も存在することがわかった（図５－３、５－４の建物もその一つ）。そこで、これらの建物を「次善」の避難場所として設定して避難が行われた場合と、そうでない場合（つまり、自治体の指定する「最善」の避難場所だけを避難先とした場合）とを、コンピュータ・シミュレーションによって比較検証した。その結果、「次善」の避難場所を使った場合、そうでない場合には犠牲になる可能性が高かった 195 人のうち 181 人が助かることがわかったのである（島川ら，2017）。

図 5-3　オーダーメイド避難で選定した「セカンドベスト」の避難場所
（静岡県焼津市）

図5-4　オーダーメイド避難に参加した人びと（静岡県焼津市）

第5節　「おためし避難訓練」と「世帯別避難訓練」

1．一度行ったことのある場所に──「おためし訓練」

参加へのハードルを下げた訓練はこのほかにもある。あと二つ事例を追加しておこう。第1は、高齢者や障がい者など避難行動要支援者と平素から交流のある福祉事業関係者（リハビリスタッフ、ケアワーカーなど）が、災害時に逃げることになる福祉施設などに「車で送迎するから、ためしに一度行ってみよう」と要支援者を誘う方法、「おためし避難」である（杉山・矢守, 2022)。この訓練も、避難訓練への参加や実際の避難アクションに対して要支援者が感じるハードルを下げるのに有効である。

まず第1に、車での送迎つき、しかも日頃から慣れ親しんでいる福祉スタッフの同伴となれば、訓練参加のハードルは随分下がる。そして第2に、要支援者の場合、本番で避難を妨げる主因となっているのは、単純に、（生活し馴れた自宅に比べて）「避難先の環境が不安」という場合が多い点が重要である。一度も行ったことのない場所に行くのは、要支援者を含めて誰にとってもそれだけで一定のストレスが生じる。裏を返せば、要支援者が本番で避難するだろう場所に一度も行ったことがないという状態を放置していることは、それだけで避難対策上の失点である。高齢者の体調などから見て好条件時を選んで「おためし避難」してみることは、本番の災害時に避難へのハードルを下げる効果をもっている。実際、杉山・矢守（2022）は、2021年の台風14号の接近時の事例を通して、この効果を確認している。

ハードルを下げて、玄関先や2階までなど、「最善」ではないにしても「次善」の場所までの移動を求める避難訓練、あるいは、本番で必ず得られるとは限らない支援（たとえば、車での送迎）に依拠した避難訓練において、要支援者は模範解答を提出しているとはいえない。だから、「それではダメな場合もあるのではないか」と批判することは容易である。しかし、要支援者に、「最善」（完璧）を要求し続けてきたことで、避難対策上もっとも肝心な人びとを避難訓練の場から事実上疎外（締め出）し続けてきたことのマイナスはきわめて大きいといわねばならない。その意味で、ハードルを下げた避難訓練は、もっとも肝心な人びとが訓練に参加できず、そのことが要支援者の被害につながるという負のスパイラルを断ち切るための一助にはなると考える。

2．土日くらいは家族と一緒に——「世帯別避難訓練」

第2に、ここまで紹介してきた事例群とは少し毛色の異なる取り組みを一つ追記しておきたい。それは、ある水害常襲地区に位置する集落で実施された避難訓練である。この集落では、数年前、集会所に参加者全員が避難して来る従来の訓練方式を、コロナ禍の「三密になるし……」との声を考慮して高台の商業施設等へ自家用車で向かう訓練方式に変更した。この際、訓練の実施日についても、日時を指定して集落全体で一斉に実施する方式を改め、2週間程度の幅を持たせて訓練期間を設定した。その期間内に、都合のよいときに世帯ごとに訓練してくださいというわけである。そして、「気づいたことがあれば自主防災会まで知らせてください」と依頼しておいた。すると、子育て世代を中心に、例年より訓練参加者が増えただけでなく、「案外時間がかかる」「途中で低いところを通る」など、予想より多くの住民から反省や発見がレポートとして寄せられ、自主防災会のメンバーを驚かせたというのだ。

「近所づき合いは遠慮したい」「土曜日曜くらいは家族で過ごしたい」という人びとは、子育て世代を中心に相当多数に上っている。この世代の避難訓練参加率はたしかに高くない。しかし、こうした人びとは必ずしも防災に対する関心が低いわけではない（第4章第4節も参照）。日頃つき合いのない近隣の人たちも含めて近所で集まって集落単位で土日曜に一斉実施という伝統的な訓練スタイルに抵抗感をもっていたのだ。世帯別に都合のよいときを選んで実施するという訓練スタイルは、そうした人びとにとってハードルを下げた訓練になっていたわけである。

第6節　夜間避難訓練

夜間避難訓練は、その名の通り夜間に実施する避難訓練で、前節までとは違って，ハードルを上げた訓練の一つである。筆者が直接関与している事例としては、高知県四万十町興津地区、および、同県黒潮町で、数年前から継続的に、年1回実施されている夜間訓練がある。興津地区のものは約700人の全住民を対象にした、また、黒潮町のものは全町民約11,000人を対象にした夜間訓練である。しかも、両方とも、訓練参加率は、ここ数年間35%程度をキープしている。つまり、前者では250人程度、後者では3,800人程度もの人が夜間訓練に参加している。図5-5は、興津地区で実施された夜間避難訓練の告知ポスターで多言

図5-5　夜間避難訓練のチラシ（高知県四万十町）

図 5-6　冬季夜間における避難タワー滞在訓練の様子（中央は筆者、高知県黒潮町）

語化もされている。当初は、予想通り、「危険だ、事故があったらどうする」といった消極論も存在した。しかし、伊予灘地震（2014年）、熊本地震（2016年）など、上記2地域を含む高知県西部地域で夜間に揺れを感じる地震が相次いで発生したことも契機となって、また、「夜間にはどんな危険があるかを知るためにも実施する必要がある」との正論が消極論を押し切る形で実行に移された。

このほかにも、冬季や夜間時の避難タワー滞在訓練も、ハードルを上げた訓練の一つとして数えることができる。直近では、筆者自身、2023年12月下旬（偶然にも能登半島地震が発生する10日前）、地上十数mの屋外タワー上で夜間数時間を過ごす訓練に参加したことがある。夜間の冷え込み、北風による体感温度への予想以上の影響などを実感できた。また、参加者が思い思いに準備した対策グッズの使い勝手を検討する作業も有益だった。たとえば、木材で出来たトーチは、熱源としてでだけでなく灯りとしても、また、それを囲んで人びとが集い会話するのを助けるケアや交流のためのグッズとしても有用だとわかった。あるいは、各種の高機能のマット材が避難タワーの居住性の向上に有益であることも体感できた（図5-6）。

第7節　休憩時間訓練・登校時訓練

学校における避難訓練も、第1節で指摘した「予定通り、つつがなく」の罠にはまっているケースが多いように見受けられる。「×月×日、3時間目が始まって5分後にサイレンがなりますから、まず、全員机の下に入って頭を守ります。その後、1分したら担任の先生が声をかけますから教室を出て、高学年は西階段を、低学年は東階段を使って校舎から避難しましょう」というわけだ。これだけすべて予定されていたら、教師も子どもも予定にないことをする方がむずかしい。こうして、絶対に失敗しない代わりに、現状に潜む落とし穴に気づくことも、それを解消するためのヒントも得られない避難訓練が完成する。

こうした慣行から脱却するために実施された学校での避難訓練を二つ紹介しておこう。いずれも、筆者が15年以上にわたって防災教育等に関わっている高知県四万十町興津地区にある興津小学校で実施されてきた訓練である。同小は海岸から200mほどに位置していて、懸念されている南海トラフ地震が発生すると、最悪の場合、地震発生から15分程度で津波（最大波による浸水深は10m以上が想定）が襲うかも知れないと予想されている地域にある。そのため、さまざまなタイプの、ハードルを少し上げた訓練を実施してきた。

1．ヘルメットをかぶって叱られる――休憩時間訓練

最初は、昼休みの休憩時間帯に行われた抜き打ち避難訓練である。この訓練は、昼食時間後の休み時間に、突如、地震発生と津波の危険を知らせる放送が入る形で行われた。校長（当時）の話によれば、交通安全確保のため、地域の派出所にだけは事前連絡していたものの、一般の教職員にすら知らせていなかったという。訓練後、この校長は、こう話していた。「多くの発見がありました。そして反省点が多かったです。学校というところはすべて、先生の指示のもとで動いています。そうした指示がないときの子どもの行動は、まだまだでした」。

その内容が非常に興味深い。たとえば、この小学校に校門は複数あるのだが、ふだんの訓練で主に使っている門から避難する子どもがいるのを見て、ほかの門から出る方が近道なのに、それに続く子どもたちがあらわれた。また、すでに走っている子どもたちの多くがヘルメットをかぶっているのを見て、ヘルメットを、わざわざ2階の教室に取りに戻ろうとする子どもがいた。その理由も大事である。「どうしてそんなことをしたのか？」と尋ねると、「ヘルメット

してないと、先生に叱られると思った」と答えたという。

ポイントは、通常の予定通りの訓練ではできていたことが抜き打ち訓練ではできなかったということではない。それだけなら、これまでも指摘されていたことである。そうではなく、通常の訓練で培われたことが、むしろマイナスの作用を及ぼしている可能性があるという点が大切である。予め指定された経路で校外に出る訓練の繰り返しが、子どもたちから柔軟な対応力を奪っていた可能性があるという反省を校長はしているわけである。ちなみに、この小学校では、ヘルメットは児童の机に常備されており、教室からの訓練では常にヘルメットをかぶってから避難するよう指導されていた。

また、通常通りに行う授業中の教室からの避難訓練では、子どもたちは先生の顔色をうかがい、先生の顔色をうかがっているほかの子どもたちの顔色をうかがうことができる。しかし、いつもそうできるとは限らない。本当の意味で、命を守るための判断力や対応力を子どもたちに身につけてもらうためには、訓練は、むしろ予定通りに進まないこと、そして、何らかのトラブルが発見される形で実施することが大切だろう。今回「先生に叱られる」と思った子どもは、当初の心配とは別の意味で、つまり、「どうして教室に戻ってヘルメットをかぶってきたんだ」と叱られてしまったそうだが、この経験は、その子どもにも叱った先生にも大切なものになった。

２．思いがけない経路で——登校時訓練

次に紹介するのは、登校時訓練である。これも通常よりハードルを上げた訓練である。こちらは抜き打ちではなかった。つまり、その日の朝、その訓練が行われることは、予め、地区の全小中学生や先生方、保護者に知らされていた。しかし、具体的に何時に訓練が開始されるかまでは通知されていなかった。だから、その訓練では、何人かの子どもはすでに到着済の学校から、何人かは通学途上の路上から、そして何人かは自宅から、津波から逃れるべく避難を開始することになった。そして、この地区には津波に備えて複数の避難場所（高台、避難タワーなど）があるため、この訓練では、避難のスタート地点もゴール地点も子どもによって異なるという事態となった。

印象的だった事例を一つ紹介しよう。これは、ある男子児童のケースである。

この日の訓練では、筆者らが協力して、全児童（40人）に予めGPS発信器をつけてもらっていた。これによって、事後、どの子どもが、どこで避難訓練開始のサイレンを聞き、どの経路をたどって、何分後にどの避難場所にたどり着いたのか、すなわち、避難行動の一部始終を後から電子地図上で見ることができるようにしていた（図5-7参照）。

その男子児童は、通学路上から高台の避難場所まで避難していた。最悪の津波想定に基づく浸水シミュレーションでも十分間に合うスピードであった。この点はよかったのだが、後からその経路を確認すると、マップ上の道路から大きく外れている。最初は、機器の不具合による計測ミスかと思われたのだが、そうではなかった。本人に確かめてみると、高台の避難場所に至るアクセス路（坂道）の法面をよじ登っていたのである。これによって、彼は、通常考えられるより相当短時間で避難を完了させていた。

児童、教員が参加した訓練を振り返る会で、筆者はこうコメントさせてもらった。「先生方や保護者の方の管理下にないときにも災害は発生します。そのとき、子どもたちがどんな行動をとるのか。今回の訓練はそのことを実感できるよい機会になりました。特に、××くんは、創意工夫で、これまでの訓練よりもずっと早く避難するための方法があることを発見してくれました。ただし、

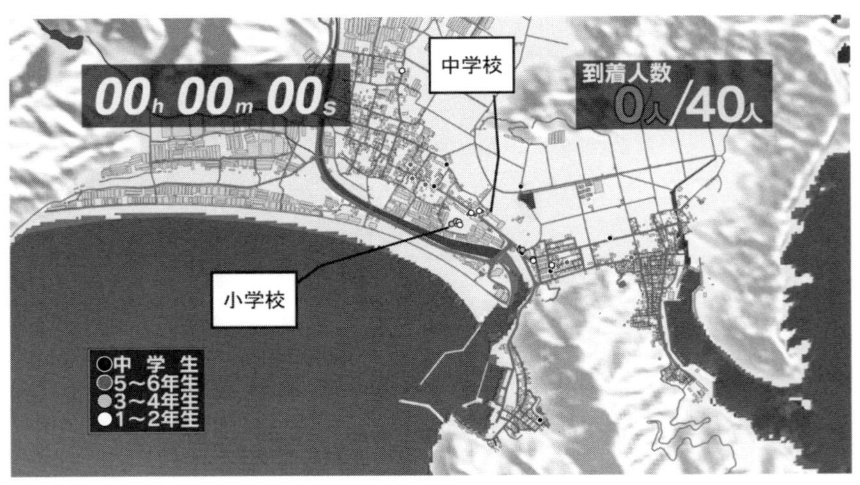

図5-7　登校時訓練における児童の避難開始地点（高知県四万十町）

実際の災害時には、今回よじ登ったところで崖崩れが起きているかもしれません。滑り落ちる危険もあります。そういう可能性も知っておきましょう」。

第８節　「予定通り」の先へ

避難訓練は、もっとも基本的な防災対策の一つであり、当然、避難学のベースをなす実践的活動でありながら、マンネリ化、低参加率といった問題を抱えてきた。本章では、大前提として、こうした問題の原因を以下の三つの点に求めた（第１節）。第１は、有効な訓練に必須と思われる３要素——「評価」「主体性」「多様性」——が備わっていないこと、第２は、訓練をもっとも必要としている肝心な人びと（避難行動要支援者）がしばしば訓練に参加していないこと、そして第３は、楽観的で非現実的な想定のもとでの訓練が多いこと、以上の三つである。そのうえで、第２、第３の課題について、それらを解消・解決するための具体的な方策をいくつか提案・紹介した。本章で取り上げた解決策の多くに共通することは、避難訓練を形として美しく整えて「予定通り完了」しようとするのではなく、それとは正反対に、訓練参加へのハードルを「上げ・下げ」して、そこに変化と攪乱を加えることで、避難訓練を「実質的に作動」させるという方向性である。これは、言いかえれば、避難訓練を、旧来と同じ手続きや様式で（しばしば無反省に）繰り返すだけの反復練習とするのではなく、現状の課題を明確に意識し、かつその解決を志向して試行錯誤するための実践学習として再構成する作業でもある。

その結果、当然のこととして、訓練は必ずしも予定通り進まなくなる。成功だけではなく、失敗・過誤・挫折が増え、かつ、それがあからさまな形で明瞭になる。しかし、畑村（2005）を筆頭に多くの論者が指摘してきたように、失敗こそが最大の学習リソースである。よって、訓練を「予定通り完了」することは、最大の学習資源をみすみす失うことである。訓練が最終的なゴールならば、それもよいかもしれない。しかし、当然のことながらそうではない。訓練はあくまでも本番のための手段である。本番の避難行動を改善するための手段としての訓練を明確に意識するならば、訓練は「予定通り完了」するのではなく、「実質的に作動」させる必要がある。訓練の現実的な実効性は、その動きの中からしか生まれない。

【引用文献】

安渡町内会安渡防災検討会（2015）「岩手県大槌町『安渡地区津波防災計画』」［https://www.bousai.go.jp/kyoiku/chikubousai/pdf/20150314forum/happyoshiryo11.pdf］

朝日新聞（2018年8月8日付）「犠牲51人、8割超が1階部分で発見　真備町の豪雨被害」

畑村洋太郎（2005）『失敗学のすすめ』講談社

児玉　聡（2020）「災害時の倫理：津波てんでんこ」『実践・倫理学：現代の問題を考えるために』勁草書房，pp. 215-230.

南林さえ子（2014）「防災訓練参加者調査からみた防災意識の構造」『駿河台経済論集』23（2），pp. 7-81.

大西正光・矢守克也・大門大朗・柳澤航平（2020）「リグレット感情を考慮した津波避難：リグレットマップ作製の試み」『災害情報』18, pp. 59-70.

柴田真裕・田中綾子・舩木伸江・前林清和（2020）「わが国の学校における防災教育の現状と課題：全国規模アンケート調査の結果をもとに」『防災教育学研究』1, pp. 19-30.

島川英介・NHKスペシャル「MEGADISASTER」取材班（2017）『大避難：何が生死を分けるのか／スーパー台風から南海トラフ地震まで』NHK出版

曽根志穂・金谷雅代・武山雅志（2021）「地域課題に応じた防災のための『健康を守る』備えや方法に関する検討：地域防災力の向上を目指して」『石川看護雑誌』18, pp. 47-59.

Sugiyama, T. & Yamori K. (2020). Consideration of evacuation drills utilizing the capabilities of people with special needs, *Journal of Disaster Research*, 15（6），pp. 794-801.

杉山高志・矢守克也（2017）「後期高齢者を対象とした屋内避難訓練の分析」『日本災害情報学会第19回学会大会予稿集』，pp. 216-217.

杉山高志・矢守克也（2022）「令和3年度台風14号接近時における避難行動の分析」『地区防災計画学会誌』23, pp. 40-41.

牛山素行（2020）「台風などの風水害犠牲者の半数は屋外で遭難　風雨が激しいときの屋外行動は要注意」ヤフーニュース，2020年9月4日付［https://news.yahoo.co.jp/expert/articles/35ca1ada08df50813d69230b5a5d4dd09560ae63］

第６章　津波避難訓練支援アプリ「逃げトレ」

第１節　津波避難——人間系と自然系のインタラクション

本章では、津波からの避難訓練を題材に、従来の手法とは一線を画した手法として筆者らが開発し、すでに社会実装したスマートフォンのアプリ「逃げトレ」[注1]について詳しく紹介し、かつ、それが避難学一般に対して有する理論的含意について論じる。なお、「逃げトレ」は、一般のアプリストアから無料でダウンロード可能である。詳細は、章末の参考情報を参照されたい。

本章では、まず、「逃げトレ」の内容について紹介する（第2節第1項）。次に、「逃げトレ」が、避難行動の分析・改善の鍵を握る人間系（避難行動）と自然系（津波挙動）との相互関係を、当事者（実際に避難する人びと）一人ひとりに対して、個別に可視化するためのインタラクション表現ツールであることを示す（第2節第2項）。そのうえで、「逃げトレ」の効果性、とりわけ、これまでの避難対策や手法——たとえば、ハザードマップや従来型の集団一斉訓練など——に対する優位性を、「コミットメント」と「コンティンジェンシー」を鍵概念として明らかにする（第3節）。また、「逃げトレ」が担保する「コミットメント」と「コンティンジェンシー」の相乗作用は「想定外」に対する対応原理として重要であることを指摘する（第4節）。最後に、人間科学と自然科学の性質のちがいにも言及しながら、避難学の構築にとって「逃げトレ」が有する意義を明らかにして本章全体を総括する（第5節）。

津波は、能登半島地震（2024年）、東日本大震災（2011年）、インド洋大津波（2004年）といった近年の災害を参照するまでもなく、数ある自然災害の中でももっとも大きな被害をもたらす災害の一つである。特に、現在、南海トラフ地震の発生リスクが高まっている日本社会では、その対策はきわめて重要である。南海トラフ地震の今後30年間の発生確率は70～80％で、最悪の場合、全国で32万人を越える死者（その約71％にあたる23万人が津波による）が出ると想定されている。東日本大震災をはるかに上回る規模である。この大きな災害リスクに対する基本的な対策フレームでは（中央防災会議，2013）、津波のサイズを、レベル1（比較的発生頻度が高く、過去に発生したことが実際に確認された程度の津波）とレベル2（想像できる限りで最大クラスの津波）の2種類に分け、前者には主に、防潮堤の建設等のハードウェアによる対策、後者には主に、避難訓練等のソフトウェアによる対策をもってあたるとされている。これは、平たくいえば、レベル1の津波は、防潮堤等のハード施設で人の居住地域への侵入を防ぐことを目指すが、レベル2の津波に対しては「逃げるしかない」（早期避難しかない）という宣言である。実際、国も、「津波から命を守るために一番にとるべき行動は『素早い避難』です」（内閣府，2015, p. 4）として、啓発活動につとめている。

このうち後者、すなわち、本書のメインテーマでもある避難行動対策については、これまで、その改善に向けて、主として二つのアプローチがとられてきた。第1は、人間系（人間行動）に力点を置いたアプローチで、具体的には、本書の随所で取り上げている避難訓練などがそれにあたる。第2は、自然系（津波挙動）に力点を置いたアプローチで、具体的には、上述したハード対策の実施を前提として、津波の想定浸水領域や予想到来時間などを示した津波ハザードマップの作成と公表、津波来襲のリスクを知らせる警報・注意報の発表などがそれにあたる。

ここで大きな課題として指摘しなければならないのが、これら二つのアプローチが、これまで、相互に関係づけられることなく実施されてきた事実である。すなわち、――避難訓練に対する参加率やモチベーションの低迷といった課題は脇におくとしても――たとえば、小学生が学校の教室から自治体が指定した高台の避難場所まで毎回同じ経路をたどって避難する集団一斉訓練など、実際の津波挙動について十分参照することなく、訓練は訓練として実施されている場合が多い。同様に、津波ハザードマップも、――その普及率や認知率が著しく低いといった課題は脇におくとしても――津波の脅威を示すリスク情報として提供されているだけで、避難訓練を支えるツールとなり得ていない場合が多い。

しかし、津波避難に関する解析・改善にとって、ひいては避難学の確立にとってもっとも重要なことは、本来、人間系（避難行動）および自然系（津波挙動）、この両者のインタラクションのはずである。すなわち、人間系に関して主として心理学などの研究領域から得られる研究成果と、自然系に関して主として津波工学などの研究領域から得られる研究成果とを、学際的に融合する必要性、言いかえれば、そのためのインタフェース——両系の相互関係を可視化するインタラクション表現ツール——を整備し、現場での実践に供する必要がある。

なおかつ、ここでいうインタラクションの重要性を、次の二つの水準に分けて整理することが大切である（図6-1参照）。第1は、物理的な水準である。避難行動は、この後で論じるように、もちろん、人間の側の複雑な意志決定の結果として生じる。しかし、第一義的には、避難行動は、物理的世界の一斑を成す人間、つまり人間の身体的運動と、同じ物理的世界の一斑を成す津波の挙動とのインタラクションと見なすことができる。身体としての人間と物質としての津波とが物理的な時空間の中で重なり合えば避難失敗、徹頭徹尾、分離されていれば避難成功——避難行動は、あえて乾いた言い方をすれば、このように理解することができる。津波避難をめぐる人間系と自然系のインタラクションは、まずは、この物理的な水準で生じる。

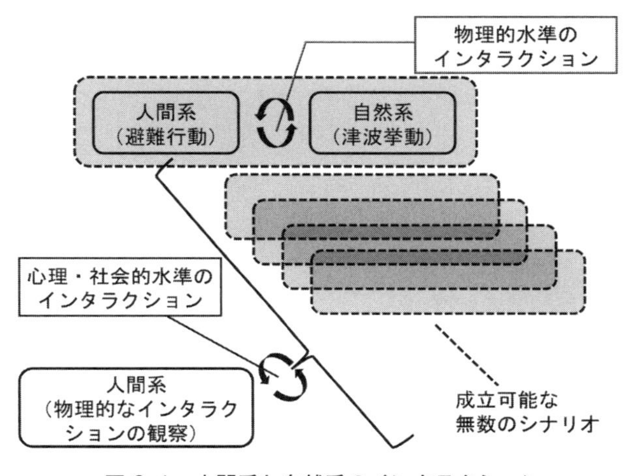

図6-1　人間系と自然系のインタラクション

第2は、心理的な水準のインタラクションである。このタイプのインタラクションは、「油断とあきらめ」「情報待ち」「想定外」(別言すれば、想定シナリオへの「固着」)といった、津波避難に関連して広く人口に膾炙している用語群として表現されている。たとえば、津波ハザードマップで自宅周辺が浸水域外とされた人には「油断」が、他方で避難が非常に困難とされた人には「あきらめ」が生じることがある。また、実際に津波の危険が迫っていても、「今すぐ逃げる必要があるのか」と情報を待ってしまう傾向を人びとがもっていることも広く知られている(矢守, 2013)。さらに、津波想定に関する知識があるために、かえってそれに「固着」し現実の津波に柔軟に対応できなかったケースも生じている。これらの現実はすべて、物理的な水準における人間系と自然系のインタラクションについての理解(物理的な水準のインタラクションをどのように観察したか)が、元の物理的な水準のインタラクションに対して再帰的に、言いかえれば二次的に影響を及ぼすことを示している。

「逃げトレ」は、物理的および心理的な水準における人間系と自然系のインタラクションの双方に密接に関連するツールである。また、この点こそが、「逃げトレ」を従来の津波避難に関するツールや手続きから区別するもっとも重要な特徴でもある。この最重要ポイントについては、次節で「逃げトレ」の概要について紹介した後、第2節第4項で小括し、さらに第3〜第4節でより深く掘り下げて論じる。

第2節　津波避難訓練支援アプリ「逃げトレ」の概要

「逃げトレ」に関しては、別所でも報告しているので(Yamori & Sugiyama, 2020など)、ここでは、「逃げトレ」の機能について、本章の論点に深く関わる点を中心に概要のみ簡単に紹介しておく。「逃げトレ」は、スマートフォンのGPS機能を利用することによって、スマートフォンを携帯して実空間を移動する訓練参加者が、自らの現実の空間移動の状況と、そのエリアで想定される津波浸水の時空間変化の状況――第1節で述べた南海トラフ巨大地震に伴って発生する津波に関して、中央防災会議(2013)が最悪想定(レベル2想定)として示した状況――を示した動画、この両方をスマートフォンの画面で同時に、しかも訓練中リアルタイムに、かつ事後的にも確認することができるアプリである。「逃げトレ」のシステム構成と主な機能について、以下、スマートフォンに実際に表示される画面遷移をたどりながら、大きく三つのステージに分けて紹介する。

1．第１ステージ：初期設定とハザードマップの確認

第１ステージは、「初期設定とハザードマップ確認」のステージである。トップページ（図６-２）の次に、重要な初期設定条件である避難開始時間設定画面があらわれる（図６-３）。地震を感じてから実際に避難を開始するまでに要する時間は、人によって（たとえば、年齢によって）、状況によって（たとえば、自分だけで避難するのか、歩行困難な同居人の避難を支援するのか、あるいは、近隣住民に避難の呼びかけをするのかなどによって）、大きく変化する。この所要時間は避難の成否を分ける最大の要因の一つであり、かつ、訓練参加者が緊急時に実

図6-2　トップページ

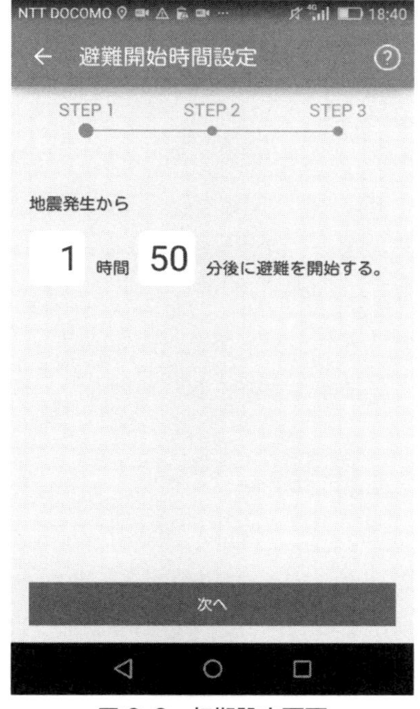

図6-3　初期設定画面

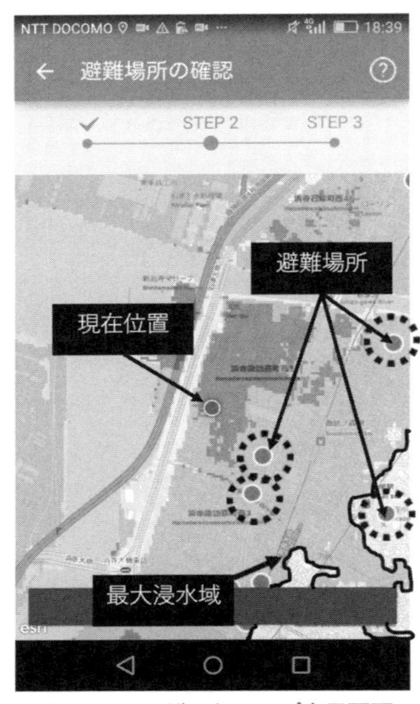

図6-4　ハザードマップ表示画面

際に変更可能な要因である。そのため、たとえば15分、60分などと、ユーザーが自由に設定できるようになっている。図6-3では、当該地域（大阪府堺市北部）では、地震発生から約100分後に津波が海岸部に襲来すると予想されることから、一定期間の救援活動などを行って避難することを想定して、「110分（1時間50分）」と入力されている。

次に、「逃げトレ」を起動した地点（スマートフォンが取得するGPS位置情報）に応じて、当該地域の地図が自動的に画面に表示される（図6-4）。画面には、アプリを立ち上げた当事者の現在位置（矢印で指示した丸印）、当該地域で予想される津波最大浸水域（薄灰色の領域、現在位置が含まれる濃灰色の領域は想定浸水深がより深いエリア）、および、高台や避難ビルなど自治体が指定した避難場所（破線で囲んだその他の丸印）が示されている。この画面は、津波ハザードマップ（あるいは、津波防災マップ）と内容的に同じものである。すなわち、「逃げトレ」は、通常、地域住民のみに配付されることが多いこうしたハザードマップ情報を、観光客などの一時来訪者に対しても、しかも、その場所で提示する機能を有している。

2．第2ステージ：訓練

第2ステージは、「訓練」のステージである。「訓練開始」ボタンを押すと、図6-5のような画面があらわれる。ここでは、矢印で示しているように、画面左から右へと訓練参加者が避難してきたことが示されている。この移動記録は、訓練参加者の移動に従って連続した点の軌跡として表示される。このとき、点の色が、訓練参加者の現在位置まで津波が到達するまでの余裕時間に応じて、

図6-5　訓練中の画面サンプル（1）

図6-6　訓練中の画面サンプル（2）

緑（浸水域外）、黄緑（30分以上）、黄（15分以上30分未満）、橙（5分以上15分未満）、赤（5分未満）、黒（津波に追いつかれた状態）と変化する。なお、状態に変化が生じたときには、音声でもその状態になったことが警告される。

加えて、画面には、より詳細な余裕時間（3分24秒）、地震が発生してからの経過時間（1時間51分36秒）、その場所での予想津波浸水深（3m）も表示されている。同時に、その時点で津波が浸水してきている領域が水色で表示（この画面では、画面左側の海岸沿い、および、上側の河川沿岸から浸水が始まっている）、この領域は動画として徐々に拡大していく。さらに避難を継続して、安全な領域（浸水想定域外）に出た段階における様子が図6-6である。ここでは、訓練者は、矢印で示したように、画面左上から右下の方向へ避難してきており、各時点での現在位置を示す点の色が、当初の赤や橙から黄や黄緑を経て緑へと変化している。

以上の仕組みにより、訓練参加者は、常に、自分の現在位置（避難行動）と

図6-7　訓練結果の表示画面

接近しつつある津波との関係をモニタリングすることができる。なお、いったん避難失敗の状態（黒色表示）になっても、訓練そのものは継続可能であり、アプリもそのまま稼働する。

3．第3ステージ：判定と振り返り

第3ステージは、「判定と振り返り」のステージである。訓練参加者は、避難を完了したと自ら判断した時点で、「避難完了」ボタンを押す。すると、画面には訓練結果があらわれる（図6-7）。この画面では、まず、当該の訓練が、最終的に成功したのか失敗したのかについて、3段階で示される。「成功」（もっとも津波と接近していた時点でも5分以上の余裕をもって避難完了）、「危機一髪」（避難成功ではあるが、最悪の時点では余裕時間が5分未満）、「失敗」の3段階である。図6-7では、「危機一髪」と評価されている。訓練に対する「評価」（避難の成否）が具体的にフィードバックされないことが多いという従来型の集団一斉訓練における最大の弱点を補うことを意図した仕組みである。ここで、避難訓練の3大課題が「評価」「主体性」「多様性」の各要素が不足・欠落していることだったことを思い起こしておこう（第5章第1節）。

また、当該訓練の時間経過の全貌、すなわち、開始時点から完了時点までの参加者の移動軌跡と津波浸水状況の時間変化とを重ねた様子を一つの動画として見ることができる。すなわち、前ページの図6-5や図6-6をその一部として含む状況図を一連の動画として見ることができる。これによって、訓練参加者は、自身の避難行動と津波浸水の状況との関係性（物理的な水準でのインタラクション）を地図上で、しかも時間を追って理解することができる。さらに、この同じ動画は、避難開始のタイミングが実際に設定した時間よりも早かった

場合、遅かった場合（たとえば、「あと10分早くスタートしていたら」）を仮想的に設定して、その状況をシミュレーションして表示することもできる。さらに、津波浸水想定を別の想定に変更してみた場合の結果についても表示することができる。これらのシミュレーションは、物理的な水準でのインタラクションのあり方自体が、別のものに変化する可能性、すなわち、心理的な水準のインタラクションを体感する機会を訓練参加者に与えていることを意味する。

なお、以上の「判定と振り返り」の情報は、スマートフォン内に「訓練アルバム」として保存できるので、新たに訓練を実施した際、以前の訓練結果と比較することもできる。

4．物理的および心理的な水準におけるインタラクション

以上に略述した「逃げトレ」の概要から、「逃げトレ」が、物理的および心理的な水準におけるインタラクションの双方を効果的に可視化するツールであることがわかる。

第１に、「逃げトレ」では、訓練参加者の主体的な判断や行動の結果として生じる個別の避難行動（空間内での移動記録）に、当該地域で想定される津波浸水状況の時間変化がオーバーラップして表示される。これによって、訓練参加者は、自らの避難行動と津波の浸水状況との関係性とその変化――たとえば、この数分間の移動は自分を津波から遠ざけたのか、そうではなかったのかといったこと――について、時々刻々知ることができる。これは、「逃げトレ」においては、人間系と自然系、この両者の間にどのような物理的なインタラクションが生じていた（生じている）のかを鮮明に知ることができる情報が提供されていることを意味している。

第２に、「逃げトレ」には、当該の訓練トライアルで実際に生じた物理的なインタラクションだけでなく、それがどのように変化し得るのか（ないし、積極的に変更可能なのか）について知ることができる仕組みも備わっている。上述の通り、「あと10分早く（あるいは逆に10分遅れて）家を出ていたら」といった別条件で避難した場合の避難成否についても、「逃げトレ」ではシミュレーション機能を用いて事後的にチェックできる。さらに、「逃げトレ」では、津波の浸水状況についても、政府公表の最悪想定（レベル２想定）の津波想定を

基本設定としながらも、別の津波想定——たとえば、いわゆる「半割れ」シナリオ（矢守, 2023）など——に基づく浸水シミュレーションも選択できる。なお、この機能は、現在開発中の「逃げトレ View」注2でさらに十全な形で実装される予定である。

以上の機能を通して、「逃げトレ」では、人間系と自然系の間で生じる物理的なインタラクションについて、きわめてリアルに体感することができる。自分の決定や行動が、津波の挙動とどのように絡み合うことになるのか、その実感を獲得することができる。これは、いわば「ただ逃げてみる」だけの従来の避難訓練（人間系のみ）にも、逆に、「津波ハザードマップを眺めている」だけの防災学習（自然系のみ）にも見られなかった「逃げトレ」の大きな特長である。訓練参加者自身の決定や行動によって避難の成否が決まることを明示的に体験すること（「逃げトレ」には（あえて）ナビゲーション機能を一切もたせていない）は、第5章第1節で指摘した避難訓練の三つの必須要素——「評価」「主体性」「多様性」——のうち、「主体性」の涵養をねらったものである。

加えて、「逃げトレ」は、両系の間の物理的なインタラクションについて、実際に実現した一つのあり方だけ（当該の訓練参加者がその訓練セッションで実現させた物理的なインタラクション）を可視化しているだけでなく——上述した通り、それだけでもこれまでの訓練手法やツールにはほとんど見られなかった特長であるが——、物理的水準におけるインタラクションの変容可能性（多様性）についてもアプリのユーザーに伝えることができる。これは、「逃げトレ」が心理的な水準におけるインタラクションにも関わるユニークなツールであることを示唆している。また、この点は、別の言い方をすれば、上述の3要素のうち、多様なシナリオ（多様性）に対する想像力をかき立てる形で訓練が行われるべき点を意識したものである。

第3節　「コミットメント／コンティンジェンシー」の相乗作用

1.「キャラクター／プレイヤー」

ここまで、津波避難訓練支援ツールとしての「逃げトレ」の有効性、特に、旧来の集団一斉訓練に対する優位性について、人間系と自然系のインタラクション（物理的な水準および心理的な水準）の表現ツールという観点から述べてきた。このとき、特に鍵を握るのが、第2節の末尾で指摘したように、「逃げトレ」が、単に実際に成立した一つの物理的なインタラクションを可視化するだけでなく、その変容可能性（他のあり方もあり得ること）を提示すること、言いかえれば、心理的な水準でのインタラクション――油断やあきらめ、想定への固着や想定外など――に関与することである。たしかに、物理的な水準でのインタラクションの可視化は、近年急速に進歩を遂げているVRやARを用いたツールでも――ある意味で「逃げトレ」以上に印象的な形で――実現されている。しかし、心理的な水準でのインタラクションについては、その限りではない。その意味で、「逃げトレ」固有の特長は、後者の方にあると言ってよい。

そこで、本節と次節では、「逃げトレ」が心理的な水準でのインタラクションを促すツールでもある点に焦点をあてて考察を深めていこう。この点について議論するうえで、東（2007）による「キャラクター」と「プレイヤー」に関する議論が、非常に重要な示唆を与えてくれる。東（2007）は、ライトノベルや美少女ゲームなどのサブカルチャーの消費スタイルにポストモダンな現代社会を生きる人間の生一般の特徴を見た啓発的な議論を展開している。「キャラクター」と「プレイヤー」は、この中で提示された中核概念である。ここで重要なことは、こうしたノベルズやゲームの多くが、小説読者やゲームプレイヤーの選択の結果によってストーリーが複数に分枝し、それに応じて小説やゲームの結末が複数存在する構造、いわゆる、マルチ・シナリオ／マルチ・エンディングの構造を有している点である。

東（2007）の議論を敷衍すれば、本論文の視点から、「キャラクター」と「プレイヤー」を次のように対照させることができる。まず、「キャラクター」とは、このような構造をもつゲームの中で、実際に実現している特定のシナリオに没入する傾向性を示すと解釈することができる。シナリオ分岐型のゲームの中で、その分枝の一つを所与のものとして、つまり、それを、少なくとも目下のところ、変更不可能な唯一の制約条件として生きるのがキャラクター（ないし、それと一体化した小説読者やゲームプレイヤー）だからである。対照的に、「プレイヤー」とは、さまざまに分枝し得る多種多様なシナリオの総体を俯瞰しようとする傾向性を示すと解釈できる。シナリオの各分枝を「one-of-them」として相対化し、複数の可能的なシナリオからなる世界の全体像を総覧するプレイヤーの立場に立とうとするのが小説読者やゲームプレイヤーだからである。

「キャラクター／プレイヤー」は、本研究にとって重要な示唆をもたらす概念だが、東が提起した直接的なコンテキスト（サブカルチャー論）と密着して受けとられる危惧もある。そこで、ここでは、両者を「コミットメント／コンティンジェンシー」として一般化しておこう。この両概念を、ここまでの論述に照らして、あらためて定義しておくと以下のようになる。まず、「コミットメント」（commitment；没入・固着・絶対化）とは、人間系と自然系の物理的なインタラクションに関して、無数のシナリオが実現する可能性がある条件下で、特定のシナリオやその実現可能性を絶対視しそれへと没入する運動・作用を意味する用語である。次に、「コンティンジェンシー」（contingency；離反・偶発・相対化）とは、同じ条件下で、特定のシナリオやその実現可能性を相対化し、そこから離脱する運動・作用を意味する用語である。

2．「逃げトレ」が高める「コミットメント／コンティンジェンシー」

「コミットメント／コンティンジェンシー」という鍵概念を用いると、第2節、特に、第2節第4項で指摘した「逃げトレ」の有効性について、より明確な位置づけを与えることができる。ここでも結論を先述しておけば、「逃げトレ」は、「コミットメント／コンティンジェンシー」、この双方を共に高める働きをもっている。

まず、「逃げトレ」が「コミットメント」を高める側面について述べる。「緊張感がある」「あと何分で津波が来るかわかるので危機感をもつ」「津波が迫ってきて臨場感や切迫感をもてた」「結果がはっきりわかっていい」「走っても走っても、津波が襲ってきて死ぬかと思った」「海に近い道を通ったら、津波が近づいてあらためて驚いた」。以上は、地域社会や学校等における避難訓練で実際に「逃げトレ」を利用した実証実験で、訓練後の質問紙調査（自由回答欄）またはインタビュー調査によって訓練参加者から得られた感想である（Yamori & Sugiyama, 2020）。なお、実証実験は、千葉県、静岡県、愛知県、和歌山県、大阪府、高知県など、すでに広域で1万人以上の参加者を得て実施されている。

これらの感想はすべて、従来の避難訓練と比較して、「逃げトレ」を用いた訓練では、当事者が選択した特定の条件のもとで実現した避難行動とその結果に対して、訓練参加者がより強い「コミットメント」を示したことを示唆している。緊張感、臨場感、切迫感は、その結果として生じていると見なすことができる。その間接的な根拠となるのが、従来の避難訓練における「緊張感のなさ」である。これまでのスタイルである集団一斉訓練は、多くの場合、津波がどの程度切迫しているのかも特定されず、避難行動や準備に要した時間も計測されず、したがって、その避難行動が結果として適切だったのかどうかについても判明しないままに実施されていた。言いかえれば、訓練参加者が緊張感、臨場感、切迫感をもって「コミットメント」できるだけのシナリオがそこで現実化できていなかったということである。

ただし、以上のことは、「逃げトレ」が醸成したと考えられる強い「コミットメント」が、無条件でポジティヴな影響を訓練参加者にもたらすと主張するものではない。そのことは、「場合によっては、人を殺すツールにもなりえる」との「逃げトレ」評（牛山, 2017）としてよく表現されている。たしかに特定の条件設定のもとで実施された1回限りのトライアルやその結果だけに強く「コミットメント」することは、それ以外のシナリオやその実現可能性を度外視することでもある。「他の道を通っていれば」「実際の津波がもっと大きかったら」こういった無数の「イフ（if）」を無視して、「逃げトレ」が提示した結果だけに訓練参加者が一喜一憂するとすれば（そのような利用法を強いる形で「逃げトレ」が使われるとすれば）、先の批判は現実のものとなろう。

次に、「逃げトレ」が「コンティンジェンシー」を高める側面について述べる。以下に紹介するのは、高知県黒潮町における避難訓練で「逃げトレ」を活用したときに観察された事例である。この訓練では、「逃げトレ」で得られたデータ（スマートフォンに記録された動画）と訓練場面を撮影した別の動画を、訓練終了後、実際にアプリを使って訓練した本人だけでなく、その他の住民も参加した住民勉強会で共同視聴した。その際、「もう少し早く家を出たら……」「このブロック塀が崩れたら……」といった意見が、訓練参加者本人を含むワークシップ参加者からも多数提示されたのである。以上のことは、「逃げトレ」を用いた訓練が、従来の避難訓練と比較して、ある特定のシナリオやその実現可能性——実際にその参加者が示した避難行動実績——を相対化し、それから離脱する運動・作用、つまり、「コンティンジェンシー」を高めていることを示している。

ただし、「コミットメント」について述べたのと同様、以上の結果も、「逃げトレ」が喚起する「コンティンジェンシー」が、無条件でポジティヴな影響をもたらすと主張するものではない。そのことは、「ゲーム的な印象が強く、緊張感がなくなるかも」という別の参加者の感想によくあらわれている。これまで述べてきたように、「逃げトレ」は、人間系についても自然系についても、多様に条件設定を変えながら（たとえば、違う経路をとってみる、津波想定を変えてみるなど)、「(さっきのものとはちがって）こちらの条件ではうまく逃げ切れるか」についてチェックすることを訓練参加者に促す作用をもっている。これは、もちろん、ポジティヴな意味での「コンティンジェンシー」へと人びとを誘導する重要な機能である。しかし、見方を変えれば、「逃げトレ」がゲーム（遊戯）としての性質をもっているということであり、上記の感想は、ゲームがもつ「やり直しがきく」という性質がネガティヴにあらわれた場合に相当すると考えることができる。

第4節 「想定外」への対応

1.「想定外」への対応とは

以上のように、「逃げトレ」には、「コミットメント／コンティンジェンシー」の両方の運動・作用を同時に生み出す力がある。もっとも、上で留保したように、両運動にはそれぞれ、長所や利点とともに短所や欠点がある。また、これら二つの作用は、一見すると、反対方向を向いていて、互いに他方を打ち消してしまう否定的な関係のもとにあるように見える（前者は特定のシナリオの絶対化を、後者はその相対化を志向しているのだから)。しかし、実際にはそうではなく、両者は互いが他方の助けを借りることで強化し合うような相乗関係にある。本章では、この大切なポイントについて、東日本大震災以降、社会的な流行語ともなった「想定外」への対応という観点から考察して、「逃げトレ」の効用についてまとめておきたい。

「想定外」は、東日本大震災における巨大地震・津波の予測や大震災前後の社会的対応をめぐる議論の中で大きな話題となった。しかし、「想定外」は、当時の流行語だったが早くも忘れ去られつつある。それは、この概念を通俗的な場面で便利に使い回すだけで、理論的に掘り下げる努力を怠ってきたからである。まず批判的に検討しておかねばならないのが、「今後は『想定外』を考慮に入れて対応して参ります」といったタイプのフレーズである。この種の言明は、「想定外」に対応することが重要だとの認識を示しただけで、どのようにすればそれが実現するのかについては何も語っていないか、もしくは、自らが想定できていないシナリオや可能性を想定するという単純な自己矛盾を表明しているか、そのいずれかである。

次に、「想定外」に向きあうための態度として、現在、社会でもっとも正統的と見なされている「考えられる限りの、すべてのシナリオや可能性を考慮しておく」という戦術について考えよう。「それはあり得ないだろう」と（常識的には）思えるようなものも含めて、考えられる限り大きな地震や津波を想定しよう、最悪の被害想定までしておこうとする態度も、この戦術の一種である。この方向性は一見すると適切で、何の問題もないように思える。しかし、そうではない。少し考えると、こうした戦術は、「想定外」に対応するものではなく、まったく反対に、むしろ「想定外」の発生を基礎づけて準備しているとすらいえることがわかる。なぜなら、考えられる限りすべてのシナリオやその実現可能性を検討し考慮の範囲に包摂し尽くしたという全能感や網羅感こそが、「えっ、今度はそう来たか！」という強い「想定外」を生む前提になっているからである。

２．相対化の運動とその落とし穴

上に要約したナイーブな「想定外」理解と比べて、「失敗学」で著名な畑村（2011）が提起する「『悪意の鬼』になって、徹底的にどうなったら危ないか……あぶり出す」（p. 150）という戦術には注目すべき点がある。特に、畑村のこの言葉をさらに拡大解釈して、「『悪意の鬼』になって想定外を見出す運動を永遠に続ける」と敷衍すれば、従来型の戦術との違いがよりクリアになる。

この戦術の根幹は、一言でいえば、「相対化の運動」である。「これでベストだ」「これが考えうる全シナリオだ」、そのような断定に対して、常にその外に出る運動を試みること、このポストモダンな相対化の運動を終わらせることなく続けることこそが、「想定外」への対応だ――このような理解である。言いかえれば、上記でナイーブと称した戦術はすべて、こうすれば「想定外」に対応したことになるという終結的な状態（理想状態）が存在すると仮定している。しかし、指摘してきたように、それは「想定外」への対処どころか、むしろ「想定外」の原因（温床）なのだ。それに対して、「悪意の鬼」は、常に相対化を繰り返しながら「想定外」と対峙しつづけるという「運動」に、「想定外」への対応の本質を見ている。この認識は明らかに一つの前進である。

しかし、この相対化の運動にも落とし穴があるのではないか。これがここでのポイントである。落とし穴は、相対化の運動が、その反復の過程でいわば摩耗してくることから生じる。相対化の運動とは、「これがベストとは言いきれないでしょう」「ほかにもまだシナリオがあるにちがいない」と、「悪意の鬼」によって常に問い直され続ける過程である。これは、「これで絶対正解だ！」との確信が「ぬか喜び」だったことを何度も繰り返し知らされる過程にほかならない。この反復は、やがて、「今回の考え（今回の訓練）にもいずれ“ダメだし”がくるんでしょう」という態度を招来するであろう。こうして、相対化の運動自体が活力を失っていく。

では、どうすれば、相対化運動の活力を維持できるのか。その鍵は、逆説的に響くかもしれないが、当面のシナリオ（想定）を「絶対視」すること、「今度こそ、これで完全だ」と全能感をもって信じ切れるところまで、いったんそれに没入し、そのシナリオを磨き上げることである。よき「相対化」のためにこそ、「絶対化」が求められるのだ。なぜなら、上記にいう活力の喪失とは、最初から、その想定に疑いを抱くこと（「どうせ、また“ダメだし”が……」）から生じているからである。「えッ、まだ、そんなシナリオや可能性があったんだ」という、新鮮な「想定外」の感覚、言いかえれば、よい意味で裏切られた驚きを得るためには、その前提として、いったん、あるシナリオ（避難訓練でいえば、ある訓練条件）に対する絶対的な没入が必要となるわけだ。

以上の議論は、本章の鍵概念「コミットメント」と「コンティンジェンシー」を使って、より明快に整理できる。つまり、「想定外」への対応とは、ある状態、特に、想定外がなくなった（と思い込むことができる）状態に到達することではなかった。そうではなく、「想定外」に積極的に体験・直面し続ける運動が肝心であった。この運動は、二つの、一見すると反対方向を向いた運動が併存することでより有効に達成できると考えられる。その一つが「コンティンジェンシー」であり、このシナリオしかないという思い込み、あるいは、すべての可能性を網羅できたという全能感が生じるたびに「悪意の鬼」となって、それを相対化しそこからの離脱を図る運動である。しかし他方で、「コンティンジェンシー」の終わりなき相対化運動を活力あるものとして継続させるためにも、それは、正反対の方向を向いた運動である「コミットメント」によって相補される必要がある。すなわち、相対化運動が生き生きとしたものになるためにも、まずは、ある特定のシナリオとその実現可能性を絶対視し、そこへと没入する「コミットメント」が必要なのである。

要するに、「想定外」への対応とは、特定のシナリオに「コミットメント」する、しかし、後続の段階では、その「コンティンジェンシー」に目を向けるという交替・往復運動を絶えることなく継続することにほかならない。しかも、前述した通り、中途半端な「コミットメント」は、中途半端な「コンティンジェンシー」しか生まない。両者の交替・往復運動は、両方の運動・作用を高い水準で保ちながら、言いかえれば、交替・往復運動の振れ幅を大きく保ちながら実施される必要がある。

3.「逃げトレ」――「想定外」への対応力

「逃げトレ」を使って避難訓練に参加する人は、――第3節第1項で参照した東（2007）の用語をもう一度だけ参照するならば――まずは「キャラクター」として、特定のシナリオとその実現可能性に没入して、そこに強く「コミットメント」するように誘導される。「こんなにがんばって逃げたのに、“避難失敗”という結果になった」と嘆くとき、人びとは強くそこに「コミットメント」して（しまって）いる。しかし、だからこそ、「そうか、5分早く避難を始めるだけで、こんなに状況が変わるのか」と、そこから離脱する「コンティンジェンシー」の重要性を「プレイヤー」として印象深く体験できる。

これは、東（2007）が、同書の結論部で「それがゲームであることを知りつつ、そしてほかの物語の展開があることを知りつつ、しかしその物語の『一瞬』を現実として肯定せよ」(p. 287) と指摘していることと符合する。また、大澤・東 (2007) が、同じ箇所について、「ある選択をして別のものに対して排他的になるのもダメだし、虚構のなかのただの多元性にとどまるのもダメ、なんと言うのかな、まさに選択しているんだけれども、他に対する想像力を残すんだ、という話ですよね」(p. 425) と論じるとき、念頭に置かれているのも、「ある選択をし」、それを「現実として肯定」する「キャラクター」的な運動・作用――「コミットメント」――と、「ほかの物語の展開があること」、つまり「ほかに対する想像力」を保持する「プレイヤー」的な運動・作用――「コンティンジェンシー」――との併存と相乗の必要性、である。

こうして「逃げトレ」の利用者は、無限のシナリオ・可能性を包含した「あり得る世界の総体」へと漸近する終わりなき運動の中で、自らの選択と行動が有する意味――人間系と自然系の物理的なインタラクションに自らが及ぼし得るインパクト――を主体的に探り、検証し、実感する。これこそが、「想定外」に対応する力というものであろう。

ここで、以上の内容をいったん総括しておこう。「逃げトレ」の有効性は、まずは、避難行動の解析とその改善にとって死活的な重要性をもつ人間系と自然系との間で生じる物理的なインタラクションを適切に表現するツールであることによって担保されていた。つまり、「逃げトレ」は、避難訓練を通して実際に生じた物理的なインタラクションの結果、すなわち、ある特定のシナリオを当事者に対して、従来よりもはるかに明確な形で提示する機能をもっていた。しかし、それだけでは、そのシナリオに対する「コミットメント」を生むだけにとどまる。「逃げトレ」は、それに加えて、物理的なインタラクションに生じ得る他なる可能性、すなわち、一度実現したシナリオであっても、そこには別の可能性が大きく開かれていることを当事者に開示する性質、別言すれば、「コンティンジェンシー」を提示する機能ももっていた。「逃げトレ」の有効性は、「コミットメント／コンティンジェンシー」という、一見相反する二つの運動・作用を併存かつ相乗させるためのインタフェースであることに由来し、それが「想定外」への真の対応力を養成する土壌ともなっている。

第5節　自然科学と人間科学のインタフェース

最後に、「逃げトレ」の成果について、人間科学、自然科学の双方にわたる学際的研究領域としての避難学の構築という観点から位置づけておこう。

1．自然科学による観察の観察――心理・社会的水準のインタラクション

第1節で指摘したように、本章では、避難行動の分析においても、避難訓練手法の提案においても、人間系と自然系のインタラクションに焦点をあてており、その意味で、人間科学と自然科学の併用ないし融合を志向している。自然科学とは、観察する主体である人間（が観察対象に及ぼす影響）を、観察活動本体から徹底的に排除する運動である。それに対して、人間科学（杉万，2013）とは、観察する主体である人間（が観察対象に及ぼす影響）を、観察活動本体の一部として受容するところに成立する科学を模索する運動である。要するに、自然科学は観察主体と観察対象との分離を、人間科学は観察主体と観察対象との融合を、それぞれ前提としている。別言すれば、両者のちがいは、観察スタイルのちがいにあるのであって、観察対象のちがい（自然か人間か）ではない。よって、人間を対象とした自然科学は十分にあり得る。実際、「実証（的）」を標榜する多くの心理学的研究は、この路線を目指している。

以上の理解を踏まえて、「逃げトレ」に戻ろう。「逃げトレ」では、人間系と自然系の関係について2種類のインタラクション（第1節）が問題とされていた。まず、物理的な水準におけるインタラクションとは、世界を構成する物質系の一班としての人間（生身の身体としての人間の空間移動）が、同じく物質系の一班たる津波（陸上に遡上してきた海水の挙動）と、どのような関係をもつのか。このきわめて即物的な水準におけるインタラクションのことを指していた。この物理的な水準におけるインタラクションを観察し、それを動画として可視化するとき、「逃げトレ」は、ここでいう自然科学の立場に立っている。物理的な水準におけるインタラクションを、自然科学の視点から徹底して見きわめる作業が津波避難に関する従来の研究・実践に不足ないし欠落していたことに対する一つの応答、それが「逃げトレ」であった。

他方で、「逃げトレ」は、心理的水準におけるインタラクションにも光をあ

てるツールである。たしかに、津波の激流に追われているとき、(物質としての)人間は自然そのものとの対峙を余儀なくされている。このとき、物理的な意味でのインタラクション（それを自然科学的に観察すること）が問題になっている。しかし、たとえば、津波避難について考えをめぐらせて対策を練り、訓練に励んでいるとき、人間は、もはや自然（津波）そのものと対峙しているのではない。そうではなく、観察された物理的なインタラクション、ないし物理的なインタラクションの写しと対峙している。第1節で例示した現象群、すなわち、巨大な想定を前にした「あきらめ」、浸水域外との予想がもたらす「油断」、特定の想定シナリオに対する「固着」などは、まさに、この次元で生じる現象である。

こうした心理的水準におけるインタラクションは、自然や人間について自然科学的に観察する行為が、観察というフィルターを通して対象たる物理的水準のインタラクションについて観察することであると同時に、あるいは、それ以上に、そのフィルターそのもの（観察行為）について（再帰的に）観察することでもあるために生じる。しかも、こうした再帰的な観察の重要性は、自然科学が進捗すればするほど、その必要性がますます増大する。自然科学（たとえば、津波浸水予測や避難行動解析）が——現在の日本社会がまさにそうであるように——進展すれば、それだけいっそう、自然と人間は直接対峙するのではなく、そのインタラクションの写したる津波予測や被害予想を介して対峙するようになるからだ。

2．観察（予測）の成功と失敗

以上の考察は、第4節で、「想定外」への対応力の鍵を握ると位置づけた「コミットメント／コンティンジェンシー」に、別の角度から再度光をあてることにつながる。結論を先取りすれば、「想定外」とは、煎じ詰めれば、観察の「失敗」である。したがって、人間科学には、観察の「失敗」としての「想定外」を正しく観察することが求められているということになる。

津波対策における「想定外」として、3.11以降問題視されてきたことは、「想定をはるかに上まわる規模の津波だった」「予想に反して人びとの避難が遅れた」など、津波本体、人間の避難行動、および、両者の間の物理的なインタラクションを正しく観察（あるいは、将来生じるだろう現実の観察としての予測）することに「失敗」したという課題である。このとき、「想定外」に対する対処として、ごく自然に導き出される方策は、観察（予測）の精度を高めようとすることだろう。すなわち、津波の挙動や人間の避難行動を対象とした自然科学の営みを積み重ねて、観察（予測）を「成功」させようとすること、言いかえれば、「想定外」を抹消しようとする方策である。そのために、自然科学は、自然と人間の物理的なインタラクションに関して成立し得るシナリオ（可能的な世界）について、できる限り包括的なカタログを作成し、かつ、そのうち、どのシナリオが実現する蓋然性が高いのかについても同定しようとしてきた。これは、もちろん、重要な営みであり、「逃げトレ」が果たし得る機能の一部も、この営みにあたる。

しかし、人間科学は、自然科学による観察行為自体がもたらす帰結を見きわめる役割をもっているのだった。つまり、自然や人間を対象とした自然科学に基づく観察行為そのものをよく観察しなければならないのだった。この観点に立ったとき、「想定外」の完全なる抹消を目標に、観察（予測）を「成功」させようと試みること自体が、実際には、かえって「想定外」、つまり、観察の「失敗」を生む温床になっているという逆説（第4節第1項）が、重要な案件として再び浮上してくる。この逆説を解消するための鍵は、観察（予測）の「失敗」を回避しようとすることではなく、逆に、積極的に「失敗」に直面する経験を積み重ねることにあった。「コミットメント／コンティンジェンシー」は、その作業を支える基本原理として提案したものであった。

以上の意味で、避難学の確立にあたって、人間科学と自然科学とが真に生産的な意味で接点をもつとすれば、それは、人間・社会現象だけでなく自然現象をも観察対象に加えることでもなければ、自然科学の観察のスタイルを、人間を対象とする観察に直輸入することでもない。そうではなく、人間科学が、その真価を発揮する形で、自然科学とは別の、人間科学固有の観察スタイル（自然科学による観察行為を観察すること）を、避難に関する研究と実践の中にしっかりと組み入れることにある。

本章で論じた「コミットメント／コンティンジェンシー」の往復・交替運動も、そのための工夫の一つである。それは、自然科学による観察の成果、すなわち、成立し得る複数のシナリオ（可能的な世界）に関する、その時点における包括的なカタログ作成の作業を基盤としつつも、それを単に観察の「成功」として受け取るのではない。むしろ、観察の「失敗」に出会い続けるための母体として、そのカタログを活用しようとする姿勢が「コミットメント／コンティンジェンシー」の根底にはある。こうした姿勢は、よくも悪くも、自らが、観察される客体であると同時に観察する主体でもあるという構図を受け入れた中で科学を構築しようとする人間科学の宿命であり、かつ使命でもある。

【注】

注1　「逃げトレ」について詳しくは、「逃げトレ」の公式ホームページ https://nigetore.jp/ を参照されたい。ホームページには、iPhone（App Store）およびアンドロイド（Google Play）双方について、アプリのダウンロード方法が示されているほか、サービス提供範囲、「逃げトレ」を利用した避難訓練の活用事例集も掲載されている。なお、「逃げトレ」は、「逃げトレ」開発チーム（代表：矢守克也）が開発したプロダクツであり、登録商標である。また、「逃げトレ」は、2018年度、経済産業省の「グッドデザイン賞（金賞）」を受賞している。

注2　現在、筆者らは、「逃げトレ」をベースにした津波避難戦略検討のための新たなWebシステム「逃げトレ View」の開発と社会実装のための研究を進めている。アプリ「逃げトレ」とWebシステム「逃げトレ View」の二つの柱から成る「逃げトレサービスプラットフォーム」を構築する構想である（矢守，2023）。ここで、津波避難戦略検討システム「逃げトレ View」は、アプリ「逃げトレ」を使って実施された多くの避難訓練データを集積・分析し、その結果をもとに地域全体の津波避難戦略について検討することができるシステムである。言いかえれば、「逃げトレ」は、基本的には、一人ひとりの避難訓練の改善に貢献するためのアプリだが、それのみならず、地域社会の避難行動全体の改善にも役立てようというわけだ。それが可能となるのは、「逃げトレ」を使った訓練が実施されるたびに、参加者の同意を得た上で、移動データがサーバーにビッグデータとして保存される仕組みとなっているからである。「逃げトレ View」はこうして集積された膨大なデータを活用して、避難行動の分析や改善の焦点を、これまでの「点」（個人）から「面」（地域）へと移行させようとするものである。また、各種のシミュレーション機能も、「逃げトレ」と比較して、「逃げトレ View」では大幅に拡充される。

【引用文献】

東　浩紀（2007）『ゲーム的リアリズムの誕生』講談社

中央防災会議（2012）津波避難対策検討ワーキンググループ「津波避難対策検討ワーキンググループ報告」中央防災会議防災対策推進検討会議
［http://www.bousai.go.jp/jishin/tsunami/hinan/pdf/report.pdf］

中央防災会議（2013）中央防災会議防災対策推進検討会議南海トラフ巨大地震対策検討ワーキンググループ「南海トラフ巨大地震対策について（最終報告）」
［http://www.bousai.go.jp/jishin/nankai/taisaku_wg/pdf/20130528_honbun.pdf］

畑村洋太郎（2021）『未曾有と想定外：東日本大震災に学ぶ』講談社

内閣府（2015）「特集：津波防災の推進について」『ぼうさい』80, pp. 4-7.

大澤真幸・東　浩紀（2007）「ナショナリズムとゲーム的リアリズム」『批評の精神分析』講談社，pp. 409-446.

杉万俊夫（2013）『グループ・ダイナミックス入門：組織と地域を変える実践学』世界思想社

牛山素行（2017）「オープンフォーラム『自然災害の避難学』構築を目指して」『自然災害科学』35, pp. 293-327.

矢守克也（2013）『巨大災害のリスク・コミュニケーション：災害情報の新しいかたち』ミネルヴァ書房

矢守克也（2023）「臨時情報発表時の人々の行動意思決定に資する情報の提供」『文部科学省研究開発局・国立研究開発法人海洋研究開発機構　防災対策に資する南海トラフ地震調査研究プロジェクト　令和4年度成果報告書』，pp. 105-124.

Yamori, K. & Sugiyama, T. (2020). Development and social implementation of smartphone app Nige-Tore for improving tsunami evacuation drills: Synergistic effects between commitment and contingency. *International Journal of Disaster Risk Science*, 11, pp. 751-761.
［DOI:https://doi.org/10.1007/s13753-020-00319-1］

第３部

マネジメント（施策）編

第７章　「自助・共助・公助」をご破算にする

第１節　言葉の表層と深層

ある言葉について検討するとき、その言葉の定義、つまり、その言葉が文字通り「何を意味しているか」よりも、むしろ、その言葉でコミュニケーションすることを通して人びとは「何をなしているか」について問う方が有益な場合がしばしばある。前者が、その言葉を使う当事者の自覚的な意識によってとらえられている表層部分に対応するのに対して、後者は、当事者がそうとは意識せずに、しかし「実際にはなしている」深層の行為部分に対応するからである。これは何も難しいことではない。たとえば、ある少年が、小学校の教室で、ある少女にだけことさらに「ちょっかい」を出していたとしよう。この様子を観察すれば、フロイトでなくても、その行為は文字通りの意味をもつものというよりも、この年頃の少年にしばしば見られる「反動形成」、すなわち、その少女に対する好意の裏返しだということを多くの人が直観するであろう。少年は自分の少女への好意をあまり知らないか、もしくは言葉の上では否定している。しかし、行為の水準ではそれをなしているわけだ。

筆者の考えでは、近年、本書のメインテーマである避難を含め防災業界でさかんに口にされ耳にするようになった「自助・共助・公助」というフレーズも、ここでいう表層（言葉）と深層（行為）のねじれに注目した考察が必要とされるタイプの言葉である。つまり、「自助・共助・公助」という言葉のもとで展開されている顕在的な活動や誰の目にも明らかな論争とは別に、より深層の部分で人びとは「何をなしているか」が重要なのである。とはいえ、ひとまず、表層面をおさえておくことが先決である。防災分野で使われている「自助・共助・公助」とは、辞書的には次のような意味とされる。社会で必要される防災活動は、個人や家庭での備えである「自助」、地域社会の助け合いを基盤とする「共助」、そして、国や自治体の取り組みである「公助」、この３要素から成る。こうした意味をもつ「自助・共助・公助」というフレーズはどのように誕生し、その後、社会に拡がったのか、節をあらためて簡単にあとづけておこう。

第2節「自助・共助・公助」の誕生と普及

先述した通り、「自助・共助・公助」は、現在、防災・減災について論じるときに広範に用いられる代表的な語り口の一つである。類例はいくらでも引くことができるが、ここでは、東日本大震災について言及した『平成26年版防災白書』(内閣府, 2014)から2カ所引用しておく。特に後者は、本書のテーマである避難について、「自助・共助(・公助)」という言葉を使って、つまり、この言葉を基本フォーマットとして論じていることがよくわかる記述である。

> 東日本大震災等では、行政が全ての被災者を迅速に支援することが難しいこと、行政自身が被災して機能が麻痺するような場合があることが明確になったことから(「公助の限界」)、首都直下地震、南海トラフ地震等の大規模広域災害時の被害を少なくするためには、地域コミュニティにおける自助・共助による「ソフトパワー」を効果的に活用することが不可欠である。
>
> (前掲書第5章)

> 1万8,500人以上の死者・行方不明者を出した平成23年3月の東日本大震災でも、岩手県大槌町のように町長をはじめ町の多くの幹部や職員が津波によって死亡する等本来被災者を支援すべき行政自身も大きな被害を受けた。このように、行政が被災してしまい、被災者を支援することができなかったため、自助・共助による活動に注目が集まった。例えば、岩手県釜石市内の児童が、自発的に避難したり、また、地域の住民とともに避難活動を行ったように、地域コミュニティが一緒になって避難をしたり、避難所の運営をするような様々な自助・共助の事例が見られた。
>
> (前掲書第2章)

このように、防災の分野で広範囲に用いられている「自助・共助・公助」というフレーズであるが、この表現が登場したのは近年（1990年代）のことで、それ以前は、避難を含む防災分野について語るためのフレーズとしてはほとんど用いられることはなかった。試みに、読売新聞データベース「ヨミダス歴史館」（読売新聞社, 2009）で、「自助・共助・公助」（詳細は図７-１の注を参照）を条件として記事検索すると、このフレーズは1990年代から2000年代にかけて登場し、それまではほとんどあらわれていないことがわかる（図７-１）。同様のことは、都道府県議会の議事録を総覧して「自助・共助・公助」というフレーズの使用状況について調査した牧瀬（2020）も指摘しており、明確に「1990年代から登場した自助・共助・公助」と断じている。

また、飯田（2021）のレビューによれば、この言葉は、1994年、細川護熙内閣のもとで提出された「21世紀福祉ビジョン――少子・高齢社会に向けて」で使われたことで、福祉や社会保障の領域を中心に広く人口に膾炙し、さらに、2020年には、菅義偉元首相が施政方針演説で使ったことを契機として大きな論争ともなった。論争の主軸は、総じていえば、新自由主義対リベラリズムで、「自助努力、自己責任」（自助や共助）を強調する前者と、「セーフティネットの

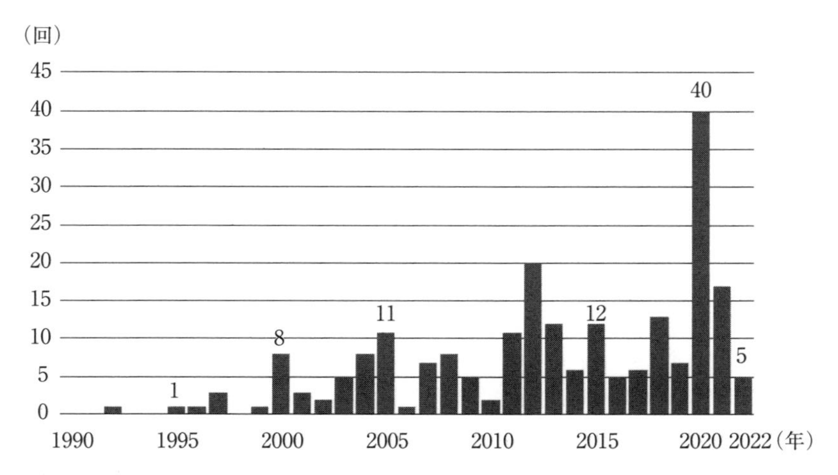

注）検索に際し、いくつかの表記パターンを想定して検索した。本調査で該当があった表記は以下の通りである。
①〈自助・共助・公助〉、②〈自助、共助、公助〉、③〈「自助」「共助」「公助」〉、④〈「自助」、「共助」、「公助」〉、⑤〈自助共助公助〉

図７-１ 「自助・共助・公助」が登場する新聞記事の件数
（読売新聞データベースを利用して独自に集計・作成）

強化、手厚い公的支援を」(公助)と主張する後者との対立という形式をとった。つまり、「自助・共助・公助」のルーツは防災分野にはなく、現在でも、防災分野に限定されて用いられているわけではない。

第3節 「自助・共助・公助」のバランス論

ここでの議論にとって重要な入口になるのが、「自助・共助・公助」のバランス論である。

> 阪神・淡路大震災や東日本大震災のような大規模広域災害時の「公助の限界」が明らかになるとともに、自助・共助による「ソフトパワー」が重要なものとなっている。また、国民の意識の中でも、「公助に重点を置くべき」という回答が減少し、「自助、共助、公助のバランスを取るべき」という回答が増加した。 (前掲書第2章)

これは、先の引用と同様に、『平成26年度版防災白書』から引いた一節である。そのものズバリ「バランス」という言いまわしが使われている。加えて、上の引用部で「国民の意識」の変化を示すエビデンスとして参照されている調査は、内閣府が実施してきた「防災に関する世論調査」であり、その世論調査にも「バランス」が登場する。

この調査は大変貴重なもので、防災分野における「自助・共助・公助」について継続的に追跡した唯一の世論調査である。同調査は、このフレーズについて、これまで4回取り上げている。2002年度(平成14年度)、2013年度(平成25年度)、2017年度(平成29年度)、2022年度(令和4年度)の調査においてである。それ以前には一度も取り上げられていない。このことが、本概念が1990年代以降にようやくプレゼンスを増してきたとの先の指摘を傍証する形ともなっている。

まず、調査項目と選択肢を示しておく。選択肢は4回の調査を通じてすべて共通で、設問の文章も4回ともほぼ同じなので、ここでは、2002年度調査のものを例示しておく。

「災害が発生した時にその被害を軽減するために取る対応について、国や地方公共団体による『公助』、地域の住民やボランティア、企業等の連携による『共助』、自ら身を守る『自助』というものがあります。災害発生時に取るべき対応として、この中からあなたのお気持ちに最も近いものを1つお答えください。」

（ア）公助に重点を置いた対応をすべきである

（イ）共助に重点を置いた対応をすべきである

（ウ）自助に重点を置いた対応をすべきである

（エ）公助、共助、自助のバランスが取れた対応をすべきである

次に、4回分の調査結果を図7-2に示す[注1]。

本節最初の引用部に見られる通り、内閣府（政府）としては、このデータを「自助・共助推し」、少し譲って「自助・共助・公助のバランス推し」を正当化するものとして呈示しているように見える。しかし、各選択肢への回答率は調査年ごとにかなり大きく変動しており、「自助」や「バランス」など、特定のカテゴリーへの支持率が安定しているとは必ずしもいえない。実際、上述した牧瀬（2020）や飯田（2021）が論じているように、「自助・共助・公助」の割合をめぐっては根深い論争がある。防災・減災の領域に限っても、たとえば、永

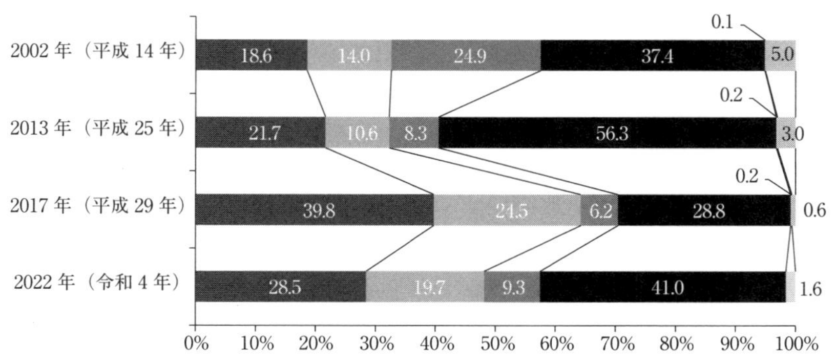

図7-2「自助・共助・公助」に対する意見分布
（内閣府「防災に関する世論の調査」の結果をもとに独自に作成）

松（2015）は、阪神・淡路大震災における救助活動に関するデータに由来する「自助7割、共助2割、公助1割」という割合をめぐる論争（「自助7割論」）について考察している。具体的には、それまで無力な住民と見なされてきた一人ひとりの役割が重要だと指摘し、防災・減災における住民の位置づけを高めた「功」の部分と、「公助1割」が行政の責任回避の材料として用いられることや、自助の過剰な強調によって持てる者と持たざる者との間の格差が生じるといった「罪」の部分との対照に注意を促している。自助・共助・公助の「バランス」にまつわる葛藤と摩擦は、本節で参照した「防災に関する世論調査」では等閑視されているきらいがあるが、その存在は別の調査を参照することで明らかにすることができる。

第4節　「バランス」をめぐる摩擦と葛藤（1）――行政と住民の綱引き

1．データに見る住民と行政とのギャップ

本節では、「自助・共助・公助」の「バランス」について葛藤と摩擦が生じていることを示唆する調査結果を紹介する。この種の調査も多数存在するが、ここでは、本書のテーマである避難を取り上げたものとして、東京都市町村自治調査会が行った「多摩・島しょ地域自治体における避難・避難所のあり方に関する調査」（東京都市町村自治調査会, 2022）を参照する。この調査は、東京都内多摩および島しょ地域に位置する市町村を舞台に実施されたもので、三つのアンケート調査――市町村の防災担当部局を対象とした「自治体アンケート」($n=39$)、市町村に勤務する一般職員を対象にした「職員アンケート」($n=975$)、そして、住民を対象にした「住民アンケート」($n=1110$)――が同時に実施されている。いくつかの質問項目は三つの調査で共通して用いられており、結果を相互に比較可能である。しかも、幸いなことに、それらの相互比較可能な項目の一つが、本章のテーマ「自助・共助・公助」と深く関わる内容となっている。

その項目とは、「発災時に住民や自主防災組織に期待したい取組」「平時に住民や自主防災組織に期待したい取組」（これらの2項目は「自治体アンケート」と「職員アンケート」に含まれる）、および、「発災時において、住民や自主防災組織

が特に行うべきと感じる取組」「平時において、住民や自主防災組織が特に行うべきと感じる取組」（これらの２項目は「住民アンケート」に含まれる）である。発災時に関する質問について三つの調査の結果を比較したものを表７－１に、同じく平時について比較したものを表７－２に示した。なお、これらの質問項目は三つまでの複数回答を認める形式をとっていて、表中の数字はそれぞれの取組が選択された割合（％表示）である。

表７－１と表７－２には、「自助・共助・公助」をめぐって、住民サイドと行政サイド（職員・自治体）との間に、大きなギャップがあることが示されている。この「ギャップ」という認識は、この調査の報告書でも、「住民意識とのギャップの大きさ」（東京都市町村自治調査会，2022，p. 143）という形で明示されている。

具体的には、表７－１に言及する中で、「自治体では『自主的な避難所の運営や協力（87.2％）』が最も高いのに対して、『発災時において、住民や自主防災

表7-1　発災時に住民や自主防災組織が行うべきと感じる（に期待したい）取組（選択率％）

	住民	職員	自治体	住民－職員	ギャップ
地域住民の安全確認と救助	43.2	56.6	61.5	－8.4	住民＜行政
住民の避難誘導の実施	30.4	30.8	15.4	－0.4	住民｜行政
自主的な避難所の運営や協力	25.8	59.8	87.2	－34.0	住民＜＜行政
避難場所や物資の提供	35.9	14.4	0.0	21.5	住民＞＞行政
避難行動要支援者の避難の支援	17.6	38.6	66.7	－21.0	住民＜＜行政
被害情報の収集や行政からの情報周知	22.8	22.8	17.9	0.0	住民｜行政
速やかな避難の実施やその支援	38.3	38.3	35.9	0.0	住民｜行政
その他	0.9	0.7	0.0	0.2	住民｜行政

（東京都市町村自治調査会「多摩・島しょ地域自治体における避難・避難所のあり方に関する調査」の結果をもとに独自に作成）

表7-2　平時に住民や自主防災組織が行うべきと感じる（に期待したい）取組（選択率％）

	住民	職員	自治体	住民－職員	ギャップ
避難訓練の実施・参加	32.2	50.8	61.5	－18.6	住民＜＜行政
各家庭での備蓄の実施	57.6	79.4	74.4	－21.8	住民＜＜行政
地域の避難行動要支援者の把握	16.6	32.2	51.3	－15.6	住民＜＜行政
避難に関する行政への課題提案	8.9	6.3	0.0	2.6	住民｜行政
防災情報の積極的な収集	33.3	39.3	46.2	－6.0	住民＜行政
事前の避難場所や物資提供への協力	22.3	15.6	5.1	6.7	住民＞行政
指定避難所・指定緊急避難場所以外の避難先検討	28.2	21.7	46.2	6.5	住民＞行政
その他	1.2	1.5	0.0	－0.3	住民｜行政

（東京都市町村自治調査会「多摩・島しょ地域自治体における避難・避難所のあり方に関する調査」の結果をもとに独自に作成）

組織が特に行うべきと感じる取組』について、住民側（住民アンケート）では、『自主的な避難所の運営や協力』が25.8％（選択肢中5番目）と低く、自治体との意識のギャップがもっとも大きくなっている」（同 p.144）と指摘されている。

たしかにその通りであるが、さらに重要な点は、ここでいうギャップはこの取り組みに限ったことではなく、多くの項目で見出されていることである。そのことが明瞭にわかるように、両表の末尾に「ギャップ」欄を設けた。ギャップの程度を表す目安として、住民による選択率から職員による選択率（自治体調査は調査対象数（n）が少ないので、ここでは職員データを採用した）を引いた数値（選択率）の差が15％を超えれば「＞＞」または「＜＜」、差が5％から15％であれば「＞」または「＜」、5％未満であれば「｜」印を付した。多くの取り組みで、不等号が右に開いている（＜または＜＜）。言いかえれば、行政サイドは「自助・共助」に大いに期待している一方で、それらの取り組みを担うことになる住民サイドにはあまりその気がない状態、いうなれば、行政サイドの「片思い」になっている取り組みが多数存在することがわかる。特に、先述した「自主的な避難所の運営や協力」（発災時）に加えて、「避難行動要支援者の避難の支援」（発災時）、「各家庭での備蓄の実施」「避難訓練の実施・参加」「地域の避難行動要支援者の把握」（平時）などで、この傾向が顕著である。

しかも、これらの取り組みは、行政サイドから見たとき、ほかの取り組み以上に、行政が住民や自主防災組織により大きな期待を寄せている項目でもある。具体的には、「自主的な避難所の運営や協力」（発災時）は自治体、職員とも1位、「避難行動要支援者の避難の支援」（発災時）は自治体で2位、職員で3位である。また、「避難訓練の実施・参加」（平時）は自治体、職員とも2位、「地域の避難行動要支援者の把握」（平時）は自治体で3位、職員で4位である。ところが、住民サイドの内部で見たときには、これらの取り組みはほかの取り組み以上に、住民や自主防災組織が自ら取り組む内容としては、「各家庭での備蓄の実施」を除いて下位にランクされている。具体的には、「自主的な避難所の運営や協力」（発災時）は5位、「避難行動要支援者の避難の支援」（発災時）は7位である。また、「避難訓練の実施・参加」（平時）は3位、「地域の避難行動要支援者の把握」（平時）は6位である。

2．行政の「片思い」

以上のデータは、いくつか重要なことを示している。第1に、上述した取り組みについて、行政側はまさに「公助には限界があります、住民や自主防災組織に期待します」と考えている。これらの項目の選択率（住民や自主防災組織に期待する取組としての選択率）はほかの取り組みと比べても高いのだから、ここには、「バランス」路線はいわばタテマエで、ホンネとしては「自助・共助重視で」というスタンスがあらわれているといってよい。また、ここで検討している質問項目に準備された選択肢（取組）のラインナップが、「自助・共助」を期待しやすい項目を中心に構成されている意味で、地方自治体サイド（本調査の主体は地方自治体の連合体が運営するシンクタンク）の「自助・共助重視で」というバイアスが反映されていると見ることもできるかもしれない。

第2に、これらの取り組みについて、住民側は消極的である。特に、要支援者への支援に関する2項目について、「地域の避難行動要支援者の把握」（平時）は6位、「避難行動要支援者の避難の支援」（発災時）は「その他」の選択肢を除けば全選択肢中最下位の7位であって、かなり明確に、「私たちが担うことは困難です」との意志表示がなされていると解釈せざるを得ない。

以上から、少なからざる取り組みについて、「自助・共助・公助」のうち、どこが中心となってそれを担うのかに関する意識に大きなギャップが存在すると結論づけられるだろう。とりわけ、行政サイドは住民に期待しているものの、住民サイドは残念ながらその気になっていないという方向の「片思い」が多数存在する。すなわち、前節で紹介した内閣府調査で示唆されていた方向性「三者のバランスが大事」は一見至極もっともな考えのようにも見えるし、これら三つの要素の関係性を内閣府の調査の形式で問うたとき、「自助に重点を置いた対応をすべき」や「公助、共助、自助のバランスが取れた対応をすべき」の支持が低くないことは事実である。しかし、この調査が示しているように、避難に関する個別の具体的な内容を挙げて3カテゴリー間の重みづけについて問えば、たちどころに、自治体と住民間のギャップ、つまり、「自助・共助・公助」をめぐる葛藤と矛盾が浮き彫りになることもまた事実である。

第5節　「バランス」をめぐる摩擦と葛藤（2）——長期的なトレンドの中で

「バランス」をめぐる摩擦と葛藤は、前節でみたように、現時点における行政と住民との間の綱引きという形で顕在化しているが、それだけでなく、より長期的なトレンドの中にそれを確認することもできる。ここでは、国が約半世紀にわたって毎年実施してきた、すなわち、それだけ信頼性の高い二つの世論調査をもとにこのことを確認しておこう。

「社会意識に関する調査」「国民生活に関する調査」、これら二つの調査は、いずれも、内閣府によって、前者は1968年度から53年間、後者は1954年度から67年間、原則として毎年実施されている世論調査であり、内閣府が実施している複数の世論調査の中でも中核的なものと位置づけられている。これらは、その表題から明らかな通り、防災に焦点を絞った調査ではない。むしろ、防災に関わる事項は、いずれの調査でも、数十にのぼる全項目の中のわずか1カ所に、選択肢の一つとして登場するに過ぎない。ましていわんや、「自助・共助・公助」という本章で検討対象としているフレーズを直接掲げた質問項目や、本書のテーマである避難について扱った質問項目は一つとして登場しない。

しかし、それだけにかえって、政治、経済、教育、環境、外交、医療、福祉、人口、余暇など、多種多様なテーマや課題の中に占める防災の位置づけがよくとらえられており、しかも、その長期変化がわかるという大きな利点がある。加えて、この後で述べるように、しかるべき視点からデータを眺めれば、「自助・共助・公助」論に対して示唆に富む知見を得ることができる。

1.「社会意識に関する調査」

まず、「社会意識に関する調査」（内閣府，2022a）については、以下の二つの調査項目に注目した。

・「あなたは、現在の日本の状況について、良い方向に向かっていると思われるのは、どのような分野についてでしょうか。（○はいくつでも）」
・「あなたは、現在の日本の状況について、悪い方向に向かっていると思われるのは、どのような分野についてでしょうか。（○はいくつでも）」

この二つの質問は、1980年度の調査から採用されているもので、多数の選択肢（外交、防衛、国の財政、物価、景気、経済力、雇用・労働条件、医療・福祉、教育、文化、科学技術、資源・エネルギー、食糧、自然環境、生活環境、防災、治安、土地・住宅、通信・運輸、交通秩序、国民性、社会風潮、地域格差、国際化など）の中から、該当するものを複数回答で選ぶ形式をとっている。選択肢は概ね共通だが、実施年が新しくなるほど、追加の項目が新設される傾向、つまり、選択肢が増える傾向にある。よって、厳密な比較はできないが、防災が、多様な社会的な課題の中でどのような相対評価を得てきたのかがおおよそわかる仕組みになっている。

その結果を示した図７-３の通り、「防災」について「悪い」方向に進んでいると考える人は、40年間ずっと10％を切っており他の選択肢と比較してきわめて少ない。念のために他の項目との比較情報を例示しておくと、たとえば、2021年度調査において、「悪い」を選択した人の割合が多かった選択肢としては、１位から順に、「国の財政」（54.2％）、「景気」（44.0％）、「物価」（37.9％）で、

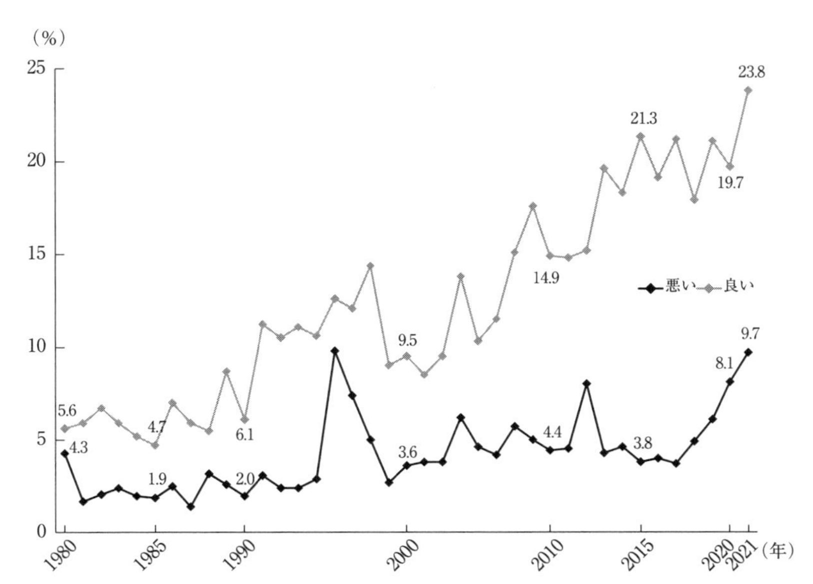

図７-３　「防災」が「よい方向」／「悪い方向」に向かっていると考える人の割合
（内閣府「社会意識に関する世論調査」の結果をもとに独自に作成）

「防災」(9.7%) は、計26の選択肢中18位に過ぎない。また、最も古い1980年度の調査においては、1位から順に、「経済 (景気・物価など)」(55.5%)、「資源・エネルギー」(30.6%)、「防衛」(27.1%) で、「防災」(4.3%) は計17の選択肢中15位である。また、そのアップダウンは、概ね、大きな被害をもたらした災害 (1995年の阪神・淡路大震災、2011年の東日本大震災など) が発生した直後に若干評価が悪化するものの、しばらくするともとのレベルに戻るという推移を示していることがわかる。

他方で、「防災」について、「よい」方向に進んでいると考える人は、当初は、1980年代に終始一桁の割合を示すなど非常に少なかったものの、40年あまりの間に増加し続けて、2021年度調査では、「医療・福祉」(30.9%) に次いで2位 (23.8%) となっている。このような動きを示す選択肢はほかにはない。たとえば、「医療・福祉」、「治安」、「科学技術」などは、「よい」方向に進んでいると考える人が、40年間一貫して多く、逆に、「国の財政」、「資源・エネルギー」などは一貫して少ない。こういった選択肢と比べると、ほぼ単調増加してきた「防災」に対する評価は例外的である。この傾向は、この間に発生した阪神・淡路大震災や東日本大震災でも大きな影響を受けていない (一時的に落ち込むがすぐに回復する)。なお、この結果が、「自助・共助・公助」の解釈にどのような示唆をもつのかは、もう一つの調査結果について報告してから立ち戻ることにしたい。

2.「国民生活に関する調査」

次に注目するのは、内閣府「国民生活に関する世論調査」(内閣府, 2022b) に含まれる次の項目である。「あなたは、今後、政府はどのようなことに力を入れるべきだと思いますか」。この問いに対して、該当するものを複数回答で選ぶ。選択肢としては、「防災」のほか、高齢社会対策、景気対策、雇用・労働問題への対応、少子化対策、物価対策、防衛・安全保障、税制改革、外交・国際協力、教育の振興・青少年の育成、治安、自然環境の保護・地球環境保全・公害対策、資源・エネルギー対策、住宅・公共施設・公共交通機関の整備、消費者問題への対応、交通安全対策、中小企業対策、地方分権の推進、文化・スポーツの振興、科学技術の振興、などが並ぶ。上述した項目と同様、実施年が新しくなるほど、追加の項目が新設される傾向、つまり、選択肢が増える傾向にある。よって、厳密な比較はできないが、防災が、多様な社会的な課題群の中で政府が進める施策としてどのくらい重視されているのか、またされてきたのかがおおよそわかる仕組みになっている。

結果を図７－４に示した。まず第１に、1955年度から（少しずつ形は変えながらも）採択されているこの項目で、「防災」は、1992年度になってようやく選択肢として初登場するという事実に注目すべきである。「防災」は、1991年度までは数十年間にわたって、そもそも選択肢として含まれていなかったのだ。今日、非常に重要な政策課題として位置づけられ、「国土強靱化事業」「国難としての自然災害」「緊急事態条項」などに対する懸念・警戒に垣間見られるように、むしろ国家による強力な介入に対するブレーキの必要性すら論じられるほどになっている「防災」は、わずか30年前まで選択肢になかった。つまり、「防災」は、それ以前から項目として含まれていた物価対策、資源・エネルギー対策、交通安全対策などとは異なり、政府が重視すべき政策について世論調査を行うときに予め設定しておくべき項目とは考えられていなかったのである。これは、単純ではあるが衝撃的ともいえる事実である。

しかも、1992年度に初登場したとき、「防災」を、政府が力を入れるべきこととして選択した人は7.3%に過ぎず、これは全20項目中18位であった。それ以降、図７－３の通り、「防災」の選択率は長期トレンドとしては増加し続け、

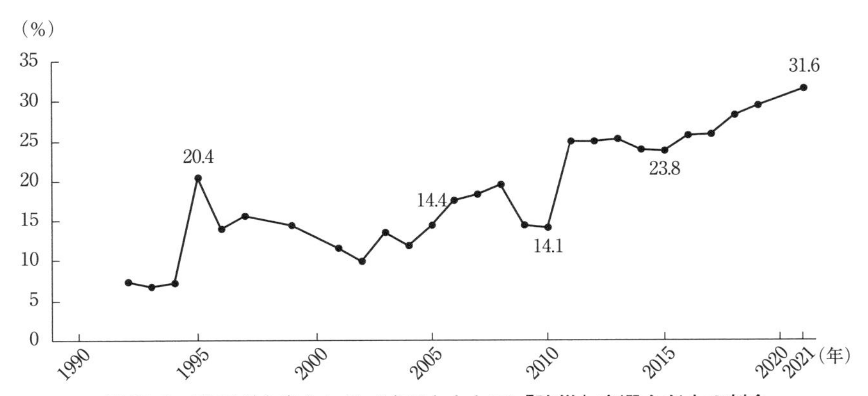

図7-4　政府が力を入れるべきこととして「防災」を選んだ人の割合

（内閣府「国民生活に関する世論調査」の結果をもとに独自に作成）

2021年度の調査では、31.6%、全34項目中10位まで順位をあげてきた。そして、この増加は単調増加ではなく、阪神・淡路大震災、東日本大震災、また、2018年の西日本豪雨など、大きな被害を出した災害の影響を明瞭に見てとることができる。大きな災害が起こるたびに、「防災」は、政府が取り組むべき課題としての相対的プレゼンスを大きくアップさせてきたのだ。

この結果も、一見平凡なことのようにも見えるが、そうではない。まず、政府が取り組むべき課題とは、まさに「公助」が担うべき課題と言いかえ可能であることに注目する必要がある。ここに、この調査結果と「自助・共助・公助」論との接点がある。しかも、阪神・淡路大震災、東日本大震災、西日本豪雨などの大災害やその経験は、前節で参照した『防災白書』でも言及されていたように、通常は、「公助」の限界、言いかえれば、「自助・共助」へのシフトの必要性を示すものとされてきた点が重要である。

つまり、「安全神話の崩壊」「想定外」といった流行ワードは、全体として、それまで防災・減災の主体を担っていた「公助」(国、地方自治体やそれをサポートする専門家集団など)の無力や限界を課題視する脈絡で使われ(矢守, 2021)、逆に、「ボランティア元年」や「絆」などは、「自助・共助」の貢献を讃える言葉となってきた(矢守, 2021)。しかし、こうしたこれまでの通説とは反する形で、阪神・淡路大震災、東日本大震災といった巨大災害が起こるたびに、防災に関する人びとの政府(「公助」)への期待はむしろ高まってきたことを、この調査結果は示唆しているのである。

以上を集約するとこうなる。「自助・共助・公助」については、一方に、この四半世紀あまり、「公助」への期待の高まりを示すデータがある(図7-4)。同時に、その成果に対する評価も次第に高まっていることも明らかである(図7-3)。要するに、「防災は政府(公助)が取り組むべき課題として重要だ。実際、基本的によい方向に進んでいると思える」。これが、図7-3と図7-4として示した二つの調査結果が示唆するこの四半世紀あまりの基調トレンドである。しかし他方で、これまでいくつか例示してきたように、「公助」の限界を示唆するエビデンスや、「自助・共助」へのシフトを要請する声、それを具現化した社会現象(たとえば、災害ボランティアの活躍)も見逃せない。これら相互に必ずしも整合しない二つの大きなトレンドの併存は、単発の調査だけではとらえきれない。第3〜5節で試みてきたように、複数の調査結果を横断的かつ縦断的に眺めてはじめて明瞭な輪郭を表現したといえる。

第6節 〈防災帰責実践〉

1．誰の役割・責任かを明確にするゲーム

ここまで、「自助・共助・公助」というフレーズについて論じられてきたことを概観してきた。その焦点は、3要素の「バランス」にあった。しかし、本章の冒頭で示したように、ここまで詳しくトレースしてきた「バランス」に関する社会の議論は、筆者の考えでは、「自助・共助・公助」というフレーズの表層部分である。つまり、ここで光をあてたいのは、「自助7割論」（第3節参照）に対する賛否など、「バランス」論の中味ではない。ましてや、「自助・共助・公助」の3要素だけでは不十分で、「互助、学助、産助、外助……が重要だ」、そういった類いの議論を展開したいわけではない。これらはすべて、「自助・共助・公助」に関する表層部分に過ぎない。

より重点的に考察されるべきは、むしろ深層部分である。「自助・共助・公助」という言葉とその広範な普及によって、この言葉を使っている当事者たちが意識せず「実際になしている」ことは何か――。大澤（2015）が導入した〈帰責ゲーム〉という言葉を借りて結論を述べれば、それは、〈防災帰責実践〉である。〈防災帰責実践〉とは、本来、特定の誰か（どこか）に専有的に帰属されることなく、ファジーな曖昧性や重複性を伴いつつ担われることも十分にあり得る防災（たとえば、避難）に関わる役割や責任を、特定の誰か（どこか）だけに排他的に帰属させ、しかも、その帰属のありようを社会的に明示しようとする実践、のことである。「自助・共助・公助」という言葉（概念）を通して、人びとは〈防災帰責実践〉、すなわち、誰の役割・責任かを明確にするゲームを強力に推進してきた。

このことは、先に第3節で取り上げた「防災に関する世論調査」にも明瞭にあらわれている。ただしそれは、調査結果にではなく調査方法においてである。すなわち、注目すべきは、この調査が、「自助・共助・公助」について何を尋ねているかである。それは、「自助・共助・公助というフレーズ（考え方）を

知っていますか」でもなければ、「自助・共助・公助とは何を意味しますか、正しいと思うものを選んでください」でもなかった。4回の調査とも、「自助・共助・公助」がそれぞれ何を意味するかについて、回答者にわざわざ教示したうえで（ということは、裏を返せば、その意味が完全には社会的に共有されていないとの認識が調査者側にあったことになる）、どの要素に重点を置くのがよいかについて回答を求めている。

この事実は、一見そう思えるほど些細なことではなく、きわめて重要な意味をもっている。すなわち、「自助・共助・公助」という言葉は、防災活動について、その役割分担や責任帰属について考えるよう促し、その現況を明示するための〈防災帰責実践〉を支える用語として登場してきたことが、回答結果ではなく調査項目の立て方にすでに露呈しているのである。「自助・共助・公助」に関する認知度でも知識でもなく――このフレーズの意味を質問の冒頭でわざわざ説明してまで――役割分担（分業のあり方）について問うていた事実、それに依拠して、「公助の限界」や三つの間の「バランス」について言及していたこと（第3節）は、「自助・共助・公助」が〈防災帰責実践〉の鍵概念となっていることの証左である。

しかも、重要なことは、この実践に加担している点では、表層の論争における主役たち、つまり、自助・共助派（公助限界説）も、公助派（自助・共助限界説）も、何ら変わらないという事実である。双方とも、互いに他を批判しているが、まさにその批判合戦のゆえに、役割・責任の排他的な帰属合戦――〈防災帰責実践〉――には斉しく貢献している。この意味で、一見、両陣営は鋭く対立しているようでいて、実際には、同じ土俵上にあって相互にもたれ合って互いに他を支えている。

2．責任放棄・転嫁、そして消散

もっとも肝心なことは、〈防災帰責実践〉は、役割や責任の所在を明確に同定するために行われている実践であるにもかかわらず、その結果、まったく逆に、多くの関係者・関係機関の「責任放棄」ないし「責任転嫁」（押しつけ合い）を招来している事実である。「これは役場の責任で行います」「それはここに暮らす私たちの役割です」との前向きな態度を生むはずの営みは、逆説的にも、その対極の態度、すなわち、「それは住民の自己責任でやってください」(公助の放棄)、「そんなことまで地域でやれと言われも無理です」(共助の放棄)、「それは役場の仕事でしょ」(自助の放棄)を大量に生んでいる。事実、第4節で紹介した調査結果は〈防災帰責実践〉が、逆説的な結果、つまり、本来それが目指していたもの(責任の明確化)とは正反対の結果(責任の転嫁・放棄)を生んでいる現実を、自治体と住民間のギャップという形で明確に示していた。

「自助・共助・公助」という言葉が発明されたからこそ、責任放棄・転嫁が生じている点がきわめて大切である。その逆ではない。つまり、責任放棄・転嫁が課題視されたから、「自助・共助・公助」という言葉が出てきたのではない。「自助・共助・公助」という言葉を使った責任帰属のゲームを始めてしまったから、逆に、誰も積極的に役割・責任を担おうとしなくなっていることを理解しなければならない。この意味でも、「自助・共助・公助」についてもっとも大切なことは、自助等がそれぞれ何割になっているかといった「バランス」の中味ではない。それは、表層の摩擦・葛藤である。「自助・共助・公助」というフレーズを通して、防災に関わる活動を実体的に三分割して考えることを人びとに強いている点――〈防災帰責実践〉への参加を強いている点――の方が、はるかに重要である。

〈防災帰責実践〉が、かえって責任の消散につながっていることをダイレクトに示す事例を追加しておこう。2018年に相次いだ豪雨災害の中で、あらためて浮上した避難指示・勧告(現時点では、勧告のカテゴリーはなくなっている)をめぐる動向がそれである。現在、日本の多くの市町村は、国が提示したガイドラインの影響もあって、避難指示・勧告の発令に関する客観的基準を設定しようとしている。たとえば、「××川が氾濫危険水位に達したら、避難指示を発令」「土砂災害警戒判定メッシュ情報が"危険"になったら、当該地区に避難勧告を発令」などのような基準である(この点については、第2章で言語行為論の観点からも取り上げたので併せて参照されたい)。

基準を客観化する理由は、表向きは、「(首長、担当者によって)判断にブレがないように」「ためらいなく指示を出せるように」などとされている場合が多い。しかし、容易にわかるように、基準の客観化とは、別言すれば、市町村(首長)の判断が不要になるということである。基準が完全に客観化(数値化)

されれば、もはや、市町村（首長）には、避難指示等に関して、独自に意志決定（選択）する余地はない。そして、選択の自由のないところに責任は生じない。要するに、市町村は、社会全体に蔓延する〈防災帰責実践〉の中にあって、選択の自由を放棄すること（発令基準の客観化）を通して、責任を帰属される恐れを巧みに回避（少なくとも、緩和）しているのである。

他方で、住民サイドも、実質的にこれと等価なことをしている点が重要である。何度も繰り返される「避難指示・勧告に課題」といった分析や報道、あるいは、避難指示をめぐる「空振り・見逃し」に対する批難が、深層のメタメッセージ（矢守，2013）として、社会に発信し続けていることは、避難に関わる意志決定（選択）は、実際に避難する住民自身ではなく市町村の意志決定（選択）、つまり、避難指示等に（のみ）帰せられるべき、言いかえれば、（住民側から見て）他者に「お任せ」していればよいというメッセージである。他者に「お任せ」していた意志決定（選択）が信頼に足らなかったという不満・不信やその基盤にある他者依存の構図が、「空振り・見逃し」の感覚を生むメカニズムについては、第1章第7節でも論じたところである。

自らの生命に直結する重要事を、他者（つまり、自治体）の避難指示等に委ね、それ（のみ）に依拠して避難したりしなかったりする住民の他律的で依存的な姿は、他機関に責任が帰せられる情報や中性的な自然現象に関する規定済の客観的基準に従って避難指示等を機械的に出したり出さなかったりする市町村（首長）が行っていることと、まったく同型的である。そこには、当事者自身の選択がない。選択がない以上、責任も生じない。住民もまた、〈防災帰責実践〉の高まりの中で、自らの責任を、事前に回避（少なくとも、緩和）しようとしているのである。

第7節　〈極限〉としての裁判事例

1．〈平均化／極限化〉の論理

本節では、「自助・共助・公助」に関する以上の議論について、見田（2008）が、社会調査を支える重要な論点として提起した〈平均化／極限化〉ないし〈平均値／極限値〉という視点から位置づけておきたい。見田（2008）が名著

『まなざしの地獄』で提唱した本概念について、大澤（2008）は、次のように整理している。〈平均化／極限化〉とは、一言でいえば、研究対象（ここでは「自助・共助・公助」）の代表性にかかわる区別である。〈平均化〉とは、広義の平均値が全体を代表していると考えることである。〈平均化〉は、質問紙調査などから得られる量的なデータと親和性が強く、対象の属性を概括的にとらえるには好適である。他方、〈極限化〉とは、個別の対象に「萌芽的に見られる動的な傾向性のベクトルの収斂する先」（大澤，2008, p. 104）をとらえようとすることである。すなわち、〈平均値〉に近い事例においては、「アイマイなままに潜在化したり、中途半端なあらわれ方をしたり、相殺し合ったりしている諸要因が、より鮮明な形で顕在化している、そのような事例」（見田，2012a, p. 157、傍点は原著者）で現象全体を代表させる。〈極限化〉においては、通常、質的な分析がより威力を発揮する。

『まなざしの地獄』（初出は1973年）は、片田舎から上京し、最後は連続殺人事件を引き起こした死刑囚N.Nの生涯を、その背景となる高度経済成長期の日本社会の構造変動とともに分厚く描いた著作である。しかし、それと同時に、N.Nと同時期に東京に流入してきた青少年を対象にした質問紙調査から、一見取り立てて注目すべき点もなさそうなデータも併せて紹介される。たとえば、「東京で就職して不満足な点」について尋ねる項目に対して、最も回答率の高かった選択肢は「落ちつける室（へや）がない」で、自由時間が少ない、仕事や職場への不満や、友人関係への不満など、就職に関する不満点としてはむしろ有力と思われる事由群をおさえてトップとなっていた。

これら一見無関係に見える二つのデータが、「まなざしの地獄」というコンセプトで見事に融合する。「まなざしの地獄」とは、「ひとりの人間の総体を規定し、予料するまなざし」（見田，2008, p. 40）である。具体的には、高度経済成長を背景に、田舎者、安価な労働力などとしてN.Nを否定的にまなざす視線である。見田（2008）は、「このような社会構造の実存的な意味を、N.Nはその平均値においてではなく、一つの極限値において代表し体現している」（p. 17、傍点は原著者）と述べる。ここで、〈平均値〉としてあらわれている現象と位置づけられているものこそ、上記の質問項目において「落ち着ける室がない」を選択した数多くの東京流入者たちである。つまり、東京（都市）において執拗にN.Nをとらえた「関係からの自由への憧憬」（同p. 36、傍点は原著者）が、言いかえれば、自らを突き刺す社会のまなざしからの遮蔽（しゃへい）物を切望するN.Nの焼けるような思いが、数十倍に希釈された平均的な表れとして、多くの「金の卵」たちが求めた「落ちつける室」が位置づけられているのである。

なお、見田（2012）は、N.N（犯行当時19歳）と、2008年に発生した秋葉原通り魔事件の被告（犯行当時25歳）とを――言いかえれば、高度経済成長期における若者の殺人事件とバブル経済崩壊以降のそれとを――対照させて、後者に「まなざしの不在の地獄」を見ている。ネット等への発信に対するレスポンスがない（少ない）こと、すなわち、自分に他者のまなざしが注がれていないことが犯行への背景としてあったことが報道されたからである。ネット空間における他者からの承認や肯定の不足を嘆く若者をとらえた無数の調査データと通り魔事件の関係が、これまで述べてきた〈平均値〉と〈極限値〉の関係に相当することは明らかであろう。適切な概念（「まなざしの地獄」、あるいは、その不在の地獄）とともに、調査データを眺めれば、一見平凡にも映るデータにも「平均値と極限値の間の、社会的一般性と例外的特異性の間の、相互媒介的な関係」（大澤，2008, pp. 105-106）を見てとることができるのだ。

２．増える防災に関する裁判事例

以上を踏まえて、「自助・共助・公助」に関する考察に戻ろう。「自助・共助・公助」というフレーズに依拠して秘かに、しかし着実に進んでいる〈防災帰責実践〉について、世論調査の結果（第3～5節）が、その〈平均値〉的な像を表現しているとして、〈極限値〉として位置づけられるものは何か。筆者の考えでは、それは、近年その数を増しつつある防災をめぐる裁判・訴訟事例である。次ページの図７-５は、判例件数全体に占める防災に関連する判例数の割合を、法令や判例のデータベースとして定評のある「第一法規法情報総合データベース」に収録されている「判例体系データベース」（第一法規，2019）を用いて割り出したものである。

同データベースには、1891（明治24）年の判例を最古として約30万件の判例が収録されている。図７-５は、検索ワードを「自然災害」として検索してヒットした判例数をその年の総判例数で除した割合を、1926（昭和元）年以降

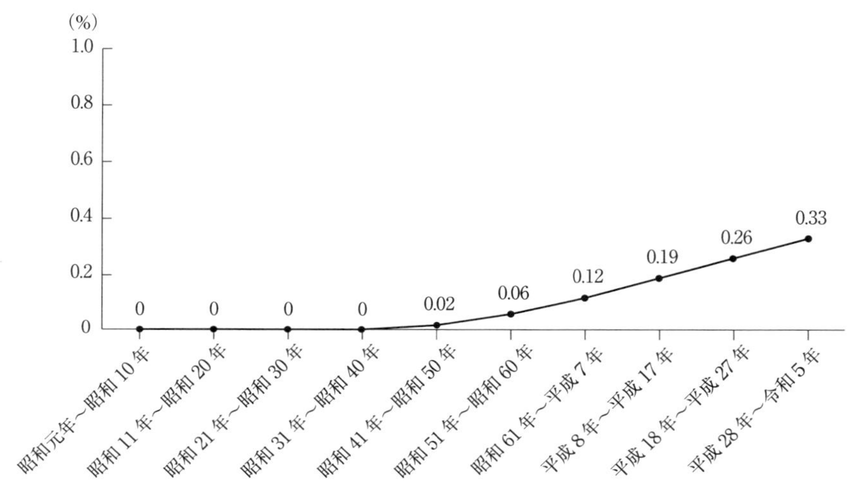

図 7-5 国内の全判例に占める「自然災害」に関連する判例の割合
（「判例体系データベース」（第一法規，2019）を用いて独自に作成）

について10年ごとに集計して示したものである。約半世紀前、昭和41年から50年は0.02％（該当件数５件、総件数28,847件）であったものが、最近の平成28年から令和５年度（令和５年度は１月25日までのデータ）では0.33％（該当件数189件、総件数57,503件）へと比率ベースで10倍以上増加していることがわかる。

防災をめぐる裁判・訴訟の増大は、こうした全体的な傾向だけでなく、個別の裁判事例のプレゼンスの高まりを通しても感じることができる。典型的なものを例示しておけば、国内で社会的にきわめて大きな注目を集めているものだけでも、東日本大震災（2011年）における津波避難の適切性が争点となっている大川小学校をめぐる訴訟、福島原発事故の発生やその後の対応について国や東京電力の責任を問う訴訟などがある。近年ここにさらに、御嶽山噴火災害（2014年）について気象庁の注意義務に関して争われた訴訟や、鬼怒川水害（2015年）について国の河川管理責任が問われた訴訟などが加わった。

なお、大東水害訴訟、多摩川水害訴訟など、古く1970年代に発生した災害に関する訴訟もたしかに存在する。しかし、これらの訴訟は、国や自治体等による河川整備や管理が、当時の一般的な水準や社会通念に照らして是認されないような劣悪な状態で放置されていたかどうかを主な争点として争われている。

この点、たとえば、避難行動に関する責任は、当事者（住民等）に帰せられるのか、それとも自治体や専門家等に帰せられるのかなどについて争われている近年の訴訟事例とは好対照をなしている。なぜなら、前者では、「自助・共助・公助」に関する線引き（それぞれの役割や責務）に関する一定の合意のもとで、当該の役割や責務が適切に遂行されたかどうかが争点となっているのに対して、後者では、その区画線そのものをどこに引くべきだったか――「誰の役割・責任か」――をめぐって訴訟が起きているからである。

いずれにせよ、ここでの力点は、個別の裁判事例について、誰（どこ）に責任が帰属されるべきかについて論じることにはない。防災に関わる案件が、現代社会でもっとも正統的な責任帰属の場と位置づけられている法廷に数多く持ち込まれているという事実が重要である。みなが率先して責任を引き受ける状況があるならば裁判などは不要である。多くの人が、自らの免責と他者への帰責を要求し、そこに対立が生じているからこそ裁判が要請されている。いうまでもなく、裁判の場は、社会における利害の衝突や紛争を解決・調停するための場であり、一般に、葛藤や矛盾が当事者による交渉や調整の域を超えて先鋭化してしまっているからこそ裁判が必要とされる。この意味で、この種の裁判や訴訟の急増傾向は、第3～5節で紹介した質問紙調査の結果が〈平均値〉として表現した〈防災帰責実践〉の高まりとその行き詰まりを〈極限値〉として表しているといえるだろう。

第8節　解決へ向けた展望

1．サバイバーズギルトに見る突き抜けた責任感

ここまで、「自助・共助・公助」という言いまわしが、〈防災帰責実践〉を生み出し、その逆説的な結果として、避難を含め防災に関わる種々の役割・責任が、かえって社会から消散している実態について論じてきた。この悪循環のどこかに脱出口があるのだろうか。前向きな展望を拓くための糸口はないのだろうか。

一つのヒントが、サバイバーズギルト（生存者が感じる罪責感）にある。近年では、御嶽山で発生した大規模な噴火災害（2014年9月）の後、多くの生還者

たちが独特の罪責感に苦しめられたことが報道された際、広くこのワードが用いられた。たとえば、信濃毎日新聞（2015）は、同社が実施したアンケート調査の結果について報道している。それによれば、「下山できた自分を責めることがあるか」という問いに対して、回答者全体の15％、山頂一帯にいた人たちに限定すると53％もの回答者が「ある」と答えている。

ここで、自らの周囲で多くの死者が発生した事実に対して、下山できた生存者が責任を感じる必然性は、客観的にはまったくない点が重要である。噴火直後、山頂付近では噴石が爆風とともに飛び交い、運悪くその直撃を受けた登山者は命を失い、たまたまそうでなかった登山者は九死に一生を得た。この両者を分けたのは、まさに偶然であって、そこに生存者が「責任」を感じるべき要素――すなわち、当事者による選択の余地――はほとんどない。それにもかかわらず、生存者は深刻ともいえる罪責感に苛まれるのだ。まして、客観的にも、そこに一抹の「責任」を見出せそうなケース――たとえば、大地震で倒壊したアパートで下宿中の大学生の子どもを亡くした親が「もっと丈夫なところに下宿させておけば」と悔み続けるようなケース――では、サバイバーズギルトはより顕在化しやすい。

それはともかく、御嶽山の事例のように、客観的にはまったく責任を感じる必要がないと思われる場合でも、「自分にできることがあったのではないか（にもかかわらず、自分はそれをしなかった）」と、人びとが強い責務意識を感じることがある。この心的メカニズムが根強い罪責感という形で生存者（遺族）を苦しめるのだ。この事実は、ときに人は、因果関係に関する常識的な推論や通常の帰責慣行を前提にしたときには考えられない局面で、独特の「責任」感を感じることがあり得ることを示唆している。そうだとすれば、この同じメカニズムを〈防災帰責実践〉の中で生じている責任放棄・転嫁の解決に向けて、より前向きな方向に変形・転換して活用することはできないだろうか。

「自助・共助・公助」の再編成に向けて、サバイバーズギルトの基盤にある独特の役割・責任感覚の転用を図ろうとするとき、私たちはどのような方向を目指すべきだろうか。それは、「自助・共助・公助」のそれぞれが、目下のところ標準とされている守備範囲を少しずつ見直して、何とかお互いに手を打てそうなほどほどの場所で妥協点を探るといった「歩み寄り戦術」ではないだろう。サバイバーズギルトに見られた責任感は、いわば、突き抜けた責任感である。誤解を恐れずわかりやすい表現を使うならば、人は、ときとして場違いな責任感を感じることすらある。サバイバーズギルトは、このことを示唆している。帰責をめぐる混迷からの脱出にあたっては、この意味での突き抜け、場違いの方を生かし、また伸ばす戦術が必要である。

2．誰が出したかわからない避難指示

この方向を向いた防災活動は、すでに少しずつ芽生え始めている。たとえば、第3章第3節で紹介したように、近年、避難指示に関わる課題に関して次のような新たなパターンが観察されている。それは、地域住民が自ら、自治体に対して「避難指示を出してほしい」と依頼し、その要請に自治体側が応じて、実際に避難指示が発令されるというパターンである。具体的には、西日本豪雨（2018年7月）の際、愛媛県松山市高浜地区や兵庫県南あわじ市伊加利山口地区などで、地域の消防団員や住民自身が行政機関に避難指示の発令を要請し、要請に応じて発令された避難指示に基づいて早期の避難が実現された事例などが、それにあたる。

この種の避難指示の発令パターンは、既往の役割・責任の配分を前提にすると、一見奇異なものに映る。実質的には、住民や消防団が避難指示を発令しているからである。しかし、上述した通り、〈防災帰責実践〉の過程で自治体の避難指示発令が形骸化・儀礼化し、事実上、自治体は何も選択（判断）していないという現状を前提にするならば、こうした事例は、旧態依然としたスタイルを突き抜けた役割・責任の取得を通して、目下の閉塞状態に風穴をあけるものといえるだろう。言いかえれば、この種の事例に対して、避難指示を発令したのは、「役所（公助）なのか、消防団（共助）なのか、住民（自助）なのか」と問うこと自体が無意味なのだ（それに対して、第3節で示した調査は、まさにこのように問いかけていたことに注意したい）。避難に関する情報や意志決定を自治体頼みにしなかった住民や消防団も立派だし、「基準に従って発令するものだから、すぐには応じられません」などと反論しなかった自治体も褒められてしかるべきで、全関係者の融合的連携——特定の誰（どこ）かに帰責されない形式——によるファインプレーとでも形容するのが妥当だろう。

３．過保護な家具固定？

もう一つ別の事例を紹介しよう。筆者の研究室では、ここ数年、南海トラフ地震・津波による被害が懸念される高知県内の沿岸地域で、「押しかけ家具固定」と名づけた取り組みを実施している。家具固定は直接的には家具転倒による怪我などを防止するために行われるが、特に津波浸水想定域では、避難行動の迅速なスタートのためにも欠かせない。この重要な家具固定について、筆者らは、長年にわたるフィールドワークの末、過疎高齢化が進む地域で家具固定が進まないのは、「する気がない」からではなく「できない」からだと気づいた。一度でも実際に家具固定をしたことがある人なら容易にわかる通り、あの作業は、身体が頑健でない高齢者には実施困難である。特に、一人（独居）の場合、そうである。粘着マットを家具の下に敷くには誰かが家具を持ち上げないといけない。Ｌ字金具を家具の裏面に設置するには、不安定な脚立等の上で工具や器具を操らねばならない。決して楽にできる仕事ではない。

そこで、筆者らは、地域の小中学生に、高齢者宅をまわって「家具固定をしてあげます、ご希望ありませんか」と呼びかけてもらった。そして、希望者宅には、地元の電器店、工務店の方などこうした作業が得意な住民とアシスタントの小中学生から成るチームが押しかけていく（図７-６）。必要な器具は、多くの場合、自治体が設けている家具固定のための補助金で購入できるので、経費もほとんど無料で済む。また、小中学生を含めて、呼びかけや作業にあたる関係者は全員ボランティアなので、人件費もかからない。

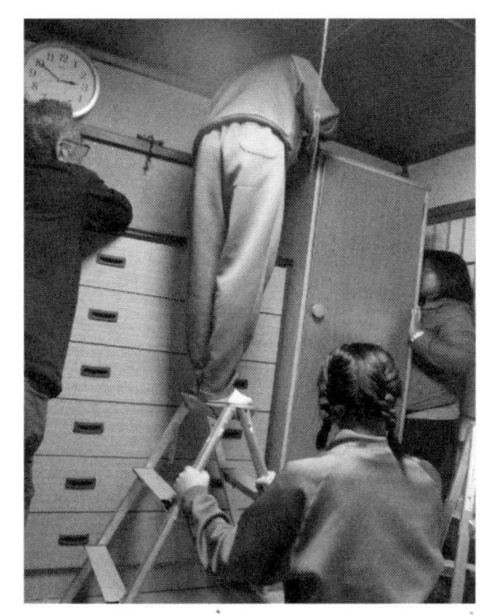

図 7-6 「押しかけ家具固定」の実施風景
（高知県四万十町興津地区）

他人の家まで押しかけて家屋内に上がり込み、器具も道具も全部持参で、しかも無料で家具固定を実施してあげる試みは、見ようによっては、過保護である。「自分の家の家具固定くらい、それぞれの責任で」、つまり「自助で」、との見方もあるだろう。つまり、そこまでするのは、場違いな役割・責任感だとの見立てもあるだろう。しかし、上述した通り、家具固定作業の実態（とても一人ではできないことを一人でやりなさいと要求してきたこと）を直視して、自宅の中は「自助」の範囲内だという根拠なき想定を取り除いてみれば、押しかけ家具固定に見られる突き抜けた役割・責任取得の方が、むしろナチュラルなものだとわかる。言いかえれば、この取り組みについても、前項で例示した避難指示の事例と同様、これは、「公助」なのか（自治体の家具固定補助金制度を活用しているから)、「共助」なのか（近隣の人たちが作業しているから)、「自助」なのか（結局、本人がこの枠組みに乗る意志を示したのだから)、などと三分割してとらえることはできない。むしろ、三分割を促す〈防災帰責実践〉そのものを拒む融合的な実践になっていることが重要なのである（第3章第7節も参照)。

第9節 「自助・共助・公助」をご破算にする

以上に例示した事例や取り組みは、一部の地域でだけ実現した、ごく小さな些細な試みのようにも見える。しかし、そうではない。それらが、これまでの「自助・共助・公助」の3領域分割を無視し、場違いな責任感を基盤にした突き抜けた役割・責任感を防災活動の中に具現化しているという意味では、本質的な、つまり、〈防災帰責実践〉に伴う課題を根底から問い直すことのできるインパクトの大きな試みである。こうした独創的な試みの積み重ねだけが、「自助・共助・公助」という言葉が、社会の深層部でいつの間にかつくり上げてしまった〈防災帰責実践〉に風穴をあけることになる。既存の思考法の枠内にある平凡な試みは百千万積み重ねてみても、閉塞の突破口にはなり得ない。「理論・理屈より現場・実践が重要だ」。実践学としての色彩が強い防災学の分野では、しばしばこのように指摘される。それはそうであるが、正確には、重要なのは「斬新な理論・理屈を伴った現場・実践」である。

この意味で、「自助・共助・公助」に、今、求められる作業は、言葉の再定義ではない。まして、それぞれの重みは何割ずつが適当かなどと「バランス」について言い争うことや、「産助」「外助」といった新種のカテゴリーをむやみに増殖させることではない。そうではなく、この、一見使い勝手がよく、また耳ざわりがよいフレーズをいったん「ご破算」にすること、つまり、根本的に再編することが必要である。

この意味での「ご破算」を典型的な形で実現させたと考えられるケースを、岩手県大槌町安渡地区が東日本大震災での辛い経験を踏まえて打ち出した「ギリギリの共助」という言葉と仕組みの中に見出すことができる。これは、まさに本書のテーマである避難に関わる事例でもある。第5章第2節でも紹介しているこの取り組みについて、同町内会長佐々木氏による説明（佐々木, 2018）に従ってもう少し詳しくみておこう。安渡地区は、東日本大震災で、地区の総人口の11％にものぼる218人が犠牲になった。大震災以前から津波避難対策を練っていたにもかかわらず生じてしまった甚大な被害――それでも住民たちは「生きた証しプロジェクト」を立ち上げて、「なぜ大きな被害が出てしまったのか、どのような避難計画が必要なのか」について専門家の指導を受けながら検討した。

その結果打ち出されたのが、「ギリギリの共助」を掲げたこの地区独自の地区防災計画（第8章で詳述）である。この言葉は、大震災当時、「こすばる」（避難をいやがる、ためらう）高齢者等を、家族、消防団員、民生委員などが説得している時間や手間が災いして、救援しようとした人、されようとしていた人双方が犠牲になったことを反省して打ち出された。「這ってでも移動できる人は玄関先までは出てきてください、そうしたら、同伴避難、クルマ避難など、まわりの者ができる限りの努力を尽くして避難を助けます」というのが骨子である。たしかに、共助という言葉は美しい。しかし、それを成立させるのは容易ではない。もちろん、同じ町内で暮らしてきた人たちを一人でも多く救いたい。しかし、自分や家族の命も大切だ。だから、場合によっては、共助は「命のやりとり」（筆者が安渡地区の関係者から聞いた言葉）になる。どの地点でそれが成立するのか十分に検討する必要がある。これが、現実に辛い経験をした当事者たちの結論だったのだ。

この意味で「ギリギリの共助」でなされていることは、既往の「自助・共助・公助」の分業観に依拠した〈防災帰責実践〉では、もちろんない。むしろ正反対に、津波避難に関してそれまで前提にされていた「自助・共助・公助」のあり方をいったんご破算にして、それらを再編成するためにこそ「ギリギリの共助」という言葉が使われている。この意味で、「ギリギリの共助」に含まれる共助は、それまでの共助とは別ものであり、だからこそ素晴らしいのだ。

さて、広く人口に膾炙した「自助・共助・公助」ではあるが、そもそも、この用語の法令上の位置づけは実は脆弱である。たとえば、「災害対策基本法」や「同施行令」には一度も登場せず、準オフィシャルな文書と言える「防災基本計画」(令和６年６月発行) でも、「自助」(１回)、「共助」(２回)、「自助・共助」(１回)、「公助」(１回) と、わずかな回数登場するのみである。唯一の例外が、国土強靱化基本法 (８条６号) にあらわれる「事前防災及び減災のための取組は、自助、共助及び公助が適切に組み合わされることにより行われることを基本としつつ、特に重大性又は緊急性が高い場合には、国が中核的な役割を果たすこと」との記載である[注2]。

要するに、「自助・共助・公助」は、法律的な裏づけが希薄な、単なる慣用句である。もっとも、慣用句だからといって決して馬鹿にはできない。広く深く社会に根づいた慣用句は、定義変更や改廃の手続きが明快なオフィシャルな位置づけをもった用語以上に、社会実践上、難敵である。なぜなら、本章の冒頭で指摘したように、慣用句には、通常、その用語を用いて人びとが意識下で「実際になしている」実践が、抗いがたく強大な社会的惰性とともにまとわりついているからである。「自助・共助・公助」の場合、その実践とは、ほかならぬ〈防災帰責実践〉、すなわち、防災・減災に関するあらゆる責任・役割を、この３領域のいずれかに排他的かつ専属的に割り振ろうとする実践であった。そして、皮肉なことに、それこそが防災の世界から責任・役割を消失させる原因となっていた。「ご破算」という過激にも思える戦術も、侮りがたい敵を考慮するならば、今後、十分真剣に検討されてよいアプローチである。

【注】

注１　本図の作成にあたっては、岡田夏美さん (京都大学防災研究所・特任助教) の協力を得た。記して感謝の意を表します。

注２　この点については、山崎栄一さん (関西大学社会安全学部・教授) からご教示いただいた。記して感謝の意を表します。もちろん、このくだりの理解全体についての文責は筆者にあります。

【引用文献】

第一法規（2019）「判例体系 User Guide（Version1. 1.4）」第一法規法情報総合データベース（D1-Law.com）
［https://dtp-cm.d1-law.com/service_info/pdf/guide_hanrei.pdf］
飯田　高（2021）「自助・共助・公助の境界と市場」内閣府経済社会総合研究所『経済分析』203, pp. 285-311.
［https://www.esri.cao.go.jp/jp/esri/archive/bun/bun203/bun203k.pdf］
牧瀬　稔（2020）「90年代から登場した『自助・共助・公助』って何だろう？」事業構想 Project Design Online.
［https://www.projectdesign.jp/202012/assembly-ask/008643.php］
見田宗介（2008）『まなざしの地獄：尽きなく生きることの社会学』河出書房新社
見田宗介（2012）『現代社会はどこに向かうか』弦書房
永松伸吾（2015）「阪神・淡路大震災から20年、共助を軸としたあたらしい防災へ」『SYNODOS』
［https://synodos.jp/fukkou/12375］
内閣府（2014）『防災白書〈平成26年版〉』
内閣府（2022a）「社会意識に関する世論調査」
［https://survey.gov-online.go.jp/index-sha.html］
内閣府（2022b）「国民生活に関する世論調査」
［https://survey.gov-online.go.jp/index-ko.html］
大澤真幸（2008）解説／見田宗介（2008）『まなざしの地獄：尽きなく生きることの社会学』河出書房新社，pp. 99-122.
大澤真幸（2015）「責任論」『自由という牢獄：責任・公共性・資本主義』岩波書店，pp. 55-118.
佐々木慶一（2018）「東日本大震災を経験しての地区防災計画の見直し」内閣府地域で津波に備える地区防災計画策定支援検討会（第1回）資料
［http://www.bousai.go.jp/kyoiku/chikubousai/pdf/tsunami_kentokai_01_06_20180622.pdf］
信濃毎日新聞（2015年4月29日付）「御嶽山噴火、心の傷深く 遺族ら9割『当時思い苦しく』」
［https://www.shinmai.co.jp/ontakesan/article/201504/29012732.html］
首相官邸（2020）「第二百三回国会における菅内閣総理大臣所信表明演説」
［https://www.kantei.go.jp/jp/99_suga/statement/2020/1026shoshinhyomei.html］

東京都市町村自治調査会（2022）「多摩・島しょ地域自治体における避難・避難所のあり方に関する調査」
［https://www.tama100.or.jp/cmsfiles/contents/0000001/1079/hinanjo_all.pdf］
矢守克也（2009）『防災人間科学』東京大学出版会
矢守克也（2013）『巨大災害のリスク・コミュニケーション：災害情報の新しいかたち』ミネルヴァ書房
矢守克也（2017）「オオカミ少年効果（空振り）」『天地海人：防災・減災えっせい辞典』ナカニシヤ出版，pp. 3-6.
矢守克也（2018）『アクションリサーチ・イン・アクション：共同当事者・時間・データ』新曜社
矢守 克也（2021）『防災心理学入門』ナカニシヤ出版
読売新聞社（2009）読売新聞データベース「ヨミダス歴史館」
［https://database.yomiuri.co.jp/］

第８章　「地区防災計画」をめぐる誤解とホント

第１節　「地区防災計画」とは何か

本章の主題は、地区防災計画という制度である。ただし、地域防災計画ならば聞いたことがあるけれど、地区というのは聞いたことがないという方も多いだろう。地区防災計画もれっきとした国の制度ではあるが、現時点では知名度が若干低いかもしれない。これは故なきことではなく、この制度は、内閣府が、2014年4月に創設した比較的新しい仕組みである。それ以前の日本の防災計画は、基本的に「2階建て」の構造をしていた。国レベルの総合的かつ長期的な計画である「防災基本計画」が上層、都道府県および市町村が地方のレベルで策定する「地域防災計画」が下層となった2層構造である。しかし、阪神・淡路大震災において、そして東日本大震災においても再び、国や地方自治体レベルの防災・減災施策や活動だけでは十分な効果が上がらないこと、住民、地域コミュニティ、学校、企業などを主体とした草の根の取り組みがしっかりしていないと大規模災害を乗り切れないことが強く認識された。

この認識を受けて、「2階建て」のベース部分（さらに基層、縁の下）を担うものとして新たにつけ加えられたのが、本章のテーマ「地区防災計画」である。内閣府のホームページ（内閣府，2017a）によると、これは「地域コミュニティにおける共助による防災活動の推進の観点から、市町村内の一定の地区の居住者及び事業者（地区居住者等）が行う自発的な防災活動」を促進する制度であり、地域住民が自発的に防災計画を作成する活動を応援するため、災害対策基本法が改正され法律的にも位置づけられたとある（内閣府，2016）。また、この制度の発足によって、地域住民等が地区防災計画を作成し、市町村の地域防災計画に地区防災計画を定めるよう市町村防災会議に提案することも可能となった。たとえば、岩手県大槌町安渡地区（第5章第2節や第7章第9節で詳述）の住民が策定した地区防災計画は大槌町の地域防災計画の中に公式に位置づけられている。

地区防災計画制度については、その趣旨について十分理解し、実際に計画を作成する際に活用できるように、制度の背景、計画の基本的な考え方、計画の内容、計画提案の手続、計画の実践と検証等について説明した「地区防災計画ガイドライン」(内閣府)が公表され、入門に最適な解説書(西澤・筒井, 2014; 室崎ら, 2022)が出版されている。また、すでに全国各地で、いくつもの実践が地域住民や地元企業によって展開されている。こうした実践例についても、「モデル事業報告」(内閣府, 2017b)として紹介されている。さらに、この制度に焦点を当て、地区防災計画を起爆剤として草の根の地域防災を進めようとする学会「地区防災計画学会」も組織され、学術的な視点からの検討も開始されている。詳しくは、同学会のホームページを参照されたい。

第2節　避難と「地区防災計画」

1. 避難がナンバーワン・イシューに

さて、本書の主題である避難と地区防災計画とは、少なくとも二つの重要な点で密接に関連する。

第1は、地区防災計画の理念が、本書で提起している避難に関する新しいパラダイムや革新的な実践と多くを共有している点である。たとえば、地区防災計画を支える基本的な考え方として、西澤・筒井(2014)は、以下の3点を指摘している。第1に地域コミュニティ主体のボトムアップ型の計画、第2に地区の特性に応じた計画、第3に継続的に地域防災力を向上させる計画、以上の3点である。一見どれをとっても、特段めずらしくもなく平凡な考え方のように見えるかもしれない。しかし、実際に避難することになる当事者が、「私たちはこのプランに従って逃げる」というオーナーシップを感じることができる避難計画を立案し、それに基づいて避難訓練を重ねて、そして肝心の本番で実践する。このあたり前のことが実現できていなかったことに多くの課題の根っこがあることを地区防災計画が踏まえている点が重要である。この点は、本書第5章第1節で言及し、また、第6章で津波避難訓練支援アプリ「逃げトレ」の開発と実装について紹介する中で何度も強調した。また、「避難スイッチ」(第1章第3節など)、「セカンドベスト(次善)」(第1章第6節、第5章第2節など)、

「自助・共助・公助のご破算」（第７章）など、これまでの避難論には存在しなかった新しい概念群を導入して提起し、強調してきた論点群も、上記の３点と深く関連している。

第２は、より単純な理由で、地区防災計画を旗印に近年推進されてきた活動の多くが、避難の問題を扱っているからである。たとえば、上掲の「モデル事業報告」で、モデル事業終了時までに地区防災計画素案（骨子等含む）が策定または修正された21地区について、その概要をまとめた一覧表によると（内閣府, 2017b, p. 44）、17もの地区が本書で検討している避難行動（自宅等から避難場所までの避難行動）について取り扱っている。避難について根本的に見直そうと思えば地区防災計画が守備範囲としている領域に必然的に立ち入ることになるし、裏を返せば、地区防災計画の策定・運用にとって津波、洪水等からの避難行動は、最初にとりかかるテーマとして最適だということになるのだろう。

２．黒潮町地区防災計画プロジェクト

さて、避難という主題と地区防災計画に関する活動がもっとも印象的な形で結びついている事例の一つとして、高知県黒潮町で10年近くにわたって実施されてきた地区防災計画活動を挙げることができる。東日本大震災の発生を受けて見直された南海トラフ地震の想定において、全国最悪の34 mもの高さが想定された高知県黒潮町は、週刊誌に「町が消える」とまで書き立てられ、津波防災が町の存亡をかけた喫緊の課題となった。その黒潮町が選択した道は、一言でいえば、「逃げる」ことをハードとソフトの両面で徹底的にサポートすることで「一人の犠牲者も出さない」ことを目指すというものであった。その中心となったのが、避難のあり方を中核に据えた地区防災計画づくりであった。その最初のステップは、上記の想定が公表された2012年に、主に町役場を中心に開始された。2012年度から16年度の4年間に1,056回もの住民ワークショップ（のべ参加人数は約48,000人）が開催され、町内全世帯の「避難カルテ」が作成されるなどした（詳細は、松本, 2017）。

この黒潮町が、「避難カルテ」などの成果を踏まえつつも、「役場主導には限界あり、住民主体・本位の避難計画づくりへ転換が必要」（松本, 2017）との反省を踏まえて、2015年度から新たに開始したのが全町域で地区防災計画を作

成するという活動であった。筆者の研究室は、現時点まで10年近くにわたって、この活動を共同プロジェクトとして一緒に推進してきた。その結果として、避難の問題を地区防災計画の観点から再検討し、再編成するために必要な多くのヒントを得て、また、それに基づいて新たな実践を提案し実施してきた。その一部は、本書の随所で言及しているが（たとえば、「屋内避難訓練（玄関先まで訓練）」（第5章第2節）、津波避難訓練支援アプリ「逃げトレ」（第6章）、「押しかけ家具固定」（第7章第8節）など）、ここでは、それらも含めて、地区防災計画の観点からあらためて総合的に論じておくことにする。

以下、節をあらため、まず、この共同プロジェクトの背景やプロジェクトを駆動してきた基本理念について確認する（第3節）。次に、10年にわたる長い取り組みを通じて得られた成果と課題を踏まえて、地区防災計画のポイントを「七つの誤解とホント」という観点でとりまとめる（第4〜11節）。最後に、今後さらに取り組むべき課題と展望について記す（第12節）。

第3節 基本理念——「防災に『も』強いまちづくり」

本プロジェクトを一貫して支えてきた基本理念は、この印象的なフレーズで表現できる。このフレーズは、2015年、つまり、本プロジェクトのスタートから半年を経た時点で、大西勝也町長（当時）、松本敏郎情報防災課長（当時）、片田敏孝群馬大学教授（当時）、そして筆者自身も出席して開催された「第1回黒潮町地区防災計画シンポジウム」で話題になったものである。当時は、全国最悪の高さ34 mの津波想定を突如突きつけられた直後で、「アブナイ」「逃げろ」、町はそんな切羽詰まったかけ声に包まれていた。そのような中、第2節で述べたように、町は「犠牲者ゼロ」を目標に、数々の防災対策、特に避難対策を打ち出し次々に実行に移していった。しかし、それでも、深刻な被害想定を前に避難することや町で暮らすこと自体をあきらめる人があらわれ、（「避難困難者」ではなく）「避難放棄者」や、（「震災後過疎」ではなく）「震災前過疎」が大きな課題となっていた。

しかし、だからこそ、町民も役場職員もみな、原点に立ち返ったのだ。もちろん、命を守ること、つまり、避難することは大切だ。地震・津波に備えるための対策は進めなければならない。近い将来、その災害は必ずやってくるのだから。しかし他方で、完璧な災害対策を施した要塞のような町、あるいは、24時間365日、災害への防御活動にだけ明け暮れ、避難することだけが暮らしの中心にあるような生活に満足できるだろうか。よしんば、それによって被害を軽減できたとしても、自分たちはそういった生活に喜びを感じるだろうか。そんな町が魅力的だろうか。このように問い返されたのだろう。避難対策を含む防災に向けられるパワーも、復旧・復興へ向けたレジリエンス（柔軟な復活力）の源も、その基盤は、町やコミュニティが全体として有しているエネルギーであり、そこに暮らして生きる人びとの総合的な活力にほかならない。その意味で、「防災に『だけ』強いまち」は、どこかに不自然な部分を抱えざるを得ず、究極的にはおそらく成立し得ないだろう。つまり、「防災に強いまち」があるとしたら、それは、必然的に「防災に『も』強いまち」という形をとるにちがいない。

実際、黒潮町は、津波避難を中心とした防災活動にだけ熱心な町ではない。地区防災計画活動だけでなく、著名な一本釣りのカツオ漁、巨大な津波想定を逆手にとった「34Mブランド」（第10節参照）の缶詰の製造・販売（WE CAN PROJECT）（友永, 2017）、「私たちの町には美術館がありません、美しい砂浜が美術館です」（矢守・李, 2017）のフレーズで知られる砂浜美術館の「Tシャツアート展」（図8-1）、「砂像アート展」、広大な人工芝グラウンドなど整備され

図8-1　「Tシャツアート展」（提供：NPO法人砂浜美術館）

た施設群を中核としたスポーツ・ツーリズムの振興など、多種多様な魅力あふれる「防災に『も』強いまち」づくりが、地区防災計画づくりと並行して展開されている。地区防災計画は「防災に『も』強いまち」のための計画であるから、当然、これらの多種多様な取り組みとも連携している。

「対策ではなく、思想を創る」。これは、巨大で深刻な災害想定を突きつけられた黒潮町が、それに立ち向かっていく活動をスタートさせるときに掲げたキャッチフレーズである。防災計画や防災対策にとっては、避難計画をはじめ個別的な対策、備えの推進ももちろん大切である。しかし、そこに思想が欠けると、つまり、自分たちの町をどうしていきたいのかという大きな目標や哲学が欠落すると、せっかくの対策や備えも、結局は場当たり的な対応の断片と化してしまう。この意味で、「防災に『も』強いまちづくり」は、黒潮町を支え、また、地区防災計画プロジェクトを土台から支える「思想」である。

第４節　「地区防災計画」を推進するための七つのポイント

とはいえ、実際に活動を進めていく過程は山あり谷ありで、多くの問題にぶつかる。これは、黒潮町での共同プロジェクトに限ったことではないが、地区防災計画に関する地域社会での活動に参画していると、この仕組みの趣旨が必ずしも十分に伝え切れていないのではないか、言いかえれば、十分理解されていないのではないかと感じることもある。具体的には、地域住民のサイドからは、「住民が主体となって防災計画をつくれといわれても、何をしていいのかわからない」「防災計画づくりは役場（行政）の仕事ではないのか」「高齢者ばかりで、大変なこと、難しいことはとてもできない」といった戸惑いや不安の声が聞こえてくる。一方、「地区ごとにそれぞれ勝手なことをされても困る」（保護主義的な誤解）、「これで住民にお任せできる」（逆に、放任主義型の誤解）など、この制度のねらいを誤解しているとしか思えない発言を自治体職員がするのを耳にすることもある。

本章では、まず、こうした誤解を四つに整理し、あわせて、それぞれの誤解に対応する四つのポイント、つまり、本来、地区防災計画はこうあるべきだと筆者が考える姿を四つのポイントに分けて提示する。これらのポイントは、黒潮町での共同プロジェクトにおいて筆者自身が基本姿勢として重視しているものである。ただし、黒潮町だけではなく、地区防災計画づくりにチャレンジしようとしている住民やそれを支援しようとする行政職員すべてに共通する重要かつ有用な視点だと考えている。七つのポイントのうち前半の四つが、これに対応している（第5〜8節）。

それに対して、後半の三つのポイント（第9〜11節）は、地区防災計画の本質について突っ込んで考えたときに得られるものであり、理論編・概念編と呼べるものである。具体的には、地区防災計画というワードを構成する三つの基本要素、つまり、「地区」・「防災」・「計画」のそれぞれに注目したとき、実は、これら三つの基本要素それ自体のとらえ方に誤解が潜んでいることを明らかにする。キーワードは、「超・地区」・「脱・防災」・「反・計画」である。すなわち、地区防災計画においては、字義通りの「地区」・「防災」・「計画」がポイントなのではなく、むしろ、地区の境界を超えること（「超・地区」）、狭義の防災活動の枠を脱すること（「脱・防災」）、計画しつつ計画しきらないこと（「反・計画」）、以上3点が重要である。

第5節 ポイント1：「行政が行うことにあらず」

地区防災計画では、「行政から住民へ」と防災・減災の取り組みの担い手の幅を広げ、たとえ小さなことであれ、住民主体で何かに実際に取り組むことが重要である。行政（自治体）はその手助け役として位置づけることが望ましい。しかし、往々にして、この基本原理は踏まえられていない。いいも悪いも、これまで、防災の主役を行政が担ってきたからである（第7章第5節を参照）。また、次に取り上げるポイント2とも関連して、地域防災計画に含まれる「計画」という言葉が、自治体がなすべきお堅い業務という雰囲気を醸し出していることも災いしている。

しかし、地区防災計画では、地区の住民（事業所等の場合もある）が主体となって、住民、行政それぞれが、それぞれの守備範囲とされている領域——前者については「自助・共助」、後者については「公助」（第7章を参照）——を踏みこえて新たな一歩を踏み出すことが重視される。たとえば、黒潮町には、

「防災地域担当職員制度」という仕組みがある。これは、実質的に、町職員全員を防災担当にするという（もちろん、従来の職務との兼職で）、大変思い切った制度である。役場職員は、平日の夕方、あるいは土日にもこまめに地域を回って、地区防災計画づくりのサポートを行っている。先述した「避難カルテ」は、その成果の一つである。こうした行政の手厚い支援に呼応する形で、黒潮町では、現時点（2024年3月末時点）で、町を構成する全61地区が何らかの形で地区防災計画に関する活動を進めている。これだけ広範な規模で住民が地区防災計画に参画しているケースは全国的にもめずらしい。しかも、そのほとんどで、住民による自主的な努力と行政のバックアップが有機的に組み合わされている。

たとえば、避難タワー上や高台の避難スペースに設置された防災倉庫に、「世帯ボックス」を予め置いておく取り組みは、その典型例である（図8-2）。これは、世帯ごとに、自分たちが必要だと思うアイテム、たとえば、眼鏡のスペアや常備薬を選び、「世帯ボックス」の中に前もって入れておく取り組みである。この取り組みには、避難対策として少なくとも二つの重要な意味がある。一つは、避難した後の生活対策である。津波から逃れるために設定された避難タワーや高台の居住性は一般によいとはいえない。水など一般的な非常用物資

図8-2　避難先の倉庫に「世帯ボックス」を搬入する住民（高知県黒潮町）

は一定量備蓄されていたとしても（それも不十分な場所も多いが）、個別に必要な物資にはまったく手が回っていないのが現状である。「世帯ボックス」にはその問題を解消するねらいがある。もう一つは、迅速な避難の後押しになることである。避難生活で必要なものが、予め自分が避難する先に準備されていれば、自宅等からの避難の際、余計な時間をとられずに済む。特に、黒潮町のように、地震発生後、わずかな時間（15〜20分程度で津波が到達すると想定されているエリアが多数町内にある）で津波が来襲することが予想されている地区では、1分・2分を争う避難が必要である。

この取り組みについて、避難タワーの上に、一定量の物資を蓄えられるよう防災倉庫を設置したのは、行政（役場）である。それ以前に、避難タワーの建設そのものも行政の施策として行われた。ここまではよくある話だが、その先が重要である。防災倉庫に行政主導の定番アイテムだけを備えるのではなく、世帯ごとの「世帯ボックス」を設置するアイデアを提案したのは、地区防災計画づくりの活動を行っていた住民である。この意味で、「世帯ボックス」設置の取り組みには、地区住民自身によるプラニングという地区防災計画の哲学と成果があらわれている。もっとも、行政が何もしなかったわけではない。そのアイデアを公式に承認し、「世帯ボックス」の購入を支援し、さらに、シンポジウムや報告会を通して、この意義あるアイデアや取り組みを、ことあるごとにPRして、この取り組みをはじめた地区とは別の地区への波及活動を後押ししたのは、行政である。そして、実際、この取り組みは、当初、ある一つの地区で開始されたが、その後、10を超える地区でも同じ試みに着手ないし検討するところが出てきた。

以上の通り、「世帯ボックス」の試みは、住民発の動き（自助・共助）と行政のバックアップ（公助）とが融合した見事なコラボレーションを示していて、こうした「自助・共助・公助」の区別を度外視したスタイル（その重要性については、第7章第8〜9節を参照）が地区防災計画を推進するための理想形だと思われる。地区防災計画づくりにおいては、地域住民と行政、両者はまさに両輪である。正確にいえば、どちらか一方だけが突出したり、あるいは双方が役割・責任を放棄したり転嫁したりしていては、事はスムーズには運ばない。率直にいって、地区防災計画づくりはお互いに楽をするための仕組みである。つまり、

「win-win」の関係を構築できる仕組みである。地区住民は、「地区防災計画」という国の制度があるのだから、大手を振って行政から手助けを引き出し、その代わり、自分たちでなすべき一歩はしっかり踏み出す。他方で、行政は、すべてを役場で抱え込まずに住民にお任せできるのだから、住民が踏み出した一歩を支え、さらに前に進めるための支援を惜しむべきではないだろう。

第６節　ポイント２：「計画書をつくることにあらず」

地区防災計画に関する活動では、計画書やマニュアルなど書類をつくること自体を目的化させないことが大切である。そうではなく、住民の視点、地区の特徴を活かした何らの活動を実際に進めることが重要であり、地区防災計画はそのための「メモ」や「覚え書き」のようなものと理解しておく方が生産的だと筆者は考えている。しかし、実際には、「計画」という用語の語感も災いして、「計画書をつくるのは役場の仕事だろう」「文書を書くのは苦手だから……」などと、活動参加に二の足を踏む地域住民は多い。

しかし、そのような人でも、避難訓練にせよ、備蓄倉庫の中の点検にせよ、何らかの活動を行おうと思えば、メモの一つや二つ必ず必要だと思うはずである。「そのメモが地区防災計画でいいです、そのように割り切って構わないです」。これが、筆者らが住民に提供してきたアドバイスである。この意味で、関係者の間で「書式」とか「フォーマット」とかいった言葉が飛び交い出したら、地区防災計画の試みにはむしろ黄信号が点灯しているといってよい。以上を踏まえて、黒潮町では、各地区での活動の成果を最終的な「地区防災計画プロダクツ」と呼ぶ、原則、A4サイズの用紙１枚として集約してきた（図8-3）。地区の力で何かを実際になすことが第一義的に重要であり、分厚い計画書や立派な文書づくりは二の次でよいという姿勢のあらわれである。

ただし、ここまではご理解をいただいても、「では、何からはじめればいいのですか？」との質問を頂戴することもある。このような疑問を投げかけられたときのために、筆者らは町役場と協力して地区防災計画について入門するためのビデオ教材「地区防災計画入門ビデオシリーズ——『まねっこ防災』のアプローチ」を制作した。副題には、「他地区で実施されているよき活動はどし

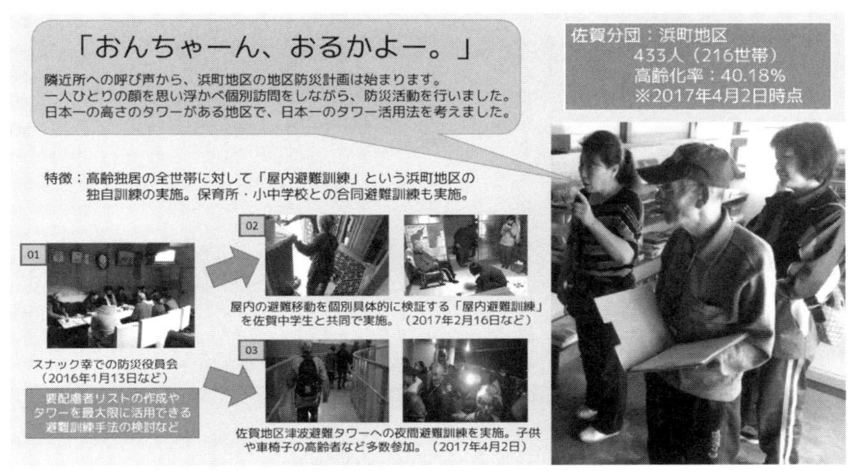

図 8-3 「地区防災計画プロダクツ」のサンプル（黒潮町浜町地区）

どし真似してください」との願いが込められている。実は、このビデオ教材で使われている素材のほとんどは各地区での取り組みの様子を地区住民や筆者らが撮影した記録映像である。つまり、分厚い計画書はもちろん、メモを作成するのも面倒という声に応えて、「それなら記録映像を残しておきましょう」として撮影した映像を、当初活動を行った地区における記録としてだけでなく、それを他地区への展開を図るためのメディアとしても活用しているわけである。第１節で論じたように、地区防災計画の特徴の一つは、住民発の計画を自治体が作成する地域防災計画の中に公式に位置づけることができることであり、この意味では、自分たちの活動内容を文書の形で残すことも重要である。ただし、ここで紹介したように、そのことがハードルとなって肝心の活動に支障を来すくらいなら計画書作成は二の次として、簡単なメモや記録映像でよいというのが筆者の基本姿勢である。

上記のビデオシリーズには、本書で取り上げている活動が多数収録されている。「世帯ボックス」の設置（上述）、「屋内避難訓練（玄関先まで訓練）」（第５章第２節）、「屋内避難訓練（2階まで訓練）」（第５章第３節）、「おためし避難訓練」（第５章第５節）、「避難訓練支援アプリ『逃げトレ』を使った訓練」（第６章）、「押しかけ家具固定」（第７章第８節）など、である。これらの多くは、必ずしも「(念入りな) 計画書→実行」の順序で実施されてきたわけではない。むしろ、思いがけず浮上したアイデアをまず試行してみて、それが予想外の効果をもたらしたために、その後ブラッシュアップを図ったというケースも多い。前者の手順を踏もうとすると、ときとして、「分厚い計画書→ほとんど実行されず」という罠に陥る。そうではなく、「小さなことからまず実行→簡単な計画書や記録としての映像撮影」、これが地区防災計画を前進させるためのポイントの一つである。

第7節　ポイント3:「どの地区も同じにあらず」

前節で示唆したように、自らにとっても有用と判断した実践は、他地区のものであっても積極的に「真似」すべきである。しかし、「お隣では津波避難訓練をしているからうちでも……」と無反省にコピーする姿勢は望ましくない。そうではなく、自分の地区の特徴を生かして、そこにしかない「オンリーワン」の活動を手づくりでまとめあげることが重要である。今、試みに、全国の自治体 (都道府県や市町村) の「地域防災計画」(本章のテーマである「地区防災計画」ではなく) を、ホームページ等を通して検索して相互比較してみるとよい。その多くが、内容外観とも似たり寄ったりであることに気づくはずだ。もちろん、同じ日本社会を形づくる自治体の防災計画であるから、まるっきりばらばらになるはずはない。しかし、自然環境も社会環境も大きく異なるはずなのに、どうしてここまで一緒なのだろうとの疑問も湧いてくるはずである。

これは、一つには、同じ (ような)「ひな型」をもとに多くの地域防災計画が作成されているからである。そして、この同じ弊害が、本来、地区固有の事情を勘案して、多種多様な計画をボトムアップに作成することが期待もされ標榜もされている地区防災計画にも及ぶ恐れは十分にある。ざっくばらんな言い方をすれば、「国や役所がつくれと言ってくる。どうしてもやらなきゃいけないなら、評判がよさそうなものを選んで真似して、無難にこなしておこう」。こうしたことになってしまっては、金太郎飴の地区防災計画が見事に「全国的に普及・浸透」して、「制度創設後、わずか×年で計画の策定率が90%に達し、数値目標が達成されました」(第1章第9節を参照) といったことになりかねない。これでは「仏作って魂入れず」である。

そうではなく、地区ごとの特徴、固有の事情が前面に出た計画がどんどん登場して、そのユニークさの程度を競うくらいの姿勢が、本来、地区防災計画制度の精神にはフィットする。本章で紹介している黒潮町のプロジェクトでも、多彩かつ多様な「オンリーワン」の計画がいくつも生まれた。すでに触れた「世帯ボックス」は、津波浸水域なので避難先で命を守れたとしても、浸水する自宅に残した物資は使えない可能性が高いという地区特性が生んだアイデアだった。避難先が分散して相互の連絡に弱点を抱えるという地区特性は、そこの住民の多くがそうである漁師が用いる双眼鏡やトランシーバーによる連絡計画と訓練という成果を生んだ（杉山, 2018）。

さらに、次のようなユニークな計画も登場した。それは、高台での車両の誘導に関する計画である。黒潮町の防災対策の主眼が、巨大津波対策に向けられていることはいうまでもない。しかし、町内すべての地区が同じように津波リスクに直面しているわけではない。この計画をつくったA地区も、その一つである。A地区は高台に位置しており津波の危険はない。しかし、高台の下方には津波対策に追われている地区が多数位置している。それらの地区では、避難は徒歩かクルマか、近くのタワーか遠くの高台かなど、いくつもの難題を抱えつつ津波避難を主題にした地区防災計画を策定してきた。

そのような中、A地区が試みたことは、高台の下から避難してくる車両をどうさばくかをテーマとした地区防災計画づくりであり、計画に基づいた誘導訓練もすでに実施したことがある。同地区の代表者が、この問題を取り上げた理由としてあげた項目をそのまま列記してみよう。「これまでの津波や地震の避難の中で、ここに避難して来る車両があった」「国道が近くにある以上、避難してくる車両があるのは避けられない」「避難車両があるなら、効率よく避難誘導する方法を考えてみる」「地域の中でのA地区の役割を考えれば、避難者を受け入れる方法を考えておく必要があるのではないか」。地区特性を見据えたすばらしい分析と活動である。「ひな型」にとらわれていては、このような地区防災計画は出てこなかっただろう。自らの地区特性を見極めた上で、それを踏まえた計画と活動が求められる。

第8節　ポイント4:「一度きりで終わりにあらず」

これは、ポイント2で述べた計画作成が自己目的化することがもたらす誤解でもある。計画は、本来何かをなすためにあるものだが、計画を作成すること自体が目的化すると、計画が完成した段階で「やれやれ、これで終わった」となりがちである。しかし、地区防災計画の活動では、「計画→実施（訓練）→振り返り」を何度も繰り返して、肝心のその日がやって来るまで改善を重ねながら長期間活動を続ける必要がある。次の災害は明日かもしれないし、30年後かもしれないからだ。よって、極論すれば、重要なのは、「今回」の計画・活動ではなく、むしろ「次回」（以降）の計画・活動である。「今回」の計画・活動の成果、あるいは、失敗や後退を踏まえて、それを修正して「次回」の計画・活動に反映することが求められる。

この点についても、ここで紹介している黒潮町のプロジェクトはいくつかのよいお手本を生んだ、と同時に、今も課題を抱えている。ここではB地区の例をあげておこう。B地区には、最悪の場合、地震発生後わずか20数分で10mを超える津波が押し寄せると想定されている。よって、同地区では、津波避難が喫緊の課題である。そこで、2012年度から、複数の避難場所を念頭に置いた訓練、クルマ避難訓練、アプリ「逃げトレ」（第6章を参照）を使った訓練、要支援者への対応訓練など、テーマを変えながらすでに10年以上にわたって、津波避難に関する勉強会や訓練を積み重ねてきた。しかし、その後、残念ながら取り組みの初期に見られた高い関心が低下し、避難訓練への参加率も下がってしまった。その背景には、筆者ら外部の支援者の強い関わりが、かえって地域住民の主体性を奪い、「能動／受動」の固定的構造（第3章）を醸成してしまったとの反省もあった。そこで、2017年度からは、地区内に位置する子どもを対象にした施設を拠点として、家庭、コミュニティ、学校を連携させる取り組みを支援して、それを起爆剤として再び地区の防災活動を進展させる試みも本格的に開始している（岡田・矢守，2019）。

つまり、同地区でのチャレンジは、本プロジェクトが全町的に開始される以前から先行的に始まり、数年の年月を超えて今も継続しているのだ。その間、その実施主体も実施内容も少なからず変化してきた。関係者がみな大きな手応えを感じる経験や出来事もあれば、逆に、上述した通り、不具合や停滞を感じざるを得ない時期もあった。地区防災計画づくりを進めたからといって、1年や2年で、何かがすぐに目に見えて変わるわけではない。長年の心配の種が直ちに雲消霧散するわけでもない。長期にわたって、一歩一歩努力を重ねることが大切である。

第９節 ポイント５:「超・地区」――地区の境界を超えること

1．地区防災計画≠地域限定

ここまでの第5～8節では、地区防災計画に関して実践の現場でしばしばみられる誤解を四つ取り上げて、それぞれについて、本来目指すべき姿を提示しながら順次、誤解を解消する作業を行ってきた。本節とそれに続く二つの節（第9～11節）では、第4節で予告したように、地区防災計画の本質や哲学に関わる要注意ポイントを、地区防災計画というワードを構成する三つの基本要素――「地区」・「防災」・「計画」――のそれぞれに焦点をあてながら、より理論的かつ概念的に論じる。

まず、本節で注目するのは、「地区」の概念である。地区防災計画というと、当然、それは、特定のローカルな地区、個別のコミュニティに関する事がらだと考えたくなる。そして、しばしば、特定の、個別の地区を対象にした計画や、その計画に基づく実践から得られた知見は、その地区の特殊な条件や固有の事情を反映しているから、そのままでは一般化・普遍化できないという趣旨の見解（批判）を耳にする。しかし、この見解は要注意である。実際には、特定の「地区」での実践やそこで得られた知見は、――ある条件さえ整えれば――特殊どころか、そのまま地区を超えた普遍性をもつ。言いかえれば、「地区」ではなく、「超・地区」だということができる。

ただし、これは、ある地区での取り組みから得られた知見の中に、他の地区とも共通する要素を見出して、「その共通要素を水平展開（横展開）しましょう」といった、実践の現場でよく耳にする類いの話ではない。ある地区で得られた一見きわめて個別的で固有性を帯びた知見、すなわち、その地区に限定されるように思える特殊性が、特殊であるがゆえにそのまま普遍性へとつながる場合があるという話である。平均的で多くの地区に共通する要素があるから普遍的なのではなく、特異的で特殊だからこそ普遍的な意味をもつ場合が、たしかに存在するのだ。

2．特殊性に見出す50年後のスタンダード

上記で提起したことを具体的な話に置き換えよう。たとえば、ここに、算数の勉強への取り組み状況や成績が、全体としてほかのクラスより目に見えて向上したクラスがあるとしよう。そして、今、私たちは、この間子どもたちに何が起こっていたのか、どのような変化があったのかを知りたいと考えているとしよう。このとき、算数学習への姿勢やその成績がそこそこ伸びた子ども（ケース）、つまり、クラス全体の上向きのトレンドと同様の変化を示した子どもを取り上げるのは常に良策とは限らない。むしろ、全体として改善が見られたクラスの中でも、特に目立って向上幅の大きかった子ども（象徴的なケース）や、逆に、クラス全体の動向とは正反対に、マイナスの方向に変化してしまった子ども（例外的なケース）について掘り下げることが、目下解明しようとしている現象の本質へと至る早道である。つまり、ある全体（クラスであったり、社会であったり）に起きている変化の本質をつかもうとするとき、その全体を構成する要素（児童であったり、地区であったり）のうち、大多数の平均的な要素を取り上げることは常に効果を上げるとは限らない。むしろ、極端で特殊な要素（ケース）に目をつける方が、全体に生じている変化の本質をより明瞭に表示している場合がある（この論理については、〈平均化／極限化〉について詳述した第7章第7節を参照）。

同じことは、地区防災計画にも通じる。ごく普通の平均的な地区ではなく、極限的で特殊と思われる地区こそが、多くの地区が変化の先にやがて到達するだろう地点を先取りして表現しているという意味で、普遍的である場合がある。具体的にいえば、たとえば、人口の1割以上が津波で犠牲になるというきわめて特別な経験をした地区だからこそ（岩手県大槌町安渡地区、第5章第2節や第7章第9節で詳述）、あるいは、南海トラフ地震の新しい想定について平均的な大きさの津波想定が示されたのではなく、もっとも深刻な想定が出た特別な地区だからこそ（本章で取り上げてきた黒潮町の各地区）、あるいは、全国的なトレン

ドである過疎高齢化が中程度に進んでいるのではなく、それが極端に尖鋭化して進んでいる特殊な地区だからこそ（近藤・小山，2021）――これらの極限的で特殊な事例は、10年後のあたり前を先取りし、50年後のスタンダードをすでに体現しているという意味で、個別の地区の固有性を超える普遍性をもった「超・地区」だと見なし得る。

同じことを反対側から言いかえれば、今この時点ですでにオーソドックスだとされていることを、単に反復しているだけ、当該地区の事情に合わせて応用しているだけの地区防災計画は、たしかに、単に「地区」防災計画であって、「超・地区」防災計画ではないかもしれない。この意味で、「地区」防災計画ならぬ、「超・地区」防災計画には、「とんがっている」ことが求められるといえる。第1項で述べた「ある条件さえ整えれば」とは、「とんがっている」という条件である。「とんがっている」事例は、定義上、今この時点ではきわめて少数で特殊である。しかし、今とらえようとしている全体（たとえば、多くの地域社会や地区防災計画）が示しているトレンド（変化）を前にしたとき、その特殊性は、その全体がやがて到達するだろう未来の普遍性と直結した特殊性なのである。このような特殊性が「超・地区」性を担保する。

第10節　ポイント6：「脱・防災」――防災活動の枠を脱すること

1.「生活防災」という視点

本節で焦点をあてるのは、地区防災計画の中の「防災」の部分である。地区防災計画は、あくまで「防災」計画であって、それは、「防災・減災や復旧・復興など、災害に関する計画であるべきだ」、したがって、それは、「防災課マターでしょ」「危機管理部の守備範囲でしょう」などと考えるのが一般的である。しかし、この考えにも注意が必要である。地区防災計画は、極論すれば、地区「防災」計画ではなく、むしろ、地区「脱・防災」計画、となったときにこそ、本物になるとすらいえるからである。

これは難しい話ではない。これまでにも各所で指摘されてきたシンプルなことである。住民の生活ベースでいえば、日常生活（生活習慣）の中に自然な形でビルトインされた防災上の工夫の頑健性や重要性を指摘したいくつかのワード群も、「脱・防災」と同じ方向を向いている。たとえば、「結果防災」（大矢根 2019）、「フェーズフリー」（秦ら, 2018）、「防災と言わない防災」（渥美・石塚 2021）、「生活防災」（矢守 2011）といったワード群である。行政レベルでも、近年、高齢者等を対象とした「個別避難計画」の策定が市町村の努力義務とされたことで目立って強調されるようになった福祉行政と防災行政の一体化、防災ないし復興ツーリズムの看板のもとで重視される観光・産業振興行政と防災行政との連携といった縦割り行政からの脱却の動きも、ここでいう「脱・防災」の一種である。

たしかに、国や都道府県レベルの防災行政では、あるいは市町村レベルでの防災行政においても、健康・福祉、まちづくり、教育といったほかの社会的機能から切り分けて、防災は防災として、危機管理は危機管理として独立させて施策を進めるほかない場合が、事実上多くを占めるだろう。しかし、地区防災計画は、より小さな空間的ユニットを対象にする場合がほとんどである。極端な場合、取り組みの対象となっている人びとが全員相互に顔見知りであるといったケースもある。そういった小規模なユニットでは、通例、すべてを一体化させて、つまり、経済も教育も福祉も環境も、そして防災もすべて「まるごと」のままで取り扱うほかないし、その方が効果的である場合が多い。地区防災計画を、地区「防災」計画としてのみ進めることには無理があり、それは、必然的に地区「脱・防災」計画の形をとるというわけだ。

２.「34M ブランド」の缶詰――「脱・防災」の象徴

本章で紹介してきた黒潮町における取り組みも、まさに「脱・防災」を志向していた。第３節で先述したように、黒潮町の防災施策の基本理念は、「防災に『も』強いまちづくり」である。地区防災計画プロジェクトも、この基本理念のもとにあった。防災単独ではなく、健康・福祉、教育・子育て、まちづくりなど、地域づくりの総体と連携した防災行政が志向されている。この理想形への道のりは、もちろん容易いものではない。地区「脱・防災」計画へ向けた総合的で分野横断的な取り組みは、行政ベースでいえば、縦割りが貫徹した既存の部局や組織をまたぐ活動になり、一朝一夕には実現できないからである。しかし、いくつかの成果はすでに上がっているし、今後、有望な取り組みもいくつも始まっている。

図 8-4 「34M ブランド」の缶詰（高知県黒潮町）

黒潮町における「脱・防災」の象徴的な存在として特筆されるのは、地場産業の振興と防災活動とのコラボレーションである「We Can Project」（「34Mブランド」の缶詰ビジネス）である（友永，2017）。「We Can Project」では、災害時の備蓄品としても活用できる缶詰を生産する工場が町役場によって建設された。この工場のユニークな点は、一石二鳥どころか三鳥、四鳥をも視野に入れた多目的性――「脱・防災」性――である。まず、缶詰パッケージに記された「34M」のロゴ。全国最大の津波想定を逆手にとって、「それが何だ、元気な町をつくっていくぞ」という意気込みが込められている（図８-４）。

缶詰が災害時の備蓄品として有用であることは、もちろん折り込み済みである。しかも、缶詰には熟成期間が必要なため、熟成中のストック分を予定の月産量や出荷量から逆算すると、数万食分の備蓄が「特段備蓄ということを意識せずに」確保されるというメリットがある。加えて、特筆すべきは、東日本大震災の被災地でアレルギーの人が辛い思いをしたという役場職員の視察結果を踏まえて、製品すべてが７大アレルゲンフリーで仕上げられている点である。さらに、「一番しんどい時だから一番美味しいものを」を合い言葉に、味も一級品である。なお、町役場にストックされていた缶詰は、能登半島地震（2024年）でも被災地に支援物資として送られている。

それだけでなく、缶詰ビジネスは、地場の食材の使用と地域の雇用創出にも貢献している。カツオやキノコ類など地元でとれる食材も多数利用され、地元の産業振興にも一役買っており、工場ではもちろん町民ほか近隣の住民が雇用されている。実は、黒潮町は、「カツオ漁つながり」で、東日本大震災の被災地宮城県気仙沼市と交流がある。そのため、役場職員も震災直後から気仙沼市に救援活動に出かけた。独自の缶詰ビジネスには、その経験も十二分に生かされているという。「漁業、缶詰工場、輸送業、そこで働く人たちを支えるサービス業、これらはすべて一体。缶詰工場がしっかりしていれば、被災後の再スタートにもよい」。被災後の復旧・復興へ思いも、このプロジェクトには込められているわけだ。

第11節　ポイント7:「反・計画」――計画しつつ計画しきらないこと

1. 計画の神髄は計画しきらないことにあり

最後は、「計画」に関わる留意点である。地区防災計画というと、当然のことながら、未来の被災について予想し、それに対する備えや対応についてプラニングすることだ、という議論になる。たしかにそうなのだが、実はここにも落とし穴がある。その骨子は一言で表現するならば、「計画」よりも、「反・計画」「対計画」が重要である――「無計画」「没計画」がよいとはいえないとしても、ということである。この主張の真意は、第6章第4節で「想定外」というよく知られた言葉を引いて言及したように、そもそも防災活動にとっては、対策が「できた」、計画が「完成した」と思い込んでいる状態こそが、最大のピンチとなり得るからである。大きな悲劇は、立派な「計画」を完成したことによって得られてしまう網羅感や完了感の死角から「想定外」という形をとって襲ってくるからである。

それでは、計画は立てないほうがいいのか。つまり、「無計画」や「没計画」でよいのか。もちろんそうではない。大切なことは、既存の「計画」を常に相対化し、アップデートし続けること、つまり、目の前の計画について、その計画が見落としている点、そこから脱落している要素を積極的に取り入れるべく別の計画をカウンターとして対置し続けること、要するに「反・計画」「対計画」の運動を継続することである。この意味で、地区防災「計画」は少しミスリーディングで、本当は地区防災「反・計画」と呼ぶべきなのである。

2.「反・計画」のエンジン――コミットメントとコンティンジェンシー

「反・計画」の重要性については、黒潮町を主要な実証実験のフィールドとして筆者らが開発してきた津波避難訓練支援ツール「逃げトレ」が有する機能について第6章で論じていることを参照されるとよく理解できる。詳細は、第

6章（特に第3、4節）を見ていただくことにして、ここでは、二つのキーワード――「コミットメント」と「コンティンジェンシー」――を使って、そのさわりだけを復習しておく。従来の避難訓練と比較して、「逃げトレ」を用いた訓練では、自らとった避難行動とその結果に対して、訓練参加者がより強い「コミットメント」（没入・固着・絶対化）を示すのだった。「この（避難）計画でいける」、あるいは「まったくダメだった」という「コミットメント」である。しかし他方で、「逃げトレ」は、現実に実現した特定のシナリオ（避難計画）に対する「コミットメント」を高めるだけでなく、それを「あり得る可能性の一つ」として相対化し、そこから離脱する運動・作用、つまり、「コンティンジェンシー」（離反・偶発・相対化）をも高めるのだった。「避難失敗だったから、別の場所に逃げてもう一度試してみたい」「高齢の親と一緒ならどうなるか……」といった形で示される「コンティンジェンシー」である。

ここで、「想定外」への対応とは、想定外がなくなった（と思い込むことができる）状態に到達することではないとの主張を思い起こそう（第6章第4節）。そうではなく、「想定外」に真に備えるとは、「想定外」に積極的に体験・直面し続ける運動を保持することであった。この運動は、一見反対方向を向いた二つの運動が併存することでより有効に達成できるのだった。その一つが「コンティンジェンシー」であり、このシナリオしかないという思い込み、あるいは、すべての可能性を網羅できたという全能感が生じるたびに「悪意の鬼」となって、それを相対化しそこからの離脱を図る運動である。しかし他方で、「コンティンジェンシー」の終わりなき相対化運動を活力あるものとして継続させるためにも、それは、正反対の方向を向いた運動である「コミットメント」によって相補される必要がある。すなわち、相対化運動が生き生きとしたものになるためにも、まずは、ある特定のシナリオとその実現可能性を絶対視し、そこへと没入する「コミットメント」が必要なのである。「逃げトレ」は、この二つの運動を支えるツールなのであった。

本節で重要視している「反・計画」とは、まずはある計画にしっかり「コミットメント」し、しかし、そこにとどまることなく、その後に、「想定外」を見きわめるべく、その計画を相対化する「コンティンジェンシー」のステージへと移行する運動を決して手放さないことである。たとえば、「逃げトレ」

による訓練を通して得られたプラン（避難計画）は一つのあり得る可能性としてはもちろん大切である。何もアクションがなされなければ、この最初の可能性すら得られない。それは、単なる「無計画」であり「没計画」である。しかし、当該の避難計画を絶対視しそれに安住することなく、「高齢の親と逃げる場合はどうなるか」「ほかの避難先もあるのではないか」と、その時点で得られた計画の外側へと思考と実践を拡張する運動、つまり、「反・計画」「対計画」の運動を手放さないことが重要なのである。

第12節　日本一の避難タワー／日本一の防災／日本一のまちづくり

黒潮町佐賀地区に、巨大な津波避難タワーがある（図8-5）。2017年に新設されたこの避難タワーは日本最大級の高さと設備を誇っており、最高部の居住スペースは地上20m以上のところにある。多くの住民の命を救う施設として期待される。しかし、それは裏を返せば、この地区の津波想定の深刻さ（タワーが立地している周辺の想定浸水深は15mを超える）の裏返しでもある。この避難タワーには光と陰の両方がつきまとっている。

図8-5　黒潮町佐賀地区の避難タワー

そのような中、「防災にも強いまちづくり」を掲げる黒潮町は、この光の部分を伸張させようと、本章で取り上げた地区防災計画活動のみならず、前節で紹介した「34Mブランド」の缶詰づくりを含め数々の活動に取り組んできた。この避難タワーもそうした活動の象徴的存在の一つである。というのも、このタワーが誇っているのは、その高さや設備だけではないからだ。

まず、この避難タワーには、地元の中学生たちが作成した表示板が設置されている（図8-6）。この表示板は、タワーのどの高さまで上がってきたか一目でわかるだけでなく、避難して来た人たちへのメッセージも付されている。さらに、この避難タワーは、黒潮町が企画・運営している「防災ツーリズム」事業（次ページの図8-7）における訪問場所の一つになっている。しかも、避難タワーのガイド役は、地元の住民ボランティアである。住民自身が自ら、本章や第5章などで紹介した地区防災計画に関する多様な試みについて、ツーリズムの参加者（観光客もいれば他の自治体からの防災視察団もいる）に説明するわけである。そこには、日本一の高さのタワーがここにあるだけではなく、自分たちは日本一の防災活動を進めているとの誇りが感じられる。図8-7に示したパンフレットの表紙に掲げられた写真にも、ここで紹介している避難タワー、第6章で取り上げた「逃げトレ」アプリ、そして、前節で言及した「34Mブランド」の缶詰などを見ることができる。

以上から、行政が津波対策として避難施設としてのタワーを建造して一件落着ではなく、中学生を含む地区住民が避難タワーに深く関わっていることや、同時に、行政にも、避難タワーを単なる防災施設として取り扱うのではなく、地域づくり、地元教育、観光資源など、さまざまな機能を併せもつ場所として活用しようとする意図を見て取ることができる。小さな町の小さな集落での試

図8-6 避難タワーに設置された地元中学生作製の階数表示版

図 8-7 「高知県黒潮町防災ツーリズム」のパンフレット

みではあるが、日本一の避難タワーが日本一の防災活動を支え、さらに、それが日本一のまちづくりへとつながろうとしている。

【引用文献】

渥美公秀・石塚裕子（2021）『誰もが〈助かる〉社会：まちづくりに織り込む防災・減災』新曜社

秦　康範・佐藤唯行・松崎　元・西原利仁・目黒公郎（2018）「防災に関わる新しい概念『フェーズフリー』の提案」『地域安全学会梗概集』42, pp. 113-115.

近藤誠司・小山倫史（2021）「限界集落の土砂災害対応計画策定に向けた共同実践：福井市高須集落におけるアクションリサーチの効果測定」『地区防災計画学会誌』21, pp. 38-50.

黒潮町・京都大学地区防災計画プロジェクト（2021）「地区防災計画入門ビデオシリーズ：『まねっこ防災』のアプローチ」

[https://www.town.kuroshio.lg.jp/img/files/pv/sosiki/2022/02/manekkobousai_checkseat.pdf]

大矢根淳（2019）「コミュニティ・レジリエンス醸成のカギをさぐって：結果防災（活動・組織）の掘り起こし」シンポジウム「防災とコミュニティ」第81回全国都市問題会議

杉山高志（2018）「佐賀分団の活動報告」京都大学防災研究所『平成27-29年度高知県黒潮町地区防災計画最終年度報告書』, pp. 111-130.

杉山高志（2019）「沿岸部と中山間部の地域が連携した活動」京都大学防災研究所『平成30年度高知県黒潮町地区防災計画報告書』, p. 43

室﨑益輝・矢守克也・西澤雅道・金　思穎（2022）『地区防災計画学の基礎と実践』弘文堂

内閣府（2016）「みんなでつくる地区防災計画：『自助』『共助』による地域の防災」[http://www.bousai.go.jp/kyoiku/chikubousai/pdf/pamphlet.pdf]

内閣府（2017a）「みんなでつくる地区防災計画」ホームページ [http://www.bousai.go.jp/kyoiku/chikubousai/index.html]

内閣府（2017b）「地区防災計画モデル事業報告：平成26〜28年度の成果と課題」[http://www.bousai.go.jp/kyoiku/chikubousai/pdf/houkokusho.pdf]

西澤雅道・筒井智士（2014）『地区防災計画制度入門：内閣府「地区防災計画ガイドライン」の解説とQ&A』NTT出版

松本敏郎（2017）「『対策』ではなく『思想』から入る防災」『地区防災計画学会誌』10, pp. 9-13.

岡田夏美・矢守克也（2019）「児童館を結節点とした地域防災のアクションリサーチ：高知県黒潮町大方児童館を事例として」『地区防災計画学会誌』16, pp. 43-54.

友永公生（2017）「地区防災計画と生業：WE CAN PROJECTを通じて」『地区防災計画学会誌』10, pp. 14-19.

矢守克也（2011）『増補版〈生活防災〉のすすめ：東日本大震災と日本社会』ナカニシヤ出版

矢守克也（2017）「黒潮町における地区防災計画づくり」『C + BOUSAI（地区防災計画学会誌）』10, pp. 3-8.

矢守克也・李　旉昕（2017）「『Xがない、YがXです』：疎外論から見た地域活性化戦略」『実験社会心理学研究』57, pp. 117-127.

第９章　南海トラフ地震の「臨時情報」

第１節　「臨時情報」とは何か

1．「臨時情報」と「警戒宣言」

本章では、津波避難と密接に関連する一つの新しい災害情報に焦点をあてる。それは、「南海トラフ地震臨時情報」（以下、原則として単に「臨時情報」と表記）と呼ばれる気象庁が発表する情報である。2017年11月から運用が開始された（「あとがき」を参照）。この新しい地震災害情報は、地震発生よりも前に、地震発生予測に基づいて発表される情報だという点で、非常に特殊な情報だといえる。ちなみに、同じく気象庁が発表する緊急地震速報、すなわち、地震発生後、大きな揺れを引き起こす地震波がその場所に到達する数秒から数十秒前に警報を発するための地震早期警報システムも、その場所での地震動の発生より以前に対応行動を促すための情報発信を企図している。しかし、実際に発生した地震の直後にＰ波とＳ波の速度差を利用して発表されている情報だから、未来の地震を予測しているわけではない。よって、結果として、その土地での揺れには間に合わないケースもある。緊急地震速報の警報着信よりも揺れの方を先に感じたという経験をされた方も少なくないだろう。

まだ発生していない地震に関する予測がベースになっている点で、「臨時情報」は、むしろ、かつて存在した「東海地震に関連する情報」の中の「東海地震予知情報」、俗称、「警戒宣言」と類似している。「警戒宣言」は、静岡県を中心とした大被害が予測され、その切迫性が懸念された東海地震の被害軽減をねらって、1978年につくられた「大規模地震対策特別措置法」のもとで定められたものである。実際、南海トラフ地震に関する「臨時情報」は、東海地震の「警戒宣言」の後継として位置づけられるのが一般的である。もっとも、この位置づけについては、特に、未来の地震に関する発生予測――一般には、ふつう「予知」という言葉で称される行為――をどう定義するのかをめぐって、地震学界周辺では侃々諤々（かんかんがくがく）の議論があり、今もその余波は続いている。しかし、この議論は本書の主題からは外れるので詳細には立ち入らず、関連の文献を参照願うことにしたい（たとえば、日本地震学会，2017)。代わって、この特殊な情報がもたらす社会的な意義と課題、特に、本書のテーマである避難論にもたらす意義と課題について論じることで、本書の第3部、避難に関するマネジメント（施策）論の一翼を担わせたいと思う。

2．主要な三つのケース

さて、「臨時情報」は、以下の三つの場合に発表される。第1に、南海トラフ沿いで「異常な現象」が観測され、その現象が南海トラフ地震と関連するかどうか調査を開始した場合、または調査を継続している場合、第2に、観測された現象を調査した結果、南海トラフ地震発生の可能性が平常時と比べて相対的に高まったと評価された場合、第3に、観測された現象を調査した結果、南海トラフ地震発生の可能性が相対的に高まった状態ではないと評価された場合である。このうち、第1は、結論を出すまでの予備的な情報であり、第3は、定常状態への（事実上の）回帰宣言に相当する情報である。このため、本章では、社会的対応の実質においてもっとも重要な意味をもつと思われる第2の場合について主に検討する。

上記の「異常な現象」が三つのケースに分類されていることが、社会的対応上の観点からは重要である（上記の3ケースに関する詳細については、中央防災会議防災対策実行会議南海トラフ沿いの異常な現象への防災対応検討ワーキンググループ(2018）を参照)。第1の「半割れケース」は、「半割れ」（大規模地震 M8.0 以上）の先行地震を伴う「被害甚大ケース」である。たとえば、東海沖で大規模地震が発生し静岡県などですでに大被害が出ているものの、四国沖等で割れ残っている部分があると想定される場合である。実際、南海トラフの東西両サイドで、巨大地震が、東そして西の順で、約32時間の時間差をもって連続発生したことがある（安政南海トラフ地震)。このとき、東側で発生した先行地震の発生後に発表されるのが、「半割れケース」での臨時情報、正確には、「南海トラフ地震臨時情報（巨大地震警戒)」である（次ページの図9-1および図9-2を参照)。

第2の「一部割れケース」は、「一部割れ」地震――先行地震だと推測され

図９-１　南海トラフ地震の想定震源域

図９-２　「臨時情報」における「半割れケース」の一例（東側で先に地震が発生したケース）

る地震（M 7.0 以上 8.0 未満）——の発生に伴う「被害限定ケース」である。この場合、先行地震のサイズが「半割れケース」ほど大きくないので、小規模の限定的な被害が生じている状況で、臨時情報（正確には、「南海トラフ地震臨時情報（巨大地震注意）」）が発表されることになる。ちょうど、東日本大震災を引き起こした 2011 年 3 月 11 日の 2 日前、三陸沖で発生した M 7.3 の地震が発生した直後のような状況にあたる。第3の「ゆっくりすべりケース」は、ひずみ計等で有意な変化をとらえた場合に発表される「臨時情報」である。このケースでは、異常は観測記録として検知されているだけなので、その時点では、社会にはまったく（ないし、ほとんど）被害が生じていない（津波はもちろん、有感地震もほとんど観測されていない）。この点が上記二つのケースとは大きく異なる。この場合も、「南海トラフ地震臨時情報（巨大地震注意）」が発表される。

上述した「半割れケース」（「臨時情報（巨大地震警戒）」の発表）と、「一部割れケース」および「ゆっくりすべりケース」（「巨大地震注意」の発表）とでは、情報を受けた社会の反応は相当異なるかもしれない。単純化すれば、前者では、たとえば、我先に避難を急いだり、防災関連グッズの買い占めが起こったりといった過大反応もあり得るだろう。よって、行政等マネジメント側では、「必ず地震が発生すると決まっているわけではありません」など、冷静な対応を呼びかける（ブレーキをかける）シナリオになる可能性が高い。もちろん、「半割れ」の先行地震による被害のサイズや地域限定度によっては、幸いまだ被害が（ほとんど）出ていない地域では、後述の「巨大地震注意」のケース同様、強い社会的反応が生じない場合も予想される。

それに対して、後者では、たとえば、「普段と変わった様子はまるでないし」などとしてほとんど何の対応も行わないといった過小反応が大勢を占めると予想される。よって、行政等マネジメント側では、「これを機会に周囲の危険箇所や備蓄物資を確認するなど、十分警戒してください」と、何らかのアクションを求めること（アクセル）になる可能性が高い。

このように、一口に「臨時情報」といっても、三つのケースのいずれかによって、また、個別の状況に応じて、相当異なるシナリオで事態が展開すると予想される。しかし、以下では、著述を単純化する意味でも、また、本書のテーマでもある「（事前）避難」が大きな課題となる「半割れケース」（「巨大地震警戒」の発表）を念頭に置いて議論を進める。なお、三つのケースの違いなど「臨時情報」の制度上の詳細については、内閣府から公開されている「臨時情報」対応に関するガイドライン（内閣府，2019a；2019b）を参照されたい。

３．絶大な減災効果と社会的な混乱

これら三つのケースのそれぞれについて、内閣府（2019a；2019b）は、2019年３月、対応上の方針をまとめたガイドラインを公表した。その内容は多岐にわたるが、大きく踏み込んだ点として、上述した「半割れケース」の場合、大規模地震が続いて発生する可能性が特に高いと考えられる期間（1週間程度）、「巨大地震警戒」への対応として、津波浸水想定地域などで「事前避難」を求めていることを指摘できる。具体的には、突発地震の発生直後には避難できない可能性のある避難行動要支援者や、避難が困難だと想定される地域の住民（この場合は、要支援者に限らず）、および、地震動による被害が予想される耐震性の低い建物に暮らす住民などが「事前避難」を行う必要がある対象として例示されている。また、学校、病院、福祉施設といった各種組織についても、対応上の指針が示されている。

「臨時情報」は、当該の地震発生前に発表される情報であるから、最悪の場合、約32万人とされる南海トラフ地震の犠牲者の軽減に絶大な効果がある。特に、津波浸水想定地域で、上述した「事前避難」が適切に実施されれば、全犠牲者の約７割を占めると推計されている津波による犠牲者を大幅に減らせると期待されている。東日本大震災にせよ、能登半島地震にせよ、たとえ１日前でも、いや数時間前でも、そして、的中率（後述）がたとえ高くないとしても、つまり多少不確実だとしても、大きな地震や津波に見舞われる可能性を示唆する情報があるならば、「ぜひ発表してほしい（してほしかった）」――このように、今、感じている方は多いはずだ。「臨時情報」は、この叶わなかった夢を部分的に満たす可能性のある情報である。

しかし他方で、「臨時情報」には注意すべき点も多数ある。まず、その的中率は残念ながら決して高いとはいえない。的中率が最も高いとされる「半割れケース」でも、「事前避難」の目安とされている臨時情報発表後１週間程度の期間に、当該の後続地震が実際に発生する確率は、過去のデータの分析から10回に１回程度と見込まれている。これは、あり体にいえば、「臨時情報」は十中八九外れる情報だということである。しかも、「一部割れケース」や「ゆっくりすべりケース」では、的中率はさらに低いとされている。すなわち、「臨時情報」は、「空振り」（第１章第７節を参照）となる恐れが非常に大きい情報な

のである。

次に、「事前避難」は、大きな被害が生じる前に避難行動や避難所での生活を住民に求めることになり、かつ、その対象者数も多数に上ると予想されている。このことから、日常生活の継続と事前避難の実施との間でコンフリクトが生じる可能性が大きく、社会的な混乱も懸念されている。具体的には、「臨時情報」は実際にまだ大きな被害が発生してない地域にも発表されるため、言いかえれば、地域全体が災害モードに入っているわけではないため、「災害への備えに専念すべきなのか、ふだん通り生活してよいのか」をめぐるコンフリクトが個人レベルでも社会レベルでも生じるだろう。また「半割れケース」(東側先行)の場合、すでに大きく被災している地域(たとえば、静岡県など東海地域)とそうでない地域(たとえば、高知県など南海地域)とが同時に併存することになり、通常なら迅速に派遣されるはずの後者から前者への支援に関するジレンマも生じる。応援要請をされても、「次はこちらの方かもしれない」との情報が入っているわけだから、その決断には躊躇を覚えるはずである。

さらに先述した通り、「臨時情報」の的中率は決して高くなく、「臨時情報」は発表されたものの、(幸い)後続の地震が発生しない状態が長く続くというケースも十分想定される。このため、被災したわけでもないのに、社会・経済活動が大幅に停滞する可能性もある。わかりやすい例としては、外出控えや風評被害などによる外食産業や観光業等への悪影響である。加えて、大規模な「事前避難」が実施されたものの、(幸い)何ごとも起こらなければ、「社会的混乱を招いただけの無用の避難だった」との批判(「空振り」批判)を招く可能性も十分ある。加えて、「空振り」の評価を一度受けてしまうと、次に「臨時情報」が発表されたときの効力に相当の悪影響を及ぼすとの懸念もある(この点については、本章の第7節第3項で詳述)。

以上のように、「臨時情報」は、絶大な減災効果が期待される一方で、的中率が低いこともあり、有効に活用するための方法や仕組みを、相当周到に事前かつ社会的にも検討・構築しておかないと、無用な混乱を招くだけに終わる心配がある。「臨時情報」をめぐって検討すべき課題は膨大で、その領域は非常に多岐にわたる。しかも、同情報は、運用開始(2017年11月)からまだ数年余り、社会的対応に関する政府レベルでの検討が完了し報告書が公表され(2018

年12月)、ガイドラインが発表(2019年3月)されてから数えて、現時点(2024年7月)で、まだ5年ほどしか経っていない。社会的対応についても十全に検討されているとはいえず、そもそも、この情報の存在を知らない人も相当数存在する(第2節を参照)。

とはいえ、本書の主題である避難行動に関係する範囲については、「臨時情報」について一定の予備的な考察を行うことは現時点でも可能であり、またそうすべきである。というのも、一つには、本情報に関連する論点として内閣府(2019a；2019b)がもっとも重視しているのは、先述した通り、「事前避難」だからである。またもう一つには、この点に関して内閣府がガイドラインを公表する前に実施したモデル地区での検討作業で選定された地区の一つが、筆者が避難に関する研究を精力的に推進しており、かつ、第4章や第8章などで何度も取り上げている高知県黒潮町だったからである。

第2節　低調な認知率

「事前避難」にテーマを絞ったときに、さらに、より視野を広げて一般論として語ったとしても、「臨時情報」に関するシンプルにして最大の課題は、少なくとも現時点(2024年7月)では、「事前避難」の対象となる可能性が高い地域の住民に対してすら、この情報が十分に普及しておらず、あまり知られていないことである。「臨時情報」については、2023年3月、NHKが「NHKスペシャル 南海トラフ巨大地震」と題された番組を全国放映した(NHK, 2023)。この番組は、「臨時情報」が発表されたときに予想される社会の状況を、ある家族を中心として分厚く描いたドラマ(前編・後編)とドキュメンタリー(専門家の解説など)の2部から成る大がかりなもので、この情報の社会的普及に少なからず貢献した。しかし、それでもなお、この後で見るように、本情報の認知度は決して高くなく、自分が「事前避難」の対象となっていること自体を当人が認識していないケースも少なくない。まず、この重大な課題について、いくつかの調査データを通して確認しておこう。

もっとも最近の調査として、内閣府が2023年7〜10月に(上述したドラマ放映よりも後の時期)に実施した全国規模のインターネット調査がある。この調査では、国が「南海トラフ地震防災対策推進地域」に指定している29都府県707市町村に住む人を対象に「臨時情報」について尋ねている（16,171人が回答)。その結果、この情報について「知っている」と答えたのは28.7%にとどまり、「聞いたことはあるものの詳しく知らない」は35.5%、「知らない」は35.8%だった。

同様の事実を指摘した調査結果は他にも多数ある。たとえば、高知県が2021年に実施した県民意識調査で、「臨時情報」について「知っている」と答えたのは20.3%であった（高知県危機管理部南海トラフ地震対策課, 2021)。また、「臨時情報」対応のために徳島県が設置した検討委員会が、津波リスクの高い県内海陽町の住民を対象に2018年5〜6月に実施した調査でも、「知っている」は30.8%、「聞いたことがある」は40.0%、「知らなかった」は29.2%との結果になった（徳島県危機管理部, 2018)。社会的に望ましいと思われる事項に対する回答には一定のバイアスがかかることを加味すれば（この場合、「知っている」と回答する方が望ましいと回答者は考えると想定できる)、実際の認知率はさらに低く、2割程度（5人に4人程度は「知らない」）が現状だと考えておくべきかもしれない。

住民の情報認知率に関する自治体の受けとめについても、調査データが示す現況は芳しいものではない。たとえば、南海トラフ地震の「津波避難対策特別強化地域」に指定されている全国139自治体を対象に、共同通信社が2022年7〜8月に実施した調査（全自治体から回答）では、「臨時情報」の内容に関する住民の理解を「かなり進んでいる」とした自治体はなく、「進んでいる」が11自治体、「あまり進んでいない」が88自治体、「進んでいない」が14自治体であり、後者二つで全体の73%を占めた（高知新聞社, 2022)。また、これに先駆けて、NHKが上と同じ139自治体を対象に実施した調査でも（NHK, 2022)、「臨時情報」の内容が住民に「十分浸透していると思いますか」との問いに対する回答は、「十分浸透している」が1%、「ある程度浸透している」が23%、「あまり浸透していない」が62%、「ほとんど浸透していない」が14%で、後者二つで全体の76%に上った。「臨時情報」の浸透率はせいぜい2割程度に過ぎないのではないかとする上記の推測を裏書きする数値である。

本節の最後に、上述した全国規模の調査に加えて、より草の根に近いところで「臨時情報」の認知率や浸透度についてリサーチした結果についても報告しておこう。これは、この後の第５節第２項および第６節で詳しく報告する「臨時情報」に関する住民アンケートやワークショップを実施した高知県黒潮町佐賀の浜町地区で得られたデータである。浜町地区は、南海トラフ地震が発生したとき、最悪の場合、地震発生後20分弱で津波が押し寄せ、最大浸水深は15m以上になると予想されている非常にきびしい状況にある地区である。また、同地区は、第８章第12節で紹介した「日本一の避難タワー」が存在する地区であり、かつ、内閣府が先述したガイドライン作成を目的とする事前検証のために選んだモデル地区（全国で七つの地区と団体）の一つでもある。しかし、こうした地区ですら、「臨時情報」の認知率は高くなかった。すなわち、2018年４月に、浜町地区に居住する住民54人（住民総数：約350人）を対象に、筆者らが地区防災計画活動（第８章）の一環としてアンケート調査を行ったところ、「内容もよく知っている」（2人、4％）、「聞いたことはある」（26人、50％）、「まったく知らない」（24人、46％）の結果となった。

第３節　個別具体的な計画の必要性

「臨時情報」による「事前避難」について考えるとき、そもそもこの情報が社会にまだ十分浸透していないという深刻な問題に加えて、もう一つ考慮すべき重要なポイントがある。それが、個別具体的な計画づくりの必要性である。第１節で、ガイドラインは「事前避難」について踏み込んだ方針を示したと述べた。しかし、それはあくまでも国全体の大筋の方向性といったレベルであって、地震・津波の想定レベルがそれぞれ異なり、地勢的・社会的条件も多種多様な個別の市町村が「臨時情報」をどのように活かすのか、また、学校、商店、福祉施設、自主防災組織といった個別の組織・団体が具体的にどう対応するのか、まして、「我が家ではどうするのか」といった個人や世帯単位での個別の対応については、ほぼ全面的にオープンである。つまり、ポジティヴにいえば、私たちはそれについて自由に考え対応することができるが、ネガティヴにいえば、相当複雑で扱いが難しい情報であるにもかかわらず、対応の仕方は、各自治体、企業・組織、そして住民一人ひとりにすべて「お任せ」ないし「丸投げ」にされているといってよい。

もっとも、これは、国の責任放棄ということではない。情報の性質上、やむを得ないことではある。本章の第1節で述べた通り、「臨時情報」とは、絶大な減災効果が見込まれる反面、不確実性が非常に高い情報である。このため、国としては、「大規模地震の発生時期等を明確に予測できないこと、地震発生時のリスクは、住んでいる地域の特性や建物の状態、個々人の状況により異なるものであることを踏まえ、『地震発生可能性』と『防災対応の実施による日常生活・企業活動への影響』のバランスを考慮しつつ、一人一人が、自助に基づき、災害リスクに対してより安全な防災行動を選択するという考え方を社会全体で醸成していくことが重要」(内閣府, 2019b, p. 3)、「日常生活を行いつつ、日頃からの地震への備えの再確認等、個々の状況に応じて、一定期間地震発生に注意した行動をとることが重要」(内閣府, 2019b, p. 12) といった方針を打ち出さざるを得ない。

筆者の考えでは、ここで国のガイドラインが推奨している方針のポイントは三つある。第1は「ボトムアップ」、第2は「個別性・多様性」、第3は「二刀流 (両にらみ)」である。公表されたガイドラインは、「(地震発生を) 明確に予測できない」と率直に認めている。首相自らが宣言を発表し、鉄道の運行や銀行の業務などの社会活動にきびしい規制をかけるはずだった東海地震の「警戒宣言」の場合のように、社会活動をトップダウンで強く管理することはないと明言している。逆に、「自助」というワードを用いて (第7章を参照)、「事前避難」の有無を含めてどのように対応するかを当事者自身が選択することを求めている。その意味で「ボトムアップ」である。次に、ガイドラインは、「地震発生時のリスクは……状況により異なる」と記し、全国一律の対応ではなく、個々人の状況、地域の事情に応じた対応を求めている。その意味で「個別性・多様性」が強調されている。最後に、ガイドラインは、「日常生活を行いつつ……地震発生に注意した行動をとる」ことを推奨し、「日常／災害」の両モードのバランスないし程よい両立を求めている。この意味で、日常生活と災害対応間の「二刀流 (両にらみ)」が重要視されている。

要するに、「事前避難」を含む「臨時情報」への対応にあたっては、それぞれの「個別性・多様性」に応じた対応を、日常生活の継続と防災対応とを「両にらみ」し、「二刀流」（両立）を図るべく、国をはじめ行政からの規制・指示に全面従属する形ではなく、個人、地域、組織等で「ボトムアップ」で独自に対応方策を考え、かつ対策を実行していくことが求められている。これは、まさに、第8章で詳述した「地区防災計画」制度が求めているところでもある。ただし、こうしたボトムアップの取り組みを進めることはそれほど容易なことではない。今後、「事前避難」の対象となる地域を中心に全国各地で、住民、関係団体、そして行政一体となった努力を重ねていく必要がある。その際には、第7章で強調したように、従来の「自助・共助・公助」観を根本から見直すことが必要となる場合もあるであろう。本章では、この後、第5節第2項と第6節で、そうした努力の一例について詳しく見ていく。

第4節　きびしい〈二者択一〉——コロナ禍から得た学び

さて、「臨時情報」に対する対応の鍵を、「ボトムアップ」「個別性・多様性」「二刀流（両にらみ）」、以上の3点に見定めたとき、特にこのうち最後のポイントを念頭に置くと、直ちに気づくことが一つある。それは、「臨時情報」に対する対応で求められることには、私たちがコロナ禍（新型コロナウイルス感染症の社会的蔓延）で経験したことや苦しみながら学んだことと共通点がありそうだということである（補論2の第3節を参照）。たとえば、コロナ禍で生じたマスクやアルコール等の物資の払底・不足と同様、「臨時情報」の発表時にも多くの人が防災用品の購入に走ることが予想される。コロナ禍でこれでもかと溢れ出てきた流言や未確認情報によるインフォデミック（近藤，2023）と同様のことは、「臨時情報」についても懸念される。「次の地震は明日の13時頃に起こるらしい」といった根拠のないフェイクニュースの蔓延である。そして、コロナ禍で相次いだ「中止・延期・自粛」による社会的活動レベルの低下、経済活動の停滞による暮らしや地域社会への打撃と同じことが「臨時情報」によっても十分生じ得ることは、すでに第1節で指摘した。コロナ禍における社会と「臨時情報」発表後の社会の様相には随分似たところがあることは、以上の例示からだけでも明らかである。

そして、両者の共通性の基盤に、〈二者択一〉の構造（ジレンマの構造）があることも容易に見てとることができる。すなわち、社会的危機として見たときのコロナ禍の本質が、「感染対策は急務だが、経済を“まわす”必要もある」という人口に膾炙したフレーズに象徴されるジレンマ構造にあることは、私たちはここ数年身に染みて感じてきた。この認識は、日本政府がコロナ対応の中核に据えていた哲学とでもいうべきもので、このフレーズは、たとえば、首相官邸のコロナ対策ホームページのトップ画面（内閣官房内閣広報室，2021）など、非常に多くの公的文書に登場する。しかし、まさに「両立」を訴えるところに、両者がむずかしいトレードオフを伴う〈二者択一〉構造をなしていることが露呈している。

「臨時情報」が抱える難題もほぼ同様の構造をもっている。それは、コロナ禍を象徴する上のフレーズを、「防災対策も重要だが、通常の社会生活を続ける必要もある」のようにパラフレーズするだけですぐにわかる。具体的な課題の形式で例示すれば、「事前避難が望ましいが、こんな不確実な情報で社会的活動を全面停止するわけにもいかない」「事前対策の呼びかけは重要だが、防災対策グッズの買い占めによる社会的混乱の抑制も重要だ」「地震への警戒も大切だが、医療・看護・福祉・教育といったエッセンシャルな活動にダメージがあっては元も子もない」などである。〈二者択一〉は、「臨時情報」対応でも、社会のあらゆる局面・領域で同工異曲の形でもって反復されることが予想されるのである。

第５節　〈二者択一〉をマネジメントするツール——「クロスロード」

1．防災ゲーム「クロスロード」

こうした〈二者択一〉にどのように対応するのか。第4節で、コロナ禍を支配した基本的な構造と臨時情報対応とに共通する特性として指摘した〈二者択一〉の構造をもつ社会的な課題について考えマネジメントするツールとして、筆者自身が開発に携わった防災「クロスロード」がある（矢守・吉川・網代，2005；吉川・矢守・杉浦，2009；矢守・GENERATION TIMES, 2014）。「クロスロード」は、阪神・淡路大震災の被災者や被災地の自治体関係者を対象としたインタビューを通して得られた、膨大な量の体験記録を共有するための防災教育ツールとして開発された。ちなみに、「クロスロード」とは、文字通り「分かれ道」のことである。

「クロスロード」は、被災地や防災活動の現場によく見られるジレンマ――「こちらを立てればあちらが立たず」の構造をもつ矛盾や葛藤――を素材として、ゲーム参加者（市民や自治体職員など）が、〈二者択一〉の設問に「YES」または「NO」の判断を下すことを通して、防災を「他人事」ではなく「わが事」として考え、同時に相互に意見を交わすことをねらいとしている。具体的な設問（ジレンマ）としては、たとえば、「学校教育の早期再開にはマイナスですが、運動場に不足する仮設住宅を建てますか――YES（建てる）／NO（建てない）」「家族同然の飼い犬を、犬嫌いの人もいるかも知れない避難所に連れて行きますか――YES（連れて行く）／NO（連れて行かない）」など、自治体の防災関係職員、あるいは、一般市民にとって身近な、しかも切実な問題（実話）が多数取りあげられている。

実際のゲームは、グループでのゲーミング形式で進められる。5〜7人程度でひと組（グループ）になったゲーム参加者が、カードに記された設問について「自分ならどうするか」をまず一人で考える。次に、判断の結果を一人ひとりに配られた「YES／NO」のカードで一斉に提示する。「YES／NO」の意見分布に応じてポイントが与えられ、最後に、グループで設問について討議し、上述した「実話」や当時の統計データなどが紹介されたテキストや解説書を見ながら理解を深めていく。

2．「クロスロード（「臨時情報」編）」

筆者らは、以上に紹介した「クロスロード」を、「臨時情報」に対する対応について個別具体的な計画（本章第3節）をボトムアップなやり方で策定するための支援ツールとしてすでに活用している（杉山・矢守，2020）。この取り組み（「クロスロード」を用いたゲーミング）は、上述した高知県黒潮町佐賀の浜町地区で実施した。ゲーミングで用いた一つ目の設問は、「気象庁から臨時情報（巨大地震注意）が発表されました。しかし、近くの高台に生活できそうな建物がありません。避難場所に近い、浸水域の中学校に事前避難しますか――YES（避難する）／NO（避難しない）」、二つ目の設問は、「気象庁から、臨時情報（巨大地震警戒）が出されました。小学校や中学校を、1週間程度休校してほしいですか――YES（休校してほしい）／NO（休校してほしくない）」であった。

杉山・矢守（2020）によれば、一つ目の設問は、それに関する議論を経て、「クロスロード」が示した〈二者択一〉を離れて、この設問の選択肢としては直接提示されていない別の選択肢に関する議論へとその後発展していった。この点は重要な意味をもっているので、この後の第3、4項でその意味について整理した後、第6節でも具体的な事例に則してさらに詳述する。また、二つ目の設問についても非常に活発な議論が展開された。この設問については、参加した49名の中学生のうち46％の生徒が「休校してほしい」と回答し、54％の生徒が「休校してほしくない」と回答した。一方で、一緒に議論に加わった12名の保護者のうち83％の保護者が「休校してほしい」と回答し、17％の保護者が「休校してほしくない」と回答し、意見には大きなばらつきが見られた。

意見の詳細について具体的に紹介すると、「中学校ではいつ津波がきても大丈夫なように訓練を重ねているから問題ない。休校するとみんなで避難できないから不安」（生徒）、「学校が休校してしまうと、子どもたちはそれぞれの自宅から避難しないといけない。加えて、たとえば、もし子どもたちしか家にいないときに地震が起きたら、本当に逃げられるか心配だ」（地域住民）などとなる。こうした意見にあらわれているように、浸水想定エリア内にある中学校に生徒が集まっている状態が必ずしもマイナス材料とは考えられていないなど、ここでも、当事者が単純な〈二者択一〉の構造で事態をとらえていないことが重要な論点として示唆された。

3.〈二者択一〉からの脱却

前項の末尾で指摘したこと、すなわち、地域住民は「臨時情報」対応に関して、必ずしも単純な〈二者択一〉の構造で考えているわけではないことについて、ここで立ち止まって考えてみたい。「臨時情報」対応にしてもコロナ禍での生活にしても、私たちはたしかに〈二者択一〉の難問に直面しているように見える。しかし、私たちは、こちらかあちらかどちらか一方だけを選択しなければならないのだろうか。つまり、片方をあきらめて棄て去るしかないのだろうか。

おそらくそのようなことはない。「あれか、これか」の〈二者択一〉に見えるのは、「クロスロード」というツールや、コロナ禍におけるかけ声がそうであったように、白か黒かの〈二者択一〉という形式で課題や事態を単純化して表現し概念化するからである。別の表現形態を導入すれば、あるいは、しかるべき手順をさらに追加すれば、共に大切な（だからこそ悩んでいるのである）二つの要素を両方とも手放すことなく、双方を――経済も健康も、あるいは日常生活も災害対応も――を両立させることができるかもしれないし、本来、その道を積極的に模索すべきであろう。

「臨時情報」を受けとった当事者が必ずしも単純な〈二者択一〉の構造で事態をとらえていないこと（前項）、および、コロナ禍でも「臨時情報」対応でも、一方を採って他方を棄てるという排他的な〈二者択一〉を超えた対応――「二刀流（両にらみ）」――が本来要請されていることを考えると、「クロスロード」というツールについても、これまでとは異なる位置づけが必要であることがわかる。たしかに、「クロスロード」は、これまで、「災害対応とはジレンマです、YESかNOか、いざ決断！」、言いかえれば、排他的な〈二者択一〉の意志決定をゲーミング参加者に迫り、そのためのトレーニングや対応シミュレーションを行う教育ツールだと位置づけられてきた。実際、「クロスロード」の頒布サイト（京都大学生活協同組合, 2005）には、「『クロスロード』とは、『岐路』、『分かれ道』のこと。（中略）災害対応は、ジレンマを伴う重大な決断の連続です。クロスロードの本来のねらいは、防災に関する困難な意志決定状況を素材とすることによって、決定に必要な情報、前提条件について理解を深めて頂くことにあります」とあって、「決断」し「意志決定」することの重要性が強調されている。

4．〈フォーク・クロスロード〉

しかし、筆者は、「クロスロード」について従来指摘されてきた特徴や見かけと、「クロスロード」の本当の真価（深層）とは微妙に食い違っており、「臨時情報」に対する社会的対応に「クロスロード」が力を発揮するとすれば、次の意味においてであると考えている。それは、「クロスロード」に関する従来の論考では言及されていない新しい鍵概念――「フォーク・クロスロード」

——を新たに導入することによって表現できる。ここでのフォーク（fork）とは、チェス（将棋）用語で「両取り」という意味である。たしかに、「クロスロード」では、ゲーミングの参加者に、「YES/NO」、二つの選択肢しか与えられず、そのいずれか一方だけを選択することを求める。これは、言いかえれば、どんなに辛くても、一方は断念し棄却するように求めることを意味する。しかし、これは、実は「クロスロード」というツールが真に意図するところではない。

実際、現実のゲーミングは、むしろ、次のような形で進むことも多い。すなわち、「YES/NO」、二つの選択肢の双方を両立させるための第3、第4の道をゲーム参加者（関係者）が共同で考案・創出する方向に議論が進むのである。言いかえれば、〈二者択一〉は文字通り形式的なもので、実際には、「クロスロード」は、〈二者択一〉の葛藤構造を克服し、目下の課題や直面する事態を別の形で再組織化するための叩き台なのである。実際、第2項で述べたように、「臨時情報」発表時の対応に関して、地域住民は、学校を「休校にする／しない」や、「全員避難する／しない」といった単純な〈二者択一〉の構造では事態をとらえていなかった。すなわち、〈二者択一〉の考えでは難局を乗り切れないことを、——いったん〈二者択一〉を迫られることを通して——明確に（再）認識し、そのうえで、その先へと進もうとしていたのだった。

第6節　高知県黒潮町における住民ワークショップ

1．ワークショップで検討された四つの事前避難方策

本章第2節で述べたように、ここで紹介する高知県黒潮町浜町地区では、国のモデル地区に選定されたにもかかわらず、「臨時情報」の認知率は、「まったく知らない」が全体の46％を占めるなど、決して高いとはいえなかった。また、「臨時情報」に対する有効性について質問したところ、全体の83％が「とても役立つ」または「やや役立つ」と答えた一方、情報発表後の具体的な対処行動について自由記述式の設問で質問したところ、全体の64％の回答者からは具体的な回答が得られなかった。以上の結果は、「臨時情報」は、内容が十分に理解されないままに、しかし、「何か役立ちそうなもの」として曖昧な形で受

表9-1　要配慮者の「事前避難」に関する四つの方策（高知県黒潮町浜町地区）

	避難先が非浸水域	避難先が浸水域
地区単位の避難	①集団遠方型	②集団近辺型
世帯単位の避難	③個別遠方型	④個別近辺型

容されていたことを示唆している。

とはいえ、「臨時情報」に関するワークショップや自主防災組織での協議を重ねる中で情報に対する理解は次第に進んでいった。さまざまな側面について議論が行われたが、最終的には、議論の焦点は国のガイドライン（内閣府，2019a；2019b）も重要視している避難行動要支援者の「事前避難」に収斂していった。特に、第5節で紹介した「クロスロード」を用いたゲーミングが一つの契機となって、「事前避難」の手法について、「クロスロード」の設問が示した〈二者択一〉を超えた選択肢（アイデア）が浮上し、協議された点は興味深い。表9-1は、「事前避難」に関して住民から出された多くの意見について、筆者らが整理したものである。多種多様な意見は、結論的には、表9-1に示した四つの方策に分類され、ワークショップで住民たちはこれら四つの方策の是非について意見を交わすことになった。

2.「集団遠方型」

一つ目のパターンは、「集団遠方型」の事前避難である。これは、地区全体で、高台にある別の地区（非浸水域）に避難する方法である。この方法の利点として、避難先で津波のリスクが無いことや、地区全体を単位として避難するため日頃の近隣関係を避難先でも維持できる点が挙げられた。たとえば、「伊与喜の小学校に逃げたら安心ねや。老人はそんな長うにおれんけんど」（70代男性、2018年3月17日／伊与喜とは、浜町地区から約4.5km離れた場所に位置する非浸水域の地区名称）といった意見である。

一方、この方法の欠点として、避難先が浜町地区住民にとって日常の生活圏外になるため、自分たちの地区から要支援者の世話をする人を出しにくいことや、沿岸地区（浜町地区）と中山間地区（伊与喜地区）とでは生活文化が異なりふだんからのつき合いも少ないため、浜町地区の住民が避難先の住民に避難生活の支援を頼みにくいといった点が指摘された。たとえば、「伊与喜ていうたち、あていらのほうばい（私たちの知人、筆者注）は、誰もおらんねや。誰が世話するろうねえ」（60代女性・2019年2月15日）といった声である。

3．「集団近辺型」

二つ目のパターンは、「集団近辺型」の事前避難である。これは、地区内の一次避難場所（高台）に近い公共施設（中学校）に地区全体で避難する方策である。この方法で注意すべき点は、「事前避難」する先の中学校は津波浸水域にあり、実際に地震が発生した際にはさらなる避難を必要とする点である。津波リスクが完全に排除されないにもかかわらず、この方策を採用する利点は、中学校は浜町地区の生活圏内にあり、地区内から要支援者の世話役を確保しやすいということである。「中学校ならよう知っちょうけんど、あていのお母やんの世話できんことはないろうねえ。それしかないねや」（60代女性・2019年2月15日）は、この点を重視した見解である。また、さらなる避難の必要はあるものの、最終的な一時避難場所（高台）に逃げるとき、多くの住民にとっては自宅から逃げるよりは中学校から逃げる方が迅速に避難できるとのメリットも指摘された。

一方、課題としては、津波発生後たとえ避難できたとしても、一次避難場所（高台）には雨風をしのぐ施設がないため、避難後、快適な生活空間を確保できないことや、二次避難所が約4.5km離れた伊与喜地区になるため、一次避難場所（高台）から二次避難へ、さらなる長距離移動を要支援者に強いねばならないことが挙げられた。たとえば、「佐賀の中学校も津波がくるというきに、安心できんろうねや。避難広場にあがったち、老人は雨にうたれて死んでしまうろうねや」（60代男性・2018年12月16日）といった意見が出された。

4．「個別遠方型」

三つ目のパターンは、「個別遠方型」の事前避難である。これは、各世帯単位で親戚などの縁を頼り、遠方の高台地域（非浸水域）に「事前避難」する方法である。この方法の利点は、親戚などを頼るため要支援者をケアする人の確保が容易であること、および、避難先で津波のリスクがないことである。たとえば、「あていの姪が高知におるき、その家にしばらく預ける。そう何ヵ月もは無理やけんど、数日なら世話してくれるやろうね」（60 代女性・2018 年 7 月 24 日）といった意見である。

一方、この方法の課題は、地区でまとまって避難しないため、日頃の近隣関係が崩壊してしまうことや、全住民がこうした避難を可能にする関係性を安全な他地域の住民との間でもっているわけではないため、この方法を採用できる人が限定される点である。つまり、「身寄りのない人はどうするが。そのまま置いてくしかないねや」（60 代男性・2018 年 12 月 16 日）といった心配が残る。加えて、個別避難の実態を自主防災組織が把握できなかった場合、すでに「事前避難」した人（留守の人）の救援に向かってしまう事態が発生したり、「事前避難」したと思い込んだ要支援者が在宅したりするなど支援のぬけやもれが生じる問題、つまり、災害時の要支援者の救援活動に支障をきたす問題も指摘された。たとえば「勝手に逃げられたら、いざというときに助ける側も困るしねや」（60 代男性・2018 年 12 月 16 日）といった指摘である。

5．「個別近辺型」

四つ目のパターンは、「個別近辺型」の事前避難である。これは、言いかえれば、自宅から「事前避難」せず、地震や津波への警戒レベルを上げつつもふだん通りの生活を自宅で続けるという方策である。この方法の利点として、「事前避難」のための世話役を確保する必要がないことや日頃の近所関係を維持できること、自宅以外の場所での避難生活から生じる心身の不調や人間関係のトラブルが発生しないことが挙げられた。「お年寄りていうたち、人のつながりは困らあねえ。いくら近くで長ごう住んでても、一緒に生活するのはなかなか難しいねや」（50 代女性・2018 年 7 月 24 日）といった意見である。

一方、欠点として、地震直後にきわめて迅速に津波避難を行う必要性があることや、自宅から一次避難場所（高台）まで距離がある人が多いこと、家屋倒壊や家具の転倒などによって屋内空間に閉じ込められて迅速に津波避難できない恐れなどが指摘された。とはいえ、「いざというときのことはわからん。いつもどおり準備して過ごすしかないねや」（60 代男性・2019 年 2 月 15 日）といったあきらめの声も聞かれた。

6.「二刀流（両にらみ）」の解の浮上

以上に要約した四つのパターンのうち、浜町地区の自主防災組織の役員会では、「集団近辺型」と「個別遠方型」の事前避難の方策に、最終的に多くの賛同の声が寄せられた。この間、筆者ら研究者や行政から地区住民に向けた意見誘導は行われず、これは住民自らが選択した「事前避難」のための方策であった。この点で、浜町地区の「事前避難」のための方策は、住民主導の「ボトムアップ」な方策であり、同地区の「個別性・多様性」(たとえば、高齢化率が高いこと、近隣関係が豊かであること、あるいは、最寄りの非浸水域との間の物理的距離が遠く関係性も深くはないことなど）を踏まえたものといえる。また、当面採択された二つの方策（「集団近辺型」と「個別遠方型」）は、「日常／災害」の両モードのバランスを「二刀流（両にらみ）」したうえで、津波のリスクを十分に認識しつつも、災害発生時の直接的な被害軽減だけでなく、日常生活の継続性、特に、要配慮者（高齢者）の世話役の確保のしやすさといった観点も重視した結果だといえるだろう。

以上のことを、前節で用いた〈二者択一〉を使って言いかえれば、事前避難を通した人的被害の低減、日常生活や学校教育の継続、高齢者へのケアの継続といった複数の目標を、相互に排他的な〈二者択一〉の構造から解放し、一見相容れないかに見える二つ（以上）の要件の両立を図るための工夫や知恵を生み出そうとする努力および成果だと位置づけることができる。〈二者択一〉の構造を克服し、調停不能に見える選択肢間の葛藤を止揚し、双方を融合した「二刀流（両にらみ）」の解を関係者が共同で見出すことを浜町地区の住民は模索しているのである。

第7節　総括──「二刀流」と「素振り」

1.「二刀流（両にらみ）」

本書で光をあてている避難対応を含め、日本社会における防災・減災対策は、基本的に、「ふだん（平常時）」と「まさか（災害時）」の分離（補論2第3節で詳述する「フェージング」）を前提にして構想されてきた。「災害モードへの切替」とか「災害対策本部の設置・解散」といった表現が、この意味での分離を象徴している。「日常／災害」が確定されれば、それなりの経験が蓄積されているが、両方が入り混じったどっちつかずの状態を「二刀流（両にらみ）」でマネジメントし、対応するための経験やノウハウは不足気味である。

しかし、これまで述べてきたように、「臨時情報」対応では、まさにこの意味での「二刀流（両にらみ）」が求められる。「臨時情報」は、非常に不確実ではあるが、平常時よりは数百から数千倍も災害発生確率が高まっていることを示し、対応に役立てれば大きな減災効果もある。よって、「臨時情報」を活かすためには、「結局、後発地震は起きるのですか、起きないのですか」など、「不確実性」に耐えられず確実性を求める議論や、「不確実な情報では責任ある対応はとれない」のような、「白黒はっきり」させないと何もできないという発想に陥らないように留意しなければならない。種々のトレードオフを低減しつつ、不確実な情報に見合う柔軟性をもった「二刀流（両にらみ）」の対応、「白黒ゲーム」（第１章第３節）を脱却して純白でも純黒でもない「グレーな解」をそれぞれの主体で考え準備する必要がある。そして、その作業を支える新しい防災体制や仕組みを、時間をかけて社会に構築することが重要である。

具体的には、「両にらみ」されている両側面、つまり、日常生活の継続性や利便性と地震発生時の対応（たとえば、「事前避難」）の即応性や有効性の両側面について、それぞれの長所（利点）と短所（課題）をリストアップし、前者を最大限に生かし、後者を最小限にとどめるための対策・準備を今後進めていくことが必要である。この対策・準備を進めるためには、地域特性を踏まえて、「個別性・多様性」をもった計画を住民主体で「ボトムアップ」に策定していくほかない。この意味で、先にも述べた通り、「臨時情報」への対応は、第８章で述べた「地区防災計画」の理念ときわめて親和性が高い。本章の第６節で紹介したワークショップは、まさに「地区防災計画」を策定する活動の一環として行われた取り組みの好例の一つだといえる。なお、その後、筆者は、同様の取り組みを、地域住民参加型のテレビ番組の一環としても実施しているので、あわせて参照されたい（NHK 高知放送局，2023）。

２．確率認知論との決別

「臨時情報」の光と陰のうち光の方をより多く引き出すために、筆者が重要だと考えるもう一つのポイントは、「臨時情報」を含めて確率に関する情報を伴った災害情報にはつきものの議論、すなわち、確率の認知論との決別である。地震に限らず、発生確率を伴った災害情報（たとえば、「臨時情報の発表後1週間程度の間に後発地震が発生する確率は10%程度」「南海トラフ地震が今後30年の間に発生する確率は70〜80%程度」）については、定番のように繰り出される議論がある。一般の人びとは、こうした確率情報をどのように受け取る（認知する）のかという議論、名づけて、確率認知論である。曰く、一般の人びとは、こうした確率を過大評価する傾向があるとか、斯く斯く然々の条件のもとでは逆に過小評価する傾向があるとか、こうしたバイアスを排除して確率情報を正確に認識して「正しく恐れ」（補論2の第4節第4項）てもらうためには、交通事故や航空機事故等ほかの事象の発生確率との比較情報が有用だとか、そういった類いの議論である。

結論を先に述べれば、筆者は、「臨時情報」（一般には、災害情報）について、こうした方向で議論することはあまり生産的ではないと感じる。実際、前節で紹介したワークショップでも、確率の理解については二の次とした。それはこうした確率そのものに関する認知や理解をめぐる既成の議論よりも、別次元のことが重要ではないかと考えているからである。それは、確率表現を伴った情報が有用なのは、その情報を受け取る側に、以下の三つの条件が揃っている場合だということである。(a) 当事者に対して採り得る「複数の選択肢」が開かれており、(b) それら複数の選択肢に対して、何らかの資源（経費、人員、時間等）を当該の確率情報を頼りに「アロケーション」（配分や割りあて）することができ、(c) それを通して「全体の最適化」を図ることが要請され、また可能な場合、である。

いくつか例示しておこう。国レベルで学校施設の耐震化工事を推進している政府関係者にとっては、無数の学校（校舎）に優先順位をつけ、限られた予算を適切に配分する作業が必須である。当然、どの地域の地震発生確率がより高い（低い）かは「アロケーション」にとってきわめて重要な情報で、それが「全体の最適化」にも資する。地震保険の価格設定を行っている損害保険会社の担当者も、同様のロジックで業務にあたっているだろう。あるいは、台風接近時にダム操作の任にあたっている人も、降水量予測という確率情報と首引きで、放水量や貯水量の最適な「アロケーション」(複数の水源等の間で、あるいは、今日と明日との間で）を実現しようとするだろう。

以上のように、確率つきの情報を重宝している（あるいは、重宝できる）のは、上の三つの条件を満たす条件下で活動（主として、仕事）している人（のみ）である。しかし、市民の多くはまったくそうではないことに（特に、こうした情報を発表している専門家は）思い至るべきである。たとえば、仮に、「あなたが暮らす地域Xには、A断層が引き起こす地震が発生する可能性があります。30年間の発生確率は0.5％です」といった情報が公表されていても、ごく普通の住民にはそこに居続ける以外には選択肢が存在しないことが多い。もちろん、「地域XとY、どちらに住むか、ちょうど考えていました」「手元にある100万円を海外旅行に使うか自宅の耐震化工事に使うか家族会議の最中でした」など、例外はあり得る。しかし、これらは幸運な例外事例といえるし、確率情報が真価を発揮して適切な「アロケーション」がなされ「全体の最適化」が図られているというニュアンスは、上掲の典型的な事例群と比べると明らかに弱い。

以上からわかることは、確率を伴った災害情報については、それを自治体や市民と従前にコミュニケーションすることを目指すのならば、確率概念自体に関する適切な理解の醸成などよりも、そして、確率の数値がどの程度割り引かれて（あるいは、割り増されて）理解されているかといった事項よりも、それ以前に、はるかに大切なことがある。自治体や市民を、複数の選択肢に対して何らかの資源を「アロケーション」できるような状態に置くこと、また、そのための支援をすることである。この作業を欠落させたままで、「向こう30年間に震度6弱以上の地震動に見舞われる確率は、実は、交通事故に出会う確率と比べて……」といった会話を重ねてみても、それは、知的遊戯の域にとどまるだろう。

ここで、前節の議論に立ち戻ってみると、あのワークショップで行われていたことは、まさに、この複数の選択肢を当事者たちが自分自身の努力で発見し明確化し、検討のテーブルの上にのせるための作業だったことがわかる。具体的には、地区内の自宅（事前避難しない)、地区内の集団避難先（浸水域にある学校)、地区外の個別避難先（地区外の知人・親戚宅など)、地区外の集団避難先（地区外にある学校）などである。これらの複数の選択肢を念頭に置いたとき、また、それぞれの選択肢の長所・短所双方の要因を明確にし得たとき、そのとき初めて、「1週間以内の発生確率は10％程度」という確率表現を伴った情報が、選択肢のそれぞれに振り向けるさまざまな資源の「アロケーション」の決定に資する有意味な情報となる。それぞれの避難方法（選択肢）の訓練に振り向けるリソースの「アロケーション」、あるいは、各選択肢の短所の改善に投入する資源の「アロケーション」など、である。こうなってはじめて、確率情報は、理解可能（understandable）かどうかについて議論するステージ（これは確率認知論がしていることである）を超えて、実践可能（workable）かどうかを問題にできるステージへと移行できる。

3.「空振り」ならぬ「素振り」――突発シナリオ対策との併用

いうまでもなく、「臨時情報」などが発表されないまま、ある日、突然、南海トラフ地震・津波が起こる可能性は十分にある。だからこそ、新たにスタートとした「臨時情報」にだけ一過性の関心を向けるのではなく、突発的に地震が発生するシナリオを念頭に置いた従来の対策や備えと切り離さずに、両者を一体化して対策を進める必要がある。避難対策についても同様で、突発シナリオに即した（通常の）避難対策、および、「臨時情報」を受けた「事前避難」対策、この両者を並行して同時に進める必要がある。つまり、ここでも、上記とは違う意味での「二刀流（両にらみ）」が求められることになる。

事実、両者は矛盾するわけではなく、相互に補完し合う関係にある。まず、突発シナリオに対する避難対策・備えは、「臨時情報」への避難対策・備えも高める。たとえば、避難所となる学校の耐震化や環境改善は、「臨時情報」が発表された際に利用可能な避難先（選択肢）を増やすことにつながる。突発災害に備えた避難所運営訓練は、もちろん「臨時情報」発表時に開設される避難所の運営にも大部分は適用可能である。

他方、「臨時情報」対策を進めることで、突発発生シナリオに対する備えも促進される。たとえば、「臨時情報」に伴う事前避難を通して経験した避難生活は、たとえそのときには何も起こらなかったとしても、それを「空振り」ではなく、超リアルな防災訓練の機会、つまり「素振り」（第1章第7節）の機会が与えられたととらえることができる。また、突発発生を前提にしている限り、正直どこから手をつけてよいかわからないきびしい条件にある人びと（たとえば、津波到達までの余裕時間が短いと推定される自宅に暮らす要支援者など）については、あきらめに由来する無策という難題が立ちはだかっている（第5章第2節）。このとき、「臨時情報が発表されたとして『個別避難計画』を立ててみましょう」という形で、当事者を含めて関係者が一歩を踏み出すこともできる。「臨時情報」対応は突発シナリオ対応に比べれば「ハードルが下がる」（第5章）からだ。さらには、「臨時情報」による事前避難の経験は、100～150年程度とされている南海トラフ地震の長大な再来期間を埋める中間リマインダーの機会だと受けとることもできる。実際、「臨時情報」のうち第1節で述べた「一部割れケース」は、これまでのデータに徴する限り、15年に1回程度の頻度で発表されるだろうと予想されている（内閣府，2019c）。

したがって、「臨時情報」は、——たとえ、それが「空振り」だったとしても——超長期にわたる取り組みが必然的に伴う停滞や弛緩（第8章第8節）を克服し、遠い未来かもしれない南海トラフ地震に備えるためのリマインダーだととらえ、防災活動を磨きあげていく機会にすることが肝要である。事実、浜町地区では、2012年に内閣府から南海トラフ地震・津波に関する深刻な想定が発表されて以後、災害がいつ起きてもおかしくないという緊張感のもと防災活動を進めており、「すでに臨時情報が発表されたような状態」だったともいえる。そのため、「臨時情報」が新設され、そのモデル地区に指定され、そして今回の地域の協議を経ても、地震・津波対策や防災活動が質的に大きく変化することはなかった。この事実は、たとえば、「1週間経って臨時情報が解除されたとしても、おららはずっと臨時情報のつもりでいるがやろうね」（70代男性・2018年12月16日）という住民の言葉にあらわれている。

4．自治体の「臨時情報」対応

ここまで、本章では、「臨時情報」に対する住民の認識（認知率など）や対応について述べてきた。ただし、「臨時情報」に対して対応が求められるのは、一人ひとりの住民や個々の地区コミュニティだけではない。政府が、具体的なレベルでは国としての統一対応方針を示していない以上（第3節参照）、都道府県や市町村といった自治体においても、また、企業においても、それぞれ、

「個別性・多様性」を踏まえ、かつ「二刀流（両にらみ）」を実現可能な対応計画を「ボトムアップ」に作成することが求められている。「臨時情報」に対する自治体の対応についても、近年、筆者自身のものも含めて、相次いで研究や実践の成果が公表されている。本章には、それらについて詳しく論じるための紙幅はもはや残されていない。最後に、その主だったものをリストアップすることで次善としたい。

「臨時情報」に対する自治体の対応については、まず、実態調査として、先に紹介した共同通信社（高知新聞社，2022）、NHK（2022）による調査がある。さらに、筆者らも、2022年9月から11月に、「南海トラフ地震防災対策推進地域」に指定されている全自治体（29都府県及び707市町村）を対象として対応計画の有無や内容を尋ねる大規模調査を実施した。分析の結果、自治体の対応計画の記載内容には自治体によって多寡があること、特に避難に関する項目は津波のリスクが相対的に大きい「南海トラフ地震津波避難対策特別強化地域」の市町村でより多く記載されている傾向があること、事前避難対象地域の設定において地域特性に応じた工夫が見られること、津波のリスクが相対的に大きい市町村においては、南海トラフ地震臨時情報（巨大地震警戒）と南海トラフ地震臨時情報（巨大地震注意）のいずれか一方の場合にのみ「高齢者等避難」を発令する傾向があることなどを見出している（松原・Goltz・矢守・城下・杉山・中谷内，2024；Goltz, Yamori, Nakayachi, Shiroshita, Sugiyama, & Matsubara, 2024）。

さらに、東北大学、名古屋大学、そして筆者らのチームなどが、「臨時情報」に対する自治体等の対応のためのガイダンスマニュアルを作成したり、対応訓練のためのワークショップを開催したりしている。詳細は、以下の文献を参照されたい（東北大学災害科学国際研究所南海トラフ地震臨時情報対応研究プロジェクト，2023；千葉・野村・水井・廣井・中村・平山，2023；京都大学防災研究所南海トラフ地震臨時情報研究チーム，2023）。今後、こうした取り組みを、より広い範囲で多くの人びとを対象に実施していく必要がある。

【引用文献】

千葉啓広・野村一保・水井良暢・廣井　悠・中村洋光・平山修久（2023）「臨時情報発表時の社会事象とその要因の推定に関する一考察：なぜなぜ分析を応用した災害事象

の要因分析手法の検討」『地域安全学会梗概集』52, pp. 79-83.
中央防災会議防災対策実行会議南海トラフ沿いの異常な現象絵の防災対応検討ワーキンググループ（2018）「南海トラフ沿いの異常な現象への防災対応のあり方について（報告）」
[http://www.bousai.go.jp/jishin/nankai/taio_wg/pdf/h301225honbun.pdf]
Goltz. J., Yamori, K., Nakayachi, K., Shiroshita, H., Sugiyama, T., & Matsubara, Y. (2024). Operational earthquake forecasting in Japan: A study of municipal government planning for an earthquake advisory or warning in the Nankai Region. *Sesimological Research Letters.*
[DOI:https://doi.org/10.1785/0220230304]
吉川肇子・矢守克也・杉浦淳吉（2009）『クロスロード・ネクスト：続：ゲームで学ぶリスク・コミュニケーション』ナカニシヤ出版.
高知県危機管理部南海トラフ地震対策課（2021）「令和３年度実施 地震・津波県民意識調査結果の概要」
[https://www.pref.kochi.lg.jp/soshiki/010201/files/2021102800112/file_20223314135440_1.pdf]
高知新聞（2022年８月29日付）「南海トラフ自身臨時情報『住民理解進まず』73％ 139市町村調査」
近藤誠司（2023）『コロナ禍と社会情報：インフォデミックの考現学』関西大学出版部
黒潮町（2017）「佐賀地区津波避難タワーの概要」
[https://www.town.kuroshio.lg.jp/img/files/pv/kouhou/docs/201707/12-13.pdf]
京都大学防災研究所南海トラフ地震臨時情報研究チーム（矢守克也・James Goltz・杉山高志・城下英行・松原悠・中谷内一也）（2023）「南海トラフ地震臨時情報発表時の対応計画作成自治体向けガイダンス」
京都大学生活協同組合（2005）「ジレンマ場面で学ぶ災害対応ゲーム『クロスロード』：クロスロードとは？……こんなゲームです」
[https://www.u-coop.net/kyodai/crossroad/crossroad_2.html]
松原悠・Goltz. J.・矢守克也・城下英行・杉山高志・中谷内一也（2024）「南海トラフ地震臨時情報に関する自治体の対応計画の多様性」『災害情報』22, pp. 35-44.
内閣府（2019a）「南海トラフ地震の多様な発生形態に備えた防災対応検討ガイドライン［第１版］」
[https://www.city.atami.lg.jp/_res/projects/default_project/_page_/001/000/584/nantora_guideline.pdf]

内閣府（2019b）「南海トラフ地震の多様な発生形態に備えた防災対応検討ガイドライン（第1版）の概要」
[https://www.bousai.go.jp/jishin/nankai/pdf/gaiyou.pdf]

内閣府（2019c）『令和元年版　防災白書』日経印刷

内閣官房内閣広報室（2021）「新型コロナウイルス感染症に備えて：一人ひとりができる対策を知っておこう」
[https://www.kantei.go.jp/jp/headline/kansensho/coronavirus.html]

NHK（2022）「『南海トラフ地震臨時情報』に関する自治体アンケート」
[https://www3.nhk.or.jp/news/special/saigai/selectnews/20220307_01.html]

NHK（2023）NHK アーカイブス／NHK スペシャル「南海トラフ巨大地震」
[https://www2.nhk.or.jp/archives/movies/?id=D0009051543_00000]

NHK 高知放送局（2023）「南海トラフ地震“臨時情報”……そのときどうする？：黒潮町で住民たちと防災専門家が和やかにトークセッション」
[https://www.nhk.or.jp/kochi/lreport/article/001/38/]

日本地震学会（2017）「地震発生予測と大震法および地震防災研究」（モノグラフ「地震発生予測と大震法および地震防災研究」編集委員会）
[https://www.zisin.jp/publications/pdf/monograph5.pdf]

杉山高志・矢守克也（2020）「南海トラフ地震の『臨時情報』に関する防災教材の開発：防災ゲーム『クロスロード：黒潮町編』の実践」『日本災害情報学会第22回学会大会予稿集』, pp. 58-59.

東北大学災害科学国際研究所南海トラフ地震臨時情報対応研究プロジェクト（2023）「南海トラフ地震臨時情報発表時における組織の対応計画作成支援パッケージ」
[https://irides.tohoku.ac.jp/media/files/archive/NankaiTrough_Package_230313.pdf]

徳島県危機管理部（2018）「津波避難とくらしに関するアンケート調査結果」
[https://anshin.pref.tokushima.jp/docs/2018071100046/files/01_shiryou1.pdf]

矢守克也・吉川肇子・網代　剛（2005）『防災ゲームで学ぶリスク・コミュニケーション：「クロスロード」への招待』ナカニシヤ出版

矢守克也・GENERATION TIMES（2014）『被災地 DAYS（時代 QUEST）：災害編』弘文堂

補論 1　アフター・コロナ／ビフォー・X

第 1 節　「もともと」大切だったこと

2020 年 6 月、コロナ禍が誰の目にも深刻化しておよそ半年を経た頃、ただし、この年の 7 月に発生した九州南部での豪雨災害（熊本県球磨川流域を中心に大被害）も、9 月初旬の台風 10 号（中心気圧 920 ヘクトパスカルという非常に強い勢力を保ったまま九州に接近）による災害もまだ発生していない時点で、ある防災に関する勉強会がオンライン方式で開催された。テーマは、コロナ禍の災害避難であった。聴講していた筆者は、2 人の演者が奇しくも同じ言葉を何度も使うことに気づいた。それは、「もともと」という言葉であった。

最初のトークは、災害時の避難所の「三密対策」が中心だった。もちろん大切なことである。しかし、考えてみれば、夏季は食中毒、熱中症対策など、冬季はインフルエンザ対策など、「避難所の保健・衛生環境を整えることは、コロナの蔓延などなくても、もともと大事なんです」。これが、演者が強調した点であった。誠にもっともな指摘だと感じた。二つ目のトークのキーワードは、「多様な避難」ないし「分散避難」であった。新型コロナウイルス感染症を考慮すれば、自宅や親戚・知人宅など、自治体が開設する避難所以外の場所を避難所として活用することを真剣に検討する必要がある。避難とは災害の難を避けることであって、いわゆる避難所に行くことだけが避難ではないのだから。しかし、考えてみれば、これももともと重要だと指摘されてきたことで、演者は、国もずいぶん前から、災害避難の指針として「多様な避難」を提示していたと強調していた。

ということは、コロナ禍は、避難行動や避難所設定・運営といった分野に、まったく新しい何かをもたらしたわけではないことになる（そういう要素も皆無ではないだろうが）。もともと私たちの前にあったのに、見て見ぬふりしていたことを直視せざるを得なくなっただけのことである。「『未知』なるものパンデミックは（中略）すでにわかっていた『既知』の問題をあぶり出している」（中島, 2020, p. 289）のだ。そうだとすれば、このようにいえる。コロナ禍での防災について考える中で、「これも大事、あれも課題」と浮上してきた問題群は、「三密対策」「多様な避難」を含め、コロナ禍が過ぎ去ったとしても手放してはいけないのだ。それらは、コロナ禍であろうがなかろうが、「もともと」大事なことなのだから。

第2節 「三密対策」と「スーパーベスト」

上記で言及した勉強会からわずか数ヵ月、防災関係者の心配・懸念が現実のものとなった。コロナ禍という悪条件のもとで多くの人びとが避難しなければならない事態が生じたのだ。その主なるものが前述の九州南部の豪雨災害と台風10号による災害だった。もちろん、個別具体には数多くの課題が生じた。とりわけ、避難行動要支援者が多く生活している高齢者施設からの避難や、コロナ禍（外出自粛など）が主因となって生じた被災地に対する外部支援者（災害ボランティアなど）の不足は、被災地に大きな爪痕を残し被災者をよりいっそう苦しめた。他方で、全体として、コロナ禍以前から「重要だ」「要改善だ」と位置づけられながら、必ずしも十分に実現できていなかった対策のいくつかが実施に移された。その点は前向きに総括してよいだろう。

念のために、この点に関していくつかの事例を列挙しておこう。まず、「三密対策」として、多くの避難所が受け入れ人数（定員）を絞った。もちろん、それによって、特定の避難所が「満杯になる」という課題も生じた。しかし、「非常時だから」と、体育館などに詰め込むだけ詰め込んでも致し方ないという旧弊が改善に向けて動き出したことも事実である。「コロナ対策として」、多くの避難所に、パーティション、段ボールベッドが搬入・設置された。消毒液の常備、マスク等の配布、頻回の清掃・消毒、そして、受付では、体温測定、健康チェックなども実施された。いずれも、「非常時だから」とこれまで疎かになっていたことだ。

また、2020年7月の九州南部豪雨の被災地熊本県内では、他県からやって来た応援スタッフがコロナウイルスに感染していることが、避難所の受付での健康状態のチェックプロセスで判明し、そのことが問題視されたりもした。しかし、これも裏返せば、これまでは、体調がすぐれない被災者も、インフルエンザに感染している支援者も、ほとんどフリーパスで避難所に出入りしていたということである。そして、そのことが、避難者の体調の悪化（極端な場合には、災害関連死）を招き、また、風邪やインフルエンザの蔓延を引き起こしていたのだ。

次に、避難所の設定や避難のタイミングについても、これまでとは異なる、しかも、これまでも有効性が指摘されながら、前向きに模索されてこなかったことがいくつも実現した。その多くは、「ベスト」の避難（たとえば、避難指示のタイミングで自治体指定の避難所へ）、「セカンドベスト（次善）」の避難（たとえば、自宅周辺が浸水したことに気づいて土壇場の手段として自宅2階へ）と対比させる形で（これらについては、第1章第6節などを参照）、筆者が「スーパーベスト」の避難と呼んできたタイプの避難スタイルである。

具体的には、上述した台風10号接近時、九州各県では、事態の悪化前にホテルや旅館に避難する人が相次いだ。もちろん、すぐに満室になり避難に活用できなかったとか、そもそも経済的にホテルの利用が難しい人もいるとか、いくつか課題は生じた（NHK, 2020a）。しかし、声を枯らして呼びかけても実現しなかった「事態の悪化前に避難を」が、——「史上空前の台風です」との情報や報道の効果もあったが——「避難所はコロナが心配なので」「避難所は定員が少ないと聞いていたので」、ひいては、「コロナでずっと家にいて、たまにはホテルで過ごすのもよいかと思った」といったコロナ由来の理由で、ある意味、あっさり実現してしまったことはきわめて象徴的であった。

ほかにも類例はいくらでもある。鹿児島県内の離島では、台風接近の前に、はじめて事前の島外集団避難が実施された（南日本新聞社, 2020）。7月の豪雨災害の被災地人吉市では被災地の復旧状況も勘案して、人吉市からから熊本市への事前の広域避難が行われた（西日本新聞社, 2020）。さらに、民間の商業施設の立体駐車場がクルマ避難のために事前開放され多くの人が利用する事例もあった（NHK, 2020b）。いずれも、これまでにあまり例を見ないタイプの「スーパーベスト」の避難である。

第3節　「無意識の革命＝気づいたら改善」

以上の経緯は、もともと重要だったこと、長年にわたって懸案だったのに実現できなかったことが、コロナ禍で苦し紛れに実施したことを通して、意図せざる結果として図らずも実現されたことを意味している。この種のメカニズムは、避難の領域に限られることではなく、大澤・國分（2020）は、「無意識の革命」と名づけて、その重要性を指摘している。革命という表現が大袈裟に響くのであれば、「気づいたら改善」と呼んでもよい。「気づいたら改善」は、成り行き任せ、運頼みのようで、いかにも頼りない印象を与えるかもしれない。そのような間接的な迂回路を経るのではなく、もっと直接的に正面から問題に取り組むべきだと感じるかもしれない。

しかし、そうではない。「避難所の保健・衛生環境の改善」も、「避難先の多様化」も、「事態が悪化する前に避難を」も、それらに対するストレートな問題提起や改善策の提案がなされながら、もう十数年も積み残されてきた課題である。コロナ禍での避難は、それらの難題にやむにやまれずなされたことを通して——すっきり全部解決されたとはもちろんいえないとしても——風穴を開けたのだ。社会的な困難や課題を克服するための「革命」あるいは「改善」は、課題や困難とストレートに対峙・対決するよりも、「無意識の革命＝気づいたら改善」という回路を経た方がスムーズになされる場合が、たしかにある。

ストレートな対策が、必ずしも奏功していない事例は、本書のテーマである避難に限っても多数見つけることができる。たとえば、度重なる高齢者福祉施設における避難上のトラブルに直面して、要配慮者利用施設には「避難確保計画」を策定し訓練を行うことが義務化された（国土交通省水管理・国土保全局，2022）。また、高齢者等の避難行動要支援者の被災が後を絶たないことを受け、要支援者の避難に関する「個別避難計画」の策定も市町村の努力義務とされ、各地で推進されてはいる（内閣府，2021）。筆者らは、こうした活動にも従事してきた。しかし、能登半島地震など近年の災害事例を参照するまでもなく、これらの対策には課題も多い。たとえば、「計画倒れ」（計画は立てたが、蓋を開けたら実効的ではなかった）、「計画だけで満足」（義務化されたので、「ひな形」に従ってとにかく計画書だけはつくっておいた）、さらに悪くすると「計画づくり倒れ」

（施設をとりまく環境や条件が厳しく、満足に計画すら立てられない）という状態に陥っている場面に出くわすことも少なくない。

こうした不具合の遠因は、対策が「直接的に過ぎる」ことにある。課題A（たとえば、健康増進活動）やイベントB（たとえば、お祭り）について一所懸命取り組んでいたら、結果として、気づいたら、「避難確保計画」「個別避難計画」（と等価もしくはそれ以上のもの）ができあがっていた。こういう結果を生むところのAやBを探すことの方が重要かつ早道の場合もあるのではないか。実際、こうした取り組みで強調されていることは「防災と福祉の連携」である。これは裏を返せば、高齢者や障がい者の避難対策は、——正面切った防災対策というより——あくまでも日常の福祉的なケアの実施や工夫の延長線で「気づいたら改善」されていたという形をとることが多いからである。また、「防災と言わない防災」（渥美，2011）、「結果防災」（大矢根，2009）、「なまはげ防災（お祭り防災）」（鍵屋，2016）、「生活防災」（第8章第10節、および、矢守，2011）など、この点の重要性を強調した著作や概念も数多い。

第4節　「鄧小平の改革前なら……」

世界的に高名な批評家スラヴォイ・ジジェクが、コロナ禍について論じた著書（ジジェク，2020）の中で、非常に重要なことを指摘している。「鄧小平の改革以前にこれが起こっていたら、その話を耳にすることすらなかったのではないだろうか」（ジジェク，2020，p. 47）。仮に、今、私たちが新型コロナウイルスと呼んでいるウイルスが、それまでの棲み処から離れて人類とファースト・コンタクトをもってしまったとしても、その彼(女）の生活圏が局所的に限定されていれば（今日のような「グローバル社会」が成立していなければ）、さらに加えて、世界中の出来事が直ちにすべて耳に届くような情報化社会が成立していなければ、私たちは、新型コロナウイルス（が、とある国の、とある集落で感染症を引き起こしている事実）を知る由もなかっただろう。そして、それが世界的に蔓延することもなかっただろう。逆に言えば、そのように局地的な感染を引き起こすのみで、私たちが知らぬ間にどこかに消えていったウイルスも、かつて無数に存在したはずだ。

今ここでコロナウイルスについて書いたことは、原則として、そのまま自然災害にも該当する。実際、ジジェク自身、上述した引用の直前にもう一つ、こんな事例を提示している。2010年のアイスランドにおける火山噴火である。この噴火は、欧州圏における空の交通をほとんど麻痺させたことでよく知られている。しかし、ここで、コロナと同様にこう考えることができる。この噴火が3世紀前に起きていたらどうだったかと。おそらく、あの程度の規模の噴火は、欧州大陸から遠く隔たっているというアイスランドの地理的環境も手伝って、地元の人びと以外は気づくことすらなかったかもしれない。

要するに、サイエンスやテクノロジーの力を武器に、数世紀前とは比較にならないほど劇的に自然に密着したために、ときに、自然のきまぐれやゆらぎから致命的な悪影響を受ける社会を私たちはつくり上げてきた（補論2の第5節第2項）。たとえば、「奥地開発」の名のもとに無数の未知のウイルスとのコンタクトポイントを増やしたり、堤防というハードを獲得してかつての氾濫常襲地に住宅地を造成したり、陸上での通常の生活にはほとんど影響しないような上空での火山噴出物の微粒子に多大な影響を受ける反面、他方でとても便利な航空機という移動手段に大幅に依存した生活を送ったり、というわけだ。

ここで重要なことは、自然の脅威やリスクと密着してはいるが、科学技術（たとえば、防潮堤やワクチン）によって、それを一見、完全に克服しているという制御感・全能感を人間の側がもっている点である。もちろん、この感覚は仮初めの見かけのものに過ぎないのだが、一見、人間が完全に自然をコントロールできているという思い込みがもたらす負の影響は大きい。つまり、自然と人間の「勝負」に、人間が苦戦しているのではなくて今や逆に圧倒的に勝利しかけているがゆえに、それが実はそうではなかったことが露わになったときの衝撃は、その分、驚愕をもって迎えられることになる。それは、それ以前のささやかな勝利をすべて吹き飛ばしてしまうような破局的な大打撃を人間にもたらす。コロナ禍や巨大地震・津波にも見られるこの構造は、かつて、ベック（1998）やルーマン（2014）といった社会学者が「リスク社会論」として提起・警告した構造であり、今、新たに、「人新世」というホットワードで指摘されている事柄でもある（前田，2023）。

第5節　アフター・コロナ／ビフォー・X

「コロナ前なら」「もう少し早く手を打っていれば」――この種の思考実験は、一見、「そんな仮定法は虚しい繰り言に過ぎない」と思える。しかし、そうではなく、いくつもの重要な示唆を含んでいる。

まず第1に、本補論の第3節までに紹介したこと、つまり、「もともと」存在していた問題も、「気づいたら改善」戦略も、「ビフォー・X」の重要性というモチーフの変奏曲である。「ビフォー・コロナ」の時代から、陰に陽にそこにあった問題（避難所の保健・衛生問題など）が、「アフター・コロナ」において誰の目にも明瞭で切実な課題として顕在化した。そして、やむにやまれずとった苦肉の策が、積年の問題を解決するためのきっかけやブレークスルーとなった。だから、そこで生まれた成果は「コロナとともに去りぬ」であってはならず、「アフター・コロナ」へと引き継がれねばならない。

第2に、第1の点とは比較にならないほど大切なことは、当時（あるいは、今でも）、私たちは、「アフター・コロナ」「ウィズ・コロナ」などと騒いでいるが、本当に大事なことは、「ビフォー・X」「プレ・X」の方に隠れていたという点である。今はたしかに「ウィズ・コロナ」であり「アフター・コロナ」であるが、同時に、この今は、現時点ではまだ潜在的な何らかの脅威Xに対する「ビフォー・X」や「プレ・X」に、**すでになっている**はずである。「ビフォー・コロナ」において、コロナウイルスがそうだったように。たしかに、「アフター・コロナをどう生きようか？」「ウィズ・コロナ時代の防災は？」などと思い悩み、立ち向かうことはとても大事なことである。しかし、真に「コロナに学ぶ」とは、本来、「ビフォー・コロナ」において、私たちが何をし損ねたのか、何をどう見誤ったのかについて問い直すことである。その作業こそが、今どこかにすでに存在している次の潜在的な脅威、つまり、上述した何か（X）に対して賢く備え、コロナ禍の二の舞を避けることにつながるからである。

ここで、さらに踏み込んで、次のように前向きに考えることが大切である。潜在的には存在しているがまだ顕在化していない次の脅威X（第1章第2節で扱った「潜在的（P）」な災害事例との共通点も感じてもらいたい）と、そのXによる「気づいたら改善」が見込まれる課題が、今、周囲にないか――こういう方向で想像力を働かせ、実践してみるのである。なぜなら、潜在的にはすでに存在しているXにひとたび直面すれば、たちどころに「気づいたら改善」できるようなことYは、実はXが表面化する前の今の時点で、実現に向けてすでに十分に機が熟しているともいえるからである。筆者の考えでは、そのようなXとYのペアを見出すことが、真に「コロナに学ぶ」ということである。あくまでも例示にとどまるが、X（家畜感染症のグローバルな蔓延）とY（農業の立て直し、食糧自給の確保）、X（首都直下型地震）とY（社会の多極化・分散化）、X（隕石衝突）とY（未知の有毒物質に対する治療物質取得の潜在的可能性を高めるという意味での生物多様性の確保）といった具体的なペアが念頭に浮かぶ。

第6節　「遠方より来た朋」とどう向き合うのか

本補論第1節で引用した中島（2020）は、きわめて印象的なフレーズで論考を書き起こしている。それは、「朋あり遠方より来たる」に対して、「また楽しからずや」ではなく「必ずこれを誅す」と受ける、というエピソードである。コロナ禍の発端地といわれる中国武漢で交わされた言葉の一つらしい。複雑な気持ちにさせられ、かつ、大いに思考を触発されるフレーズである。実際、コロナ禍では、哲学者アガンベンによる「生存以外の価値を持たない社会とは何か」という問いかけをきっかけとして、多くの論者が、動物として単に生きること、つまり生存すること――「ゾーエー」――のために、人間としてよく生きることや他者とともに幸せに生きること――「ビオス」――が、（政府によって）奪われてよいかをめぐって熱心に議論を交わしていた（たとえば、大澤・國分、2020；中島、2020；柴田、2020など）。

感染を防ぐためには、長年連れ添った家族と最期の別れもできないのか。福祉施設にいる高齢の親と会うことすらできないのか。会えないのだとすれば、たしかにこれは「必ずこれを誅す」、つまり、「ゾーエー」の徹底による「ビオス」の破壊に見える（補論2の第3節第1項も参照）。また、本補論第2節では前向きな兆候としてとらえた避難所におけるパーティションや段ボールベッドも、それによって、「ソーシャル・ディスタンスは確保されたかもしれないが、ソーシャル・リレーションは破壊された」（室崎益輝氏）と見ることもできる

（金，2020）。希薄化されているとはいえ、これもまた「必ずこれを誅す」に通じる現象とみることができる。

ここで翻って考えてみれば、避難行動を含む防災の営みは、それこそ「もともと」、これとまったく同じ難題に直面していたといえる。「人命」「安全・安心」をすべてに優先する至上命題として無反省に掲げるとき、防災の取り組みは、生存すること――「ゾーエー」――のために、人間としてよく生きることや他者とともに幸せに生きること――「ビオス」――を蔑ろにする危険性といつも隣り合わせだからである。コロナ禍にあって、防災研究は、従来の対策に何を加えるべきかといった実務的な課題解決にのみ汲々としてはいられない。「遠方より来た朋」にどう向き合うのかという形で、自らが拠って立つ根本的な価値基盤に対する挑戦を受けている。否、正確にいえば、そうした挑戦を「もともと」ずっと受け続けてきたと自覚しなければならない。

【引用文献】

渥美公秀（2011）「防災と言わない防災」『ワードマップ：防災・減災の人間科学』新曜社，pp. 222-225.
ベック，U.／東　廉・伊藤美登里訳（1998）『危険社会：新しい近代への道』法政大学出版局
鍵屋　一（2016）「男鹿のなまはげに学ぶ地域防災」『市政』65, pp. 54-55.
［http://www.toshikaikan.or.jp/shisei/2016/pdf/201611/2016_11_risk.pdf］
金　思穎（2020）「地区防災計画学会シンポジウム（第35回研究会）印象記　ウィズコロナ時代のコミュニティ防災：想定外が続く中での地区防災計画づくりの在り方」『地区防災計画学会誌』19, pp. 6-18.
ルーマン，N.／小松丈晃訳（2014）『リスクの社会学』新泉社
前田幸男（2023）『「人新世」の惑星政治学：ヒトだけを見れば済む時代の終焉』青土社
南日本新聞（2020年9月5日付）「命守る判断、残した家族は…台風10号 十島・三島発の集団島外避難」
中島隆博（2020）「パンデミック・デモクラシー」『コロナ後の世界：いま、この地点から考える』筑摩書房，pp. 273-296.
NHK（2020a）「NEWS-UP：広がる？“ホテル避難”　台風10号 最大級警戒の現場では」
［https://www3.nhk.or.jp/news/html/20200908/k10012605941000.html］

NHK（2020b）「鹿児島市　浸水に備え車を立体駐車場へ避難」NHK ニュース7（2020年9月6日放映）.

西日本新聞（2020年9月6日付）「人吉市が広域避難実施 バスで熊本市へ」

大澤真幸・國分功一郎（2020）『コロナ時代の哲学』左右社

大矢根　淳（2010）「堺と川崎の防災まちづくりを考える：堺市湊西地区と川崎市多摩区中野島町会における『結果防災』をめぐって」宇都榮子・柴田弘捷編著『周辺メトロポリスの位置と変容』専修大学出版局

柴田　悠（2020）「〈不可知性〉の社会：〈不可知性〉に統治される未来をどう生きるか」筑摩書房編集部『コロナ後の世界：いま、この地点から考える』筑摩書房，pp. 244-272.

矢守克也（2011）『増補版：“生活防災”のすすめ：東日本大震災と日本社会』ナカニシヤ出版

ジジェク，S.著　斎藤幸平監修・解説／中林敦子訳（2020）『パンデミック：世界をゆるがした新型コロナウイルス』P ヴァイン

補論２　ボーダーレス時代の防災学――コロナ禍と気候変動災害

第１節　コロナ禍が無効化する三つの境界

この補論2では、コロナ禍と地球規模の気候変動が従来の防災研究に対して有すると思われる示唆を、以下の三つの視点から整理する。三つの視点はいずれも、従来の研究が前提にしてきた「境界」をコロナ禍や気候変動災害が無効化ないし無力化してしまう可能性について指摘するものである。第1は、空間的な境界――「ゾーニング」(zoning) ――の無効化であり、第2は、時間的な境界――「フェージング」(phasing) ――の無効化であり、第3は、立場上の境界――「ポジショニング」(positioning) ――の無効化である。

もっとも、補論1でも指摘しているように、「コロナ以前、ポスト・コロナ」など、出来事の前後に単純な切断を見るのは、社会の深層部で生じている本質的な変化をかえって見逃すことにつながる。実際、上述した三つの無効化も、コロナ禍の発生や気候変動の顕在化を待ってはじめて生じたわけではない。日本社会における防災の実践や研究に、ここ数十年かけて準備され水面下で胎動していた変化（たとえば、矢守（2017）が指摘した「災害1.0」から「災害2.0」への変化）が、その土台にはある。特に、東日本大震災（2011年）の影響は無視できない。そこで、以下、三つの境界の無効化が、東日本大震災においてすでに表面化しつつあった傾向性のさらなる顕在化・加速化として定位できる点、および、気候変動災害にも同様の現象を認められる点にも留意しながら、節をあらためて順に詳述していくことにしよう。

第２節　「あまねく、全世界の人びとに」――「ゾーニング」の無効化

1.「封じ込め」の破綻

「パンデミック」（感染症等の世界的大流行）とは、ギリシャ語の「パン」（あま

ねく）と「デモス」（大衆、人びと）の合成語である（佐伯，2020）。「パンデミック」という言葉自体が、もともと、空間的な境界の無効化（「あまねく、全世界の人びとに」）を意味しているのだ。佐伯（2020）は、政治経済的な「グローバリズム」をキーワードに、新型コロナウイルスの場合、感染症が有するこの本源的特徴が特に顕著に表面化していると指摘する。たしかに、全世界への急速な感染蔓延という明瞭な事実はいうに及ばず、グローバル経済の中心地たる中国と米国がそれぞれ、感染の発端地と中心地になったことが、コロナ禍とグローバリズムが背中合わせであることを雄弁に物語っている。

パンデミックへと至る前に封じ込めることはできなかったのか。この問いかけそのものは、今となっては虚しい反実仮想である。そうではあるが、この問いに含まれる「封じ込め」というワードが、まさに「ゾーニング」（空間的な境界）の発想に基づいていることは注目しておいてよい事実である。自然由来のリスクであれ人為的なリスクであれ、リスクに対する私たちの安全・安心感覚の根底には「ゾーニング」がある。「ゾーニング」によるコントロールが利いている、言いかえれば、それによってリスクをマネジメントできていると感じられている間は、人びとの当該リスクに対する危機感はそれほど強くならない。

このことは、日本におけるコロナ禍の経緯を見れば一目瞭然である。コロナ禍が深刻化しようとしていた2020年春頃、「武漢の出来事だ」「中国の国内問題だ」「屋形舟や豪華客船といった特殊な空間に限定された話だ」「繁華街にさえ行かなければ」――といった、今となっては少々滑稽に思えてくる論評を私たちはしばしば耳にした。このようなフレーズはすべて、人びとの安全感覚のベースに「ゾーニング」があることを示している。同じことは、マネジメント側にもいえる。空港での水際対策、××国への（または、××国からの）渡航禁止、繁華街への出入り自粛要請、「今は、××県には来ないでください」、そして、避難所や医療機関における文字通りのゾーニング――これらの施策の基本発想もすべて「ゾーニング」である。そして、何よりも「クラスター（対策）」という流行語が「ゾーニング」を色濃く反映している。ところが、その伝家の宝刀ともいえる「ゾーニング」が、――世界のグローバル化のもとでは――どうやら、快刀乱麻を断つようには機能しないらしい。これが、コロナ禍という難問の淵源の一つであること、今、私たちはそのことについて身をもって感じている。

2．防災対策の基本としての「ゾーニング」

新型コロナウイルス感染症対策だけではなく、防災対策の多くも「ゾーニング」をベースにしている。各種のハザードマップにおける危険区域、たとえば、土砂災害に関するレッドゾーン、イエローゾーンの指定、××川洪水浸水想定区域図、津波浸水想定マップなどは、文字通り「ゾーニング」による表現である。また、東京電力福島第1原子力発電所の事故が生み出してしまった「区域」（名称）の数々——「帰還困難区域」「避難指示解除準備区域」など——も、むろん「ゾーニング」である。さらに、「東日本大震災復興特別区域」「南海トラフ地震防災対策推進地域」「津波避難対策特別強化地域」といった防災行政上の地域指定も、広義の「ゾーニング」だと見ることができる。

防災対策や対応に関わる「ゾーニング」をめぐっては、今、その効果（有効性）と限界（落とし穴）の双方に対して関心が向けられている。まず効果に関していえば、たとえば、近年の豪雨災害の犠牲者の発生地点について総覧した牛山素行氏らによる一連の研究が存在する。牛山（2018）は、洪水等による犠牲者の8割以上が地形的に洪水の可能性がある低地で遭難しており、「地形分類図を参考とすればけっして想定外の場所での遭難ではない」（p. 76）と指摘している。また、牛山・本間・横幕・杉村（2019）は、2018年7月豪雨による犠牲者の発生場所について、牛山氏が独自に整備した風水害犠牲者のデータベース（1999年〜2017年）を参照しつつ、近年、土砂犠牲者の9割が土砂災害危険箇所付近で発生しており、また、洪水等による犠牲者の6割が浸水想定区域付近で発生、この比率は、浸水想定区域の指定が進めばさらに高くなることが見込まれることを指摘している。以上の知見は、風水害の犠牲者軽減に関する限り「ゾーニング」を基礎に置いた対策は、パーフェクトとはいえないにしても相当程度の有効性を依然もっていることを示唆するものといえる。

他方で、「ゾーニング」の負の側面を示唆する事実もある。著名なところでは、片田（2012）による津波避難三原則の一つ「想定にとらわれるな」がそれである。「ハザードマップ」に示された津波浸水想定区域（という「ゾーニング」）には、当然のように不確実性があり、想定区域外であることを根拠に「ここは大丈夫」との感覚を人びとが獲得してしまうとすれば、それは「ゾーニング」がもたらした負の効果だといえるだろう。実際、片田氏の報告によれば、東日本大震災では、岩手県釜石市内の死者・行方不明者のうち65%が津波浸水想定区域外に居住していたと推定されている。同様のことは、「全国地震動予測地図」に対する批判の声にもあらわれている。公開されている地図の一つは「確率論的地震動予測地図」と呼ばれ、「現時点で考慮し得るすべての地震の位置・規模・確率に基づき、各地点がどの程度の確率でどの程度揺れるのかをまとめて計算し、その分布を示した地図群」（地震調査研究推進本部地震調査委員会, 2021）である。一言でいえば、将来起きる地震の大きな揺れに見舞われる可能性の高低に応じて「ゾーニング」されたこの地図は、たとえば、相対的に確率が低いとされていた福島県（東日本大震災）や石川県（能登半島地震）などに、「安心情報」を与えていたのではないかとの批判も受けている。

また、第1章第6節で触れたように、地形的条件のきびしい中山間地を中心に、土砂災害の危険区域ではなく、洪水や津波の浸水域内でもない場所に避難場所（公的施設）を設定することが、事実上、不可能な地域も多い。すなわち、上述の節で指摘したように、今、求められているのは、「最善（ベスト）」の避難場所（理想論）だけに固執せず、最善の避難の可能性が閉ざされたときにも、「次善（セカンドベスト）」、「三善（サードベスト）」の避難場所を選択肢として考えておくことである。（完璧な）「ゾーニング」にとらわれて、満点だと太鼓判を押せる場所しか避難場所として指定しない施策が、逆説的に人命を奪っている恐れがあるのだ。これも、「ゾーニング」思考に過度にとらわれることが生むマイナス面だと位置づけることができる。

3．東日本大震災と気候変動災害の衝撃

ここまで、「ゾーニング」の光と陰について、主に発災直後の短期的な避難場面を事例に見てきたが、防災学における「ゾーニング」の有効性に大きな疑問を投げかける契機をなった出来事として、東日本大震災をあげておかねばならない。たしかに、同大震災でも、上述したように、「帰還困難区域」「東日本大震災復興特別区域」など、「ゾーニング」を基本に据えた施策や活動が見られた。

しかし、「ゾーニング」ありきの対応が必ずしも有効に機能していないと考えるほかない出来事も多数観察され、それらこそが「未曾有」あるいは「想定外」――言いかえれば、それまでの防災学の常識を破るもの――とされたのだ。たとえば、放射能汚染の空間的影響範囲は、従前の「被災地」と比較して、その輪郭を描くことがはるかに困難な課題であった。そして、だからこそ、「帰宅困難区域」など、議論百出の領域設定がもち出されることになったといえる。加えて、「風評被害」は、被災地のゾーニング（「被災地とはどこなのか」の特定）をさらに困難なものにした。また、「サプライチェーン」という流行語に象徴されるように、産業経済構造のグローバル化に伴って、（狭義の）被災地における被害が、空間的には遠く離れた場所における、副次的な、しかしそれ自体、十分大きな被害につながるケースも少なくなかった。

以上のように、コロナ禍における「ゾーニング」の不全は、その約10年前、東日本大震災において表面化していた現象が顕在化・加速化したものといえ、今後、この傾向はさらに強まると予想される。たとえば、「スーパー広域災害」（河田，2006）においては、現にコロナ禍における医療リソースの国家ごとの「囲い込み」などとしてあらわれたように、従来の被災地の内と外という「ゾーニング」やそれに基づく体制（たとえば、国家間、自治体間の広域支援）が無効化されてしまうとの懸念がある。地球規模の気候変動災害は、まさにそれは地球上の空間全体において生じることなのだから、「ゾーニング」の無力化はもとより明らかである。むしろ、相変わらず根強い「高温多雨化は北海道と都市部で顕著（それ以外の地域は大丈夫）」「温暖化の影響は高緯度帯や大洋の島嶼部で顕在化する（中緯度帯での影響はまだ先）」といった声に、「ゾーニング」への強い執着とそこからの脱却の困難が露呈しているといえるだろう。

他方で、「ゾーニング」の無効化を前向きにとらえる動きも存在する。地球上のすべての場所に影響を及ぼしつつある気候変動を、従前のイデオロギー対立や乱立の時代を乗りこえて、また、国籍や民族、言語の違い、貧富の差を問わず（第4節で後述する「ポジショニング」とも関連）、人類全体が、地球規模で「連帯」するための新たな契機としようという方向性はその代表である。「グリーン」や「カーボンニュートラル（脱炭素）」というかけ声を聞かない日はないし、「気候民主主義」という用語も市民権を獲得しつつある（三上，2022）。

また、もう少しローカルなスケールに視線を転じても、たとえば、渥美（2014）が重視してきた「被災地のリレー」に基づく広域での被災地支援や、インターネットを利用した援助物資（支援活動）のマッチングシステム（たとえば、西條, 2012）なども、ここでの議論と関係が深い。従来の「ゾーニング」（被災地とその外側）を超えて災害救援を推進するための思想・仕組みとして提起されているからである。

第3節　「もうはまだなり、まだはもうなり」――「フェージング」の無効化

1．too-late と too-early

コロナ禍の基調をなす不安とは、時間的に有限であるはずの目下の災禍の一連のプロセスの、どのフェーズ（時間的局面）に、今、私たちはいるのかが見きわめられないことがもたらす不安であった。今まさに災厄のピークを迎えているのか、あるいは、もう回復局面に入っているのか、はたまた、長きにわたる苦難のまだ助走部に過ぎないのか。この「フェージング」の未定状態こそが新型コロナ感染の通奏低音であった。このことも、2024年という時点から振り返ってみて、多くの読者が痛切に感じることができる感覚だと思われる。

言いかえれば、コロナ禍では、常に、too-late（遅きに失した、手遅れになった）ではないかとの不安・懸念と、too-early（拙速だった、早まった）ではないかとの不安・懸念が併存することになった。前者は、たとえば、「なぜ、日本政府の緊急事態宣言は遅れたのか」「外国人観光客の水際対策が遅きに失した」といった批判から明らかであろう。後者についても、社会経済活動の停止・抑制といった対策を早期に、あるいはきびしく打ち出したが故の負のインパクト――たとえば、企業倒産、失業者の急増、福祉・健康・教育などのエッセンシャルな社会サービスへのダメージ、文化的な活動への打撃――が、感染による直接的影響に匹敵する程度にまで深刻化したケースがあることを私たちは重々知っている。補論1の第6節で言及したように、動物としての生存――「ゾーエー」――と人間らしい生活――「ビオス」――とを天秤にかけたとき、「あの時期に緊急事態宣言を発出すべきだったのか、自粛要請や休校措置が早すぎたのではないか」という疑いを完全に払拭することはできない。

「フェージング」が明瞭でない、言いかえれば、「もうはまだなり、まだはもうなり」ではないかとの不安を払拭しきれないというコロナ禍の時間感覚上の特徴は、自然災害のマネジメントが抱える課題一般とも密接に関連する。すなわち、この不安は、防災学のテキストに基礎知識として必ず登場する、言いかえれば、それほどまでに自明視されている「災害マネジメントサイクル」（たとえば、「事前準備→応急対応→復旧・復興→被害抑止」）や、それに立脚した災害対応の有効性に疑問を投げかけるものである。コロナ禍にあっては、特に、それを全世界的な事象として見た場合、今という同じ時点に、ある意味で、すべてのフェーズが同居しているように見えるからである。

2．「いつ終わるのかわからない」――「臨時情報」と東日本大震災

しかも、重要なことは、この「フェージング」の困難は、災害のマネジメントにおいて今後ますます頻出しそうだという点である。そのもっとも典型的なケースを南海トラフ地震に関する「臨時情報」への対応に見ることができる。「臨時情報」の詳細については、第9章の議論を参照いただくとして、ここでは、コロナ禍で発生したことのいくつかと「臨時情報」の発表時に予想されている社会的リアクションとの共通性に再び注目しておきたい。第9章でも示唆したように、感染の広がりに伴って生じたマスク等の払底・不足、これでもかと溢れ出てくる未確認情報、そして、相次いだ「中止・延期」による社会的活動レベルの低下。このいずれもが、南海トラフ地震に関する「臨時情報」が発表されたときに予想される社会のリアクションを彷彿とさせる。

そして、そのベースにあるのが、特に「半割れシナリオ」で生じると予想される「フェージング」の混乱と錯綜である。「半割れシナリオ」とは、たとえば、南海トラフの東側、静岡県を中心に被害を発生させる形で巨大地震・津波がまず起こるようなケースである。実際にそのような事態になれば、報道を通して被災地の惨状を目のあたりにしたところに、「臨時情報」が追い打ちをかけることになる。西側、つまり、近畿以西の太平洋岸を中心に、事前の避難や物資や情報をめぐる混乱は避けられそうもない。状況によっては、その時点では大きな被害は（まだ）生じていない西側のエリアからすでに被災地となっている東側に対する救援・支援活動を起こすのかどうかについても、難しい判断

を迫られることになる。容易にわかるように、これらの困難の本質は、今の、この局面が、すでに発生した（先行の）地震・津波災害の「後」なのか、「臨時情報」によって警戒が呼びかけられている後続の地震・津波災害の「前」なのか、その「フェージング」が錯綜している点にあるといえる。

コロナ禍での「フェージング」の混乱も、「ゾーニング」のそれと同様、その萌芽的形態を東日本大震災に見ることができる。地震や津波本体の直接的な衝撃は比較的短時間に生じ、事態は一見「後」の様相を呈するとしても、それが引き起こす副次的かつ続発的な災い――たとえば、上述した産業経済的な被害や放射能汚染による将来の健康被害など――に対しては、現在はまだ「前」なのかもしれないからだ。この意味で、「フェージング」の混乱は未曾有の規模で生じた複合災害たる東日本大震災において、すでにある程度認められていたといえる。そして、後続の災いの規模や衝撃が、先行の災いの副次的産物や延長的影響の域を超えて、否、先行事象の規模や衝撃をむしろ越えるかもしれないと意識される場合、「フェージング」の無効化はいっそう明瞭になる。上記で概観した南海トラフ地震の「臨時情報」対応をはじめ、感染症の蔓延と自然災害が重なるケース、地震と風水害など複数の災害が連続・重複するケース、あるいは、津波災害後の原子力災害、高潮後の化学災害といったNATECH災害（NAtural hazard triggering TECHnological disasters：自然災害に起因する人為災害）（Krausmann, Cruz, & Salzano, 2016）などが、その典型的なケースとして想定される。

3．「いつがはじまりかもわからない」――気候変動災害

前項では、主として、災害のインパクトが超長期にわたって、しかも、種類の異なる災いが次々と連鎖的に生じることを通して、言いかえれば、「いつ終わるのかわからない」という理由で、災害をめぐる「フェージング」が不明瞭になるケースを取り上げた。ただし、「フェージング」の無効化には、もう一つ重要なタイプが存在する。それが、「いつがはじまりかもわからない」、言いかえれば、「どの時点からひどいことになってしまったのか特定できない」という形で「フェージング」が無効化するパターンである。

こちらのタイプを象徴するワードがある。それが、「slow-onset disaster」

（ゆっくりと密やかにはじまる災害）である（Yamori & Goltz, 2021）。「slow-onset disaster」としてこの論文が例示しているのは、干ばつ、飢饉、伝染病などである。これらの災害は、気がついたときには手がつけられない様相を呈しているにしても、多くの場合、それ以前に徐々に事態悪化が進行しつつも多くの人の目にとまることがなく潜在化している期間を伴っている。しかも、そうした漸進的かつ潜在的様相が、どの段階で、急進的かつ破局的様相へと転じたのか、そのタイミングを特定することは非常に困難である。これに対して、従来の防災研究は、突然の地震発生や火山噴火といった開始点をピンポイントできる突発的事態、あるいは、そこまで明瞭ではなくても、豪雨による洪水や暴風による建物損傷など、どこで被害が生じたのか、その時点がほぼ特定できる現象を前提に「その前／その後」を分割してきた。そして、この分割が「フェージング」の基盤でもあった。

地球規模で進行している気候変動という災害は、文字通り、「フェージング」の理屈が効かない、まさに「slow-onset disaster」である。誰もそれがいつはじまったのか特定することはできない。そして、いつ「後戻りのきかない」ポイントを通過してしまったのかも特定できない。だからこそ、「まだいくらでも後戻りはできる」という考えや、さらに、極端な場合、「（憂慮すべき）気候変動は発生すらしていない」という説まで、諸説が乱立することになる。これでは、「事前の意識啓発を、備えを」「事中だから緊急対策を」「事後だから被害補償を」など、「フェージング」を前提にした従来の一連の対策が有効に打ち出せないのも無理はない。地球規模の気候変動に直接ないしは間接に由来すると思われる個別の災害（たとえば、日本近海の海水温の異常な上昇が影響を及ぼしたと想定される巨大台風による被害）については、災害マネジメントサイクルの枠組みが通用するだろう。しかし、ここで問題にしているのは、地球規模の気候変動という全体事象であり、それに対して私たちがどう対峙するかである。そのとき、私たちは「フェージング」の無効化に直面せざるを得ない。

第4節　専門家を下りたノーベル賞受賞者——「ポジショニング」の無効化

1.「国民の一人として」

2020年4月4日の午後9時から放映されたテレビ番組NHKスペシャル「“感染爆発”をどう防ぐか：猛威を振るう新型コロナウイルス」の番組冒頭で、出演者の一人、2012年にノーベル生理学・医学賞を受賞した山中伸弥氏（京都大学教授）は、こう切り出している（山中氏の発言内容は筆者による個人録画から起こしたもの）。

> いったい、この後ですね、日本がどっちに行ってしまうんだろうというのを、もう、本当に、あの、心配しております。あの、私、あの、専門家では全然ないんですが、今日は、あの、非常に心配している国民の一人として、専門家の先生方にいろいろお話をうかがえたらなあと思っております。よろしくお願いいたします。

抑制されたものではあったが危機感を隠さない表情と声色とともに発せられたこの発言に驚いた視聴者は少なくなかったと思う。実際、「山中教授：『素人考えですが』と前置きして医療崩壊や学校再開について、市民目線の実に現実的な提案をしてくださった。私たちがいま求めているのはこれなんだなあと実感した。山中教授、ありがとうございました」（ツイらん，2020）など、この発言には好意的な反響がネット上にも多数寄せられていた。

筆者も、この番組の最大のポイントは、山中氏の冒頭のこの発言にあったと考えている。この発言によって、山中氏が「専門家というポジションを下りる」という姿勢を明確に打ち出したこと、この点が重要である。「感染症の専門家ではない」「素人考えですが」——本人の再三の謙遜、留保にもかかわらず、ノーベル賞受賞者たる山中氏は、1.3億人なり70数億人の母集団の中で見れば、圧倒的に医学の専門家である。その山中氏が、あえて専門家というポジションを下りて振る舞おうとした。このコミュニケーションの「構造」上の特徴が、番組内でコミュニケートされた個別の情報の「内容」よりも、新型コロナウイルス蔓延という新たな危機を乗り切るために重要なことを示していた。

2.「(にわか) 専門家」がもたらす混乱

そのヒントは、コロナ禍で生じた――そして自然災害の発生時にもしばしば観察される――根拠薄弱な情報の拡散・流布、意図的に流された悪質なデマ(陰謀論)、あるいは、それらを契機とした買い占め（に起因する物資の払底)、差別的な言動や行為、風評被害といった現象にある。これらのネガティヴな社会現象のベースに、必要な情報の不足があることは、流言に関する社会心理学者オルポートらの古典的研究（近年の概説書としては、佐藤（2019）など）がつとに指摘してきたところであり、今さら強調するまでもない。必要とされているが不足・欠落している情報を、流言やデマが埋めるというわけである。新奇なウイルスによる未曾有の世界的感染で、「ゾーニング」(第2節)、「フェージング」(第3節）が十分に機能しない中、インターネットが隅々まで普及した現代社会においては、流言やデマを「沈静化」させるために、これまで以上に非常に多くの「(にわか) 専門家」「(素人) 評論家」が、濃淡さまざまなコミュニケーション活動を展開することになった。

しかし、「(にわか) 専門家」「(素人) 評論家」は、本人としては流言やデマなどに由来する社会的な混乱を抑制するために振る舞っているつもりではあっても、容易にわかるように、実態は正反対である場合が多い。彼らの振る舞いそのものが社会的な混乱の一部をなしているのだ。なぜならば、「これさえ実行すれば感染は防げる」「感染症蔓延の真相はこれだ」といった言語行為の多くは――山中氏の専門家を下りる姿勢とは対照的に――「我こそが“正しさ”を体現する専門家である」と、専門家のポジションを要求（クレーム）するものだからである。こうした要求は、「ポジショニング」を、専門家の多極乱立構造という形でむしろ強化してしまう。

以上を念頭におくと、山中氏の、専門家としての発言内容よりも、「専門家というポジションを下りる」という行為の重要性がよく理解できる。感染症の専門家にとっても、「多くのことが既知で経験済み」「少なくとも確率的予測は十分に可能」などと明言できない新たな脅威たるコロナウイルスとの戦いにおいては、「(にわか) 専門家」の乱立構造や専門家対非専門家という二元構造ではなく、専門家と非専門家の「ポジショニング」をいったん白紙に戻すことこそが鍵を握る。この推定を傍証する材料がいくつかある。以下は、同じ番組のクロージング、残り時間１分を切ったところで、山中氏が述べた番組中最後のメッセージである。

> あの、まあ、このウイルスは非常に強力な相手だと思いますが、ただウイルスは人間がいないと手も足も出ないので、あの、私たちが一致団結して正しい行動をすれば、あの、必ずやっつける、まあ、やっつけることはできなかったとしても、つき合える。必ずこの難局を乗り越えることができると信じています。（傍点は引用者）

ここでなされていることは、専門家による現状の見立てや説明・予測を非専門家（ここでは視聴者）に提供することではない。専門家同士で互いの見解を戦わせることでもむろんない。そうではなく、専門家と非専門家が一体となった共同的なアクションへの参加の呼びかけである。実際、日本社会は、この時期(2020年４月)、山中氏が重要視する方向——専門家対非専門家という「ポジショニング」を超えた共同作業、つまり、「ポジショニング」の無化——へと徐々に舵を切ったと考えられる。

それを示唆するエビデンスが、コロナ禍をめぐる各種統計データの変化である。ただし、ここで注目すべきは、特定の統計項目の数値の変化ではない。どのような統計項目が注目されていたかである。ちょうど、この時期に、コロナ禍について語るときに社会が依拠する統計項目に大きな変化が生じている。「感染者数」（感染確認者数）から「接触数」（人出の数）への変化である。正確にいえば、前者オンリーであった状態から、前者に後者が追加された状態への変化である。もちろん、前者、後者それぞれには、多数のバリエーションがある。念のために列挙しておくと、前者については、日ごとの新規感染者数、その累積数、それらのうちの感染経路不明分、感染者（累積）数の都道府県別、国別値、人口10万人あたりの感染者数、病床の余裕数など、である。これらの統計値に、「ゾーニング」や「フェージング」を切望する社会的欲望が陰に陽に反映されていることも容易に見てとれる。他方、後者については、主要な繁華街における人流数、主な観光スポットの人出、鉄道・航空機等の利用数、予約率などである。

3．「危険（danger）／リスク（risk）」

この変化は、要するに、コロナ禍を、人びとの活動の外部から、それとは無関係に襲ってくる脅威（たとえば、不意打ちの落雷のような）――社会学者ルーマン（2014）のいう「危険」（danger）――だととらえているのか、そうではなく、人びとの行動選択とそれによって変化する人びとの活動それ自体の所産――同じくルーマン（2014）のいう「リスク」（risk）――だととらえているのか、その違いを反映している。「危険」としてのコロナは、特に一般市民（非専門家）にはなすすべのない「危険」であり、できることといえば、せいぜい、「危険」の現況（「感染者数」）を専門家に教えてもらうことくらいである。他方で、「リスク」として把握されれば、コロナ禍は、ポジショニングを問わずに、専門家を含む人びと全員の振る舞いによって左右される対象となる。だからこそ、自分たちの振る舞いをモニタリングするための指標として、「人出」や「接触（率）」が――「感染者数」とともに――必要とされることになるのである。

矢守（2009；2013；2017）が繰り返し指摘しているように、コロナ対応のみならず防災学一般にも、近年、「危険」から「リスク」へのモードチェンジが求められている。防災学は、たとえば、台風に関する知識（台風の発生メカニズムや進路予測手法など）や、それをベースにした社会的な技術や仕組み（防潮堤の建設技術や暴風・大雨に関する予報システムなど）を生産し、大きな成果をあげてきた。しかし他方で、これらの知識・技術は、副次的な災いをもたらしている。たとえば、防潮堤があるがゆえに「ゼロメートル地帯」に住宅地が新たに広がり、そのために生じる被害、あるいは、台風情報が充実してきたがゆえにギリギリまで逃げない態度が生まれ、そのために生じる被害、こういった災いである。

ベック（1998）によれば、現代社会は、「危険」から「リスク」への移行が貫徹した「リスク社会」である。「リスク社会」においては、我々を不安に陥れるリスクは人間社会の外部（「自然」）から来るのではない。それは、「人間」自身がつくり上げたものやこと（上記の例でいえば、防潮堤や災害情報）から（も）生じる。すでに多くの人びとが自覚するに至っているように、あのマスクやトイレットペーパーの払底という困難も、「危険」として、つまり、外在的事実としてそれらが不足しているからというよりも、多かれ少なかれ、「リスク」として、つまり、買い占めなど、人びとの選択・行動の結果として生じている。その意味では、モニタリングすべきは、マスクの「生産量」や「供給量」ではなく、むしろ（人びとの）「購入量」の方なのである。

特効薬のないコロナ禍では、専門家（という特効薬）に頼ることはできない。コロナ禍は社会の外側からやってくる「危険」ではない。専門家対非専門家といった「ポジショニング」を越えて、一人ひとりが、在宅ワークするかしないか、大人数で外食するかしないか、マスクをするかしないか、こういった人びとの振る舞いが、――教科書的なまでに見事に――リフレクティブに、つまり再帰的に自分たちにはね返ってくる。この意味での「リスク」として、コロナ禍はある。このことを「専門家」の見解として発信するのではなく一つの行為として示すために、山中氏は専門家のポジションを下りたのである。

コロナ禍で観察されている「ポジショニング」の無効化へ向けた萌芽――専門家と非専門家の境界の動揺――も、「ゾーニング」や「フェージング」のそれと同様、東日本大震災にその端緒を見出すことができる。たとえば、「閉鎖的な"原子力村"が原発事故の根底にある」「"想定外"では済まされない」など、同大震災を機に、原子力科学、地震・津波関連科学を中心に、専門（家）不信は大きくふくらんだ。放射線量の測定に関して、専門機関の観測データをそのまま受容するのを潔しとせず、市民（非専門家）による独自測定を行う運動は、その代表的な事例である。

4．パンデミックの「正解」を知る専門家はいない

パンデミックの専門家はいない。パンデミックという災厄のすべてを知る専門家は、どこにもいない。既知のウイルスに関する専門家はいるだろう。しかし、未知のそれは、そうした専門家にとっても未知なのであり、少なくとも当初は御しがたい難物である。また、医療、看護、公衆衛生、教育、経済・産業、企業の危機管理、そして、リスク・コミュニケーションなど、パンデミックに関わる多種多様な領域や分野それぞれの専門家は、たしかに存在する。しかし、コロナ禍で明るみにされたように、パンデミックへの対応は、これらすべての領域を横断し総合した知を必要とする。この総合知を体現する専門家は、どこ

にもいない。要するに、パンデミックという現象の全体について「正解」を知っている者はいない。だからこそ、山中氏も、「この分野なら正解を知っています」という姿勢をあえてとらなかったのであろう。

この意味で、コロナ禍でもしばしば耳にしたし、原発事故や巨大地震、津波などの自然災害一般についてもよく発信されている「正しく恐れよ」というフレーズの危うさは明らかである。このフレーズは、「正解」（たとえば、放射能汚染と将来の健康被害との関係性や、巨大地震発生の可能性などに関する「正解」）を知っている格別なポジションが社会の中に存在することを含意しているからである。しかし、これまで議論を重ねてきたように、コロナ禍というパンデミックには、そして、容易にわかるように、地球規模の気候変動という災いの全体については、その全貌を知ることができるような結構なポジションはどこにも存在しない。そのことを大前提にして議論を組み立て、また対策を練る必要がある。この意味でも、コロナ禍で、医学者山中氏が示した、あえて明確に専門家のポジションを下りる姿勢、言いかえれば、「私（だけ）が、“正しさ”を体現しているわけではない」との姿勢は、防災学における「ポジショニング」の将来像を描くうえでも大いに注目される。

第5節　〈災間〉の思想から

1.「フェージング」が通用しない〈災間〉の時代

この補論の締めくくりとして、ここまで見てきた三つの境界の無効化、すなわち、「ゾーニング」「フェージング」「ポジショニング」の無効化について総括的に論じる意味も込めて、これらについて別の角度から位置づけておきたい。

別の角度とは、「〈災間〉の思考」という論文（仁平，2012a）で提起された〈災間〉という概念である。この概念は、今が、相次いで起こる災害群（過去の災害と未来の災害）の間の時期にあるとか、災害の発生間隔が短いので災害は「忘れないうちにやって来る」とか、そういった平凡なことを指摘しているのではない。つまり、〈災間〉とは、今が過去の災害Xと未来の災害Yの「間」に位置している、というあたり前の事実（だけ）を指摘しているのでもない。

〈災間〉に関して大切なことは、「〈災間〉の思考」というフレーズの後半部、つまり「思考」の方に隠れている。人間は、自分たちの今が、過去に起こった災害 X と未来に予想される災害 Y の「間」にあると強く意識せざるを得ないとき、つまり、過去の災害 X の衝撃が冷めやらぬうちに未来の災害 Y の到来を予期するとき、独特の構え——仁平（2012a）のいう「〈災前〉の思考」——をもつ傾向性を有している。そして、この「〈災前〉の思考」——筆者としては、ここでの脈絡に即して「〈災前・後〉の思考」とリネームしたい——こそが、防災や復興に関する実践と研究に悪影響を及ぼしており、「〈災前・後〉の思考」は「〈災間〉の思考」へと置き換えられねばならない。これが仁平（2012a）の主張の骨子である。

まず、ここで批判の対象になっている「〈災前・後〉の思考」について説明しておく。過去の災害 X と未来の災害 Y に挟まれた（とみなが強く意識せざるを得ない）時代を生きるとき、社会にはある特有のドライブが強くかかる。それは、「過去の災害 X に学び、未来の Y に備える」という基本姿勢のもと、「一度きりのショック＝荒療治を断行することによって、一気に社会を変えていくことを欲望する」（仁平，2012a，p. 125）というドライブである。災害 X によって現実に生じた被害が甚大であり、かつ同時に、災害 Y によって生じると予想される被害も甚大であるとき、前者からの回復を図り後者の軽減を目指すために、過去からの停滞や未来への不安を一掃する（かに見える）荒療治を断行しようとするドライブがとりわけ強くかかる。このドライブこそが「〈災前・後〉の思考」である。

まずおさえておきたいのは、「〈災前・後〉の思考」とは、従来型の「フェージング」の思想を教科書通り踏襲しているということである。この思考の基盤には、過去の災害 X の「後」、未来の災害 Y の「前」のタイムフェーズに、今、私たちはいるという強い自覚がある。たとえば、今（2024 年 7 月時点）、日本社会は、「東日本大震災」の「後」、「南海トラフ地震」の「前」——「ポスト東日本／プレ南トラ」——にあって、私たちは何をなすべきかについて強く意識している。実際、本書の記述の多くもこのような前提で記述されている。このスタンスのどこに問題があるのか、当然のことではないか、そう考える向きもあるかもしれない。

しかし、そこに多くのトラップが伏在していることを自覚しなければならない。そのもっとも明瞭な表現は、「惨事便乗型資本主義」（クライン，2011）として指摘されていることである。これは、平たくいえば、「この改革を受け入れないと、今の苦境から這い上がることはできませんよ」（災害 X に対して）、あるいは、「目の前に迫るより大きな脅威を回避することはできませんよ」（災害 Y に対して）と人びとを強迫して駆り立てる姿勢である。これによって、当事者間の合意が十分形成されないままに問題含みの政策が推し進められたり、近視眼的な効果や効率だけが優先され、中長期的な影響の見きわめが蔑ろにされたりする。また、苦境や脅威そのものが実際にそうであるよりも過大視されたりもする。こうした悪弊が多かれ少なかれ、「ポスト東日本／プレ南トラ」で観察されていることは、「避難放棄者」、「震前過疎」といったワードとともに、本書の第8章第3節や矢守・中野（2022）などでも示した。

これとは対照的に、「〈災間〉の思考」とは、筆者なりの解釈も交えて位置づければ、「ウィズコロナ」になぞらえて、「ウィズ災害」と表現できる考え方である。過去の災害 X は「もう」終わったわけではない。未来の災害 Y も「まだ」到来していないわけではない。災害 X は、いい意味でも悪い意味でも、根強く今ここに残存しているし（第1のウィズ）、災害 Y は、いい意味でも悪い意味でも、すでに今ここに兆している（第2のウィズ）。副反応などお構いなしに急進的な現状変更に訴えて、一気呵成に災害 X（「東日本」）の余韻を消去し、その残滓を余すところなく拭い去り、返す刀で、災害 Y（「南トラ」）への備えを万全にしてきれいさっぱり前途の憂いを断つ、というわけにはいかないのだ。

そうではなくて、災害 X が過去の方向から、災害 Y が未来の方向から、それぞれ滲出して、今の中に共存していることを前提に、災害（X や Y）と粘り強く並走しながら社会をつくっていく、これが「〈災間〉の思考」の意味である。以上の観点に立つならば、日本社会のこの今は、「ポスト東日本／プレ南トラ」というより「ウィズ東日本／ウィズ南トラ」と呼ぶべきである。〈災間〉や「ウィズ」の発想は、前・後をクリアに識別してきた「フェージング」へのアンチテーゼなのである。

2.「ゾーニング」を揺るがす自然と人間との横断

〈災間〉について、もう一つの重要な論点を追記しておきたい。それは、

「〈災間〉の思考」という重要な把握は、それを時間次元から空間次元へと転写させた対応物（カウンターパート）をもっている、という事実である。〈災間〉は直接的にはむろん時間次元に関する概念だが、実際には空間次元にも関わる概念としても位置づけ得る。結論を先取りすれば、「〈災間〉の思考」、つまり、私たちは、常時、災害とともにある（ウィズ）という認識は、同じことを空間次元に写像すると、災害と人間の「近さ」（クロースネス）という理解をもたらすことになる。災害と人間の「近さ」は、自然現象（災害）と社会現象（人間）との横断、ないし両者の区別の喪失、と言いかえることもできる（補論1の第4節）。

「近さ」とはどういうことか。同じことを二つの方向から見ることができる。一つは、自然の側に人間が大幅に侵入・介入しているという方向である。防災に関するテキストブックに、「無人の原野に地震や豪雨が生じても、それは自然現象としてのハザードにとどまるだけで、そこに人が暮らしていてはじめて災害になる」といった趣旨のことが書かれている。もちろんこれは誤ってはいないが、あまりに自明である。アカデミズムとして注目すべきことは、そうではなく、この教科書的な説明（自然現象と社会現象の区別）が今は通用しなくなってきている事実の方、つまり、教科書の記述が間違いになりつつあることの方である。たとえば、本補論で言及してきた地球規模の気候変動による災害のことを考えてみればよい。気候変動に対する人間活動の影響（悪い意味での貢献）はもはや動かしがたい事実である。これは、要するに、自然現象（とこれまで見なしてきた現象）それ自体の生成に人間が大いに寄与してしまっているということにほかならない。

ここで、物理学者にして随筆家の寺田寅彦が約1世紀も前（1934年）に示した洞察を思い起こしてもよい。「文明が進むに従って人間は次第に自然を征服しようとする野心を生じた。そうして重量に逆らい、風圧水力に抗するような色々の造営物を作った。そうして天晴れ自然の暴威を封じ込めたつもりになっていると、どうかした拍子に檻を破った猛獣の大群のように、自然が暴れ出して高楼を倒潰せしめ堤防を崩壊させて人命を危うくし財産を滅ぼす」（寺田, 2011, p. 12）。人間がその手で巨大化させた災害対応システム（たとえば、津波防潮堤といったハードウェアや、津波ハザードマップといったソフトウェア）が、「油断」

とか「依存」とか「安心情報」とかいった形で、被害を大きくしていることがしばしば観察される事実も、どこまでが自然現象でどこまでが人間現象なのか、その分割がそれほど自明でないことを示唆している。寺田は先の引用部に続けてこう書いている。「その災禍を起こさせたもとの起りは天然に反抗する人間の細工であると云っても不当ではないはずである」(寺田, 2011, pp. 12-13)。もとの起こりに「人間の細工」がある！ 寺田は、自然と人間の間にクリアな境界線など引けない、換言すれば、「ここまでは荒々しい自然、ここからが人間が暮らす安全な社会領域」などと「ゾーニング」することはできない、と喝破していたわけだ。

災害と人間の「近さ」(クロースネス) を別の方向から見れば、人間の側だと思っている領域に、自然がいとも簡単に回帰してくるという現実が得られる。河川堤防や津波防潮堤で区画された都市部は、通常は、完璧に人間・社会のサイドとして「ゾーニング」され、荒々しい自然 (濁流となった川や高潮や津波) から空間的に分離されているように見える。また、この空間的分離こそが現代防災の基本であることは本補論の第2節で強調したところである。しかし、近年の多くの災害事例を引き合いに出すまでもなく、人間の想像外 (想定外) の規模で起きる地震や津波、火山噴火、あるいはまた、気候変動による極端気象現象によって、私たちは、この空間的分離が仮そめに過ぎないことを痛感させられている。ウィズ災害の〈災間〉を生きるとは、これまで通用した「ゾーニング」に頼ることができない社会を生きるということでもある。

3.「ポジショニング」を再編する災害と日常の直結

〈災間〉の時代とは、もう一つ重要な意味をもっている。それは、「ウィズ災害」を「災害の日常化＝日常の災害化」とパラフレーズしてみることで理解できる。これは、一面では、次の、シンプルな、しかし重要な実態を指している。すなわち、常に、次なる災害の「前」としての意識が強調されることから、日常生活に災害の影が差す。また、度重なる被災によって復旧・復興のプロセスが遅延し、延々と災害の「後」を脱却し得ない。文字通り、日常の様相と災害の様相が短絡し直結するわけである。

ただし、「災害の日常化＝日常の災害化」は、今、指摘したのとは異なる意味、しかも、考えようによってはポジティヴな意味をもち得る。それは、「災害の日常化＝日常の災害化」が、日常生活の改善が災害に関する課題の解決に直結したり、災害への備えの高まりが日常的な課題の解決にも貢献したりする側面である。言葉をかえれば、「『標準』を優先する社会の構造が特に剥き出し」（仁平，2012b，p. 114）になりがちな災害時の出来事を、日常の暮らしを見つめ直す鏡として活用すると表現することもできるだろう。実際、こうした方向での努力や取り組みが、近年急速に進んでいる。

たとえば、避難行動要支援者の「個別避難計画」や「災害時のケアプラン」の作成といった活動は（第8章第10節）、少なくとも理念的には、日常時の福祉的ケアや日頃の健康づくりといった取り組みと、災害時の対応とをボーダーレスに連続させることを目指している。また、「防災×脱炭素×福祉」を掲げた高知県黒潮町の活動は、地域マイクログリッドとして電力面で自立することを基軸に、日常的には、再エネの促進、EVなどを活用した福祉・交通対策の推進、他方、災害時には、（福祉）避難所での電力確保による生活環境の改善、医療体制の劣化抑止と情報的孤立の防止など、複合的な効果をねらった取り組みである（矢守・宮川・Stöcklehner，2024）。さらに、渥美（2014）が推進してきた「被災地のリレー」は、被災したことをテコにして、災害からの復旧・復興という領域を超えて、むしろ、「縮小社会」（矢守，2020）における町づくり、新しい地域間連携といった日常の問題を見据えての取り組みだと位置づけることができる。

大切なことは、こうしたトレンドが、防災・減災、復旧・復興といった研究・実践領域の流動化を生み、それに伴って、こうした領域の専門家の「ポジショニング」を大きく揺さぶることにもつながることである。要するに、「防災」や「復興」といった言葉が常に社会を飛び交う〈災間〉の時代、言いかえれば、「災害の日常化＝日常の災害化」が常態化した社会では、防災や復興の専門家の特権的なポジションが強化されるわけではないのだ。まったく反対である。そのポジションは流動化し、健康・福祉、環境、教育、地域づくりといった他の研究・実践領域の専門家、そして、何よりも、日常生活のまるごとをそこで現に生きている一般の人びととの交流・融合・協働が、〈災間〉の時代には強く求められることになる。これは、パンデミックや気候変動というグローバルな課題全体の「正解」を知る専門家は存在しないとの指摘（本補論第4節）の正確な言いかえでもある。

【引用文献】

渥美公秀（2014）『災害ボランティア：新しい社会へのグループ・ダイナミックス』弘文堂
ベック，U.／東　廉・伊藤美登里訳（1998）『危険社会：新しい近代への道』法政大学出版局
地震調査研究推進本部地震調査委員会（2021）「全国地震動予測地図2020年版」［https://www.jishin.go.jp/evaluation/seismic_hazard_map/shm_report/shm_report_2020/］
片田敏孝（2012）『人が死なない防災』集英社
河田惠昭（2006）『スーパー都市災害から生き残る』新潮社
クライン・ナオミ／幾島幸子・村上由見子訳（2011）『ショック・ドクトリン〈上・下〉：惨事便乗型資本主義の正体を暴く』岩波書店
国土交通省水管理・国土保全局（2022）「要配慮者利用施設における避難確保計画の作成・活用の手引き」［https://www.mlit.go.jp/river/bousai/main/saigai/jouhou/jieisuibou/pdf/tebik.pdf］
Krausmann, E., Cruz, A., & Salzano, E. (2016). *NATECH risk assessment and management: Reducing the risk of natural-hazard impact on hazardous installations.* Elsevier.
ルーマン，N.／小松丈晃訳（2014）『リスクの社会学』新泉社
三上直之（2022）『気候民主主義：次世代の政治の動かし方』岩波書店
内閣府（防災担当）（2021）「避難行動要支援者の避難行動支援に関する取組市指針」［https://www.bousai.go.jp/taisaku/hisaisyagyousei/youengosya/r3/pdf/shishin0304.pdf］
仁平典宏（2012a）「〈災間〉の思考：繰り返す3·11の日付のために」赤坂憲雄・小熊英二編『辺境からはじまる：東京／東北論』明石書店，pp. 122–158.
仁平典宏（2012b）「二つの震災と市民セクターの再編：3.11被災者支援に刻まれた『統治の転換』の影をめぐって」『福祉社会学研究』9, pp. 98–118.
佐伯啓思（2020）「佐伯啓思：現代文明かくも脆弱　異論のススメ（スペシャル）」朝日新聞（2020年3月31日付朝刊）
西條剛央（2012）『人を助けるすんごい仕組み』ダイヤモンド社

佐藤卓己（2019）『流言のメディア史』岩波書店

寺田寅彦（2011）『天災と国防』講談社

ツイらん（2022）NHK スペシャルに対するツイート
［https://tsuiran.jp/word/1277784/hourly?t=1586052000, 2020 年 4 月 7 日］

牛山素行（2018）「豪雨災害による人的被害と地形の関係について」『日本地理学会発表要旨集』93, p. 76.

牛山素行・本間基寛・横幕早季・杉村晃一（2019）「平成 30 年 7 月豪雨災害による人的被害の特徴」『自然災害科学』38, pp. 29–54.

Yamori, K. & Goltz, J.（2021）. Disasters without borders: The coronavirus pandemic, global climate change and the ascendancy of gradual onset disasters. *International Journal of Environmental Research and Public Health*, 18（6）.
［DOI: https://doi.org/10.3390/ijerph18063299］

矢守克也（2009）『防災人間科学』東京大学出版会

矢守克也（2013）『巨大災害のリスク・コミュニケーション：災害情報の新しいかたち』ミネルヴァ書房

矢守克也（2017）「災害と共生：人間・自然・社会」『災害と共生』1, pp. 15–20.

矢守克也（2020）「シュリンク・シュランク・シュリンキング：縮小の「前」と「後」」『災害と共生』4, pp. 11–20.

矢守克也・中野元太（2022）「『ポスト東日本大震災／プレ南海トラフ地震』について再考する」『自然災害科学』40, pp. 427–439.

矢守克也・宮川智明・Stöcklehner, G.（2024）「『防災×脱炭素×福祉』による地区防災計画の推進」『地区防災計画学会誌』29, pp. 26–27.

あとがき

本書のタイトルは、「避難学」である。NHK 放送文化研究所の調査によると、東日本大震災（2011 年）では、「避難して（避難する）」を使った呼びかけが多かったのに対して、能登半島地震（2024 年）では、「逃げて（逃げる）」がより多く使われたという。また、「逃げて」と「避難して」とでは、どちらの方が危険が迫っていることが伝わるかについて回答を求めたところ、8 割近くの人が「逃げて」を選んだ（『放送研究と調査』2024 年 6 月号）。

上記の報告書では、両者の異同について漢語と和語の違いに注目して検討している。それもそうだと思うのだが、筆者としては、「避難する」が、災害や事故の難を回避するというその限定された意味でしか用いられないのに対して、「逃げる」という言葉は、もっと豊かで多様な意味とともに人びとの暮らしの中に定着していることが大きいと考える。

たとえば、「逃げ」で終わる言葉には、「食い逃げ」「ひき逃げ」「夜逃げ」など、芳しくないものが多い。しかし、それだけにかえって、「逃げる」が、身体を物理的に空間移動させて災害等の危険を回避するということ以上の微妙な陰影をもった言葉であることがよくわかる。また、「逃げ」をフレーズの頭で使う言葉にも、「今回は逃げ切ったね」「逃げも隠れもしない」「そんな逃げ腰じゃダメだ」「逃げ口上は見苦しい」「逃げた魚（逃した魚）は大きい」「逃げ道を残しておいてあげよう」など、何とも人間臭いニュアンスをもったものが多数ある。「逃げる」は、災害場面での「逃げる」も含めて、本来、こうした人間らしい振る舞いをセンターに置いて考察されるべきものなのだと思う。

本書では、この「逃げる」をサブタイトル――「『逃げる』ための人間科学」――に採った。ただし、ここでの「逃げる」には、もう一つ別の思い入れがある。こだわっているのは、「逃がす」ではなく「逃げる」だという点である。避難に関する研究や実践は、近年、「主体性」「当事者意識」「わがこと感」「自ら」といった言葉をキャッチフレーズとして掲げている。しかし、実態としては、実際に「逃げる」ことになる当事者のサイドからではなく、いつの間にか、他者を「逃がす」側にいる関係者――国、自治体、マスメディア、そして研究者など――から見た話にすり替わっているケースが多い。避難情報伝達システム、避難行動シミュレーションといったフレーズが頻繁に行き来している現状を加味すると、避難研究の多くが、文理工系の領域を問わず、実質、「『逃がす』ための情報工学」になっているといえるだろう。

それに対して、本書ではまず、「逃げる」サイドに身を置き、「逃げる」(むしろ、逆に「逃げない」ことも少なくない)人間の事情や経緯を十分にくみ取りながら、その基盤のうえで、「逃がす」ための知恵や手法を探ろうとしたつもりである。避難研究においても、『逃げるは恥だが役に立つ』という格言がきっと通用するだろうと信じて――。

[追記]

2024年8月8日、南海トラフ地震に関する「臨時情報」が初めて発表された。初校を終えた数日後のことだった。その後わずか数日間に社会を飛び交った「臨時情報」という言葉の総数は、同情報の運用開始以降の7年分の数百倍に上っただろう。そして数週間で社会的関心の程度はほぼ元通りに戻った。長年にわたる低空飛行の後、突如数百倍のピークへと駆け上り、数日のうちに指数関数的に激減して元の水準へ――この経過は、「臨時情報」の基盤になっている(後発)地震の発生確率の時間推移を正しく写し取っているようにも見える。

しかし、これはおそらく買いかぶりで、「臨時情報」に対する社会の対応には多くの課題が見られる。もっとも、重要なのは、「認知率が低い」とか「海水浴場を閉鎖したのは適切か」とかいった個別の話ではない。補論1で、「アフター・コロナ／ビフォー・X」として論じたように、今般の臨時情報騒ぎの真の意味は、騒ぎの「後」になってあれこれ「検証」してみても判明しない。そうではなく、騒ぎの「前」に私たちが何をし損ねていたのかが重要である。しかも、騒ぎの「前」は「後」からは正確には把握できない。今となっては、「前」は、騒ぎというフィルター越しにしか見ることができないからだ。

ピュアな「前」について知るには、「前」について「前」の時点で記録されたものを参照することである。本書の第9章には、その意味はあるだろう。だから、第9章には、騒ぎ以降、あえてまったく手を触れていない。もちろん、騒ぎの「前」に、筆者が「臨時情報」の核心にどこまで迫れていたか、その評価は読者に委ねるほかない。(2024年9月1日、「防災の日」に記す)

索　　引

あ 行

か 行

さ 行

た　行

な　行

は　行

ま　行

や　行

ら　行

著者紹介

矢守克也（やもり・かつや）
京都大学防災研究所巨大災害研究センター教授
1963年生まれ。大阪大学大学院人間科学研究科博士後期課程単位取得退学。博士（人間科学）。専門は防災心理学。奈良大学社会学部助教授などを経て2009年より現職。国や地方自治体の検討会や審議会委員、防災学関連学会、心理学関連学会の会長、理事、編集委員などを歴任。『防災人間科学』（東京大学出版会、2009）、『アクションリサーチ・イン・アクション』（新曜社、2018）、『防災心理学入門』（ナカニシヤ出版、2021）など、著書多数。開発した防災アプリ・教材に、「逃げトレ」「クロスロード」など。

避難学
「逃げる」ための人間科学

2024年9月30日　初　版
2025年5月20日　第2刷

［検印廃止］

著　者　矢守克也（やもりかつや）

発行所　一般財団法人　東京大学出版会

代表者　中島隆博

153-0041　東京都目黒区駒場4-5-29
https://www.utp.or.jp/
電話　03-6407-1069　Fax 03-6407-1991
振替　00160-6-59964

組版・印刷所　日本ハイコム株式会社
製本所　誠製本株式会社

ISBN 978-4-13-050212-2 Printed in Japan